建筑施工安全生产技术

（企业主要负责人、项目负责人）

建筑施工安全生产培训教材编写委员会　组织编写
住房和城乡建设部建筑施工安全标准化技术委员会　审　　定

中国建筑工业出版社

图书在版编目（CIP）数据

建筑施工安全生产技术：（企业主要负责人、项目负责人）/建筑施工安全生产培训教材编写委员会组织编写. —北京：中国建筑工业出版社，2017.6

建筑施工企业主要负责人、项目负责人、专职安全生产管理人员安全生产培训教材

ISBN 978-7-112-20715-2

Ⅰ.①建… Ⅱ.①建… Ⅲ.①建筑工程-工程施工-安全管理-安全培训-教材 Ⅳ.①TU714

中国版本图书馆 CIP 数据核字（2017）第 084267 号

责任编辑：李 阳 李 明 朱首明
责任校对：焦 乐 党 蕾

建筑施工企业主要负责人、项目负责人、专职安全生产管理人员安全生产培训教材

建筑施工安全生产技术（企业主要负责人、项目负责人）

建 筑 施 工 安 全 生 产 培 训 教 材 编 写 委 员 会 组织编写
住房和城乡建设部建筑施工安全标准化技术委员会 审 定

*

中国建筑工业出版社出版、发行(北京海淀三里河路 9 号)
各地新华书店、建筑书店经销
北京红光制版公司制版
北京京华铭诚工贸有限公司印刷

*

开本：787×1092 毫米 1/16 印张：15½ 字数：381 千字
2017 年 5 月第一版 2019 年 4 月第七次印刷
定价：**39.00** 元
ISBN 978-7-112-20715-2
(30328)

建筑施工安全生产培训教材编写委员会

主　　编：阚咏梅

副主编：李　贺　艾伟杰

编　　委：（按姓氏笔画为序）

田　斌　曲　斌　刘传卿　刘善安　李雪飞　张囡囡　张庆丰

张晓艳　苗云森　徐　静　曹安民　潘志强

审 定 委 员 会

主　　任：李守林

副主任：王　平

委　　员：（按姓氏笔画为序）

于卫东　于洪友　于海祥　马奉公　王长海　王凯晖　王俊川

牛福增　尹如法　朱　军　刘承桓　孙洪涛　杨　杰　吴晓广

宋　煜　陈　红　罗文龙　赵安全　胡兆文　姚圣龙　秦兆文

康　宸　阎　琪　扈其强　葛兴杰　舒世平　曾　勃　管小军

魏吉祥

前　言

为贯彻"安全第一、预防为主、综合治理"的安全生产方针，依据《中华人民共和国安全生产法》和《建设工程安全生产管理条例》等法律法规的规定，建筑施工企业主要负责人、项目负责人和专职安全生产管理人员必须经考核合格。为了加强安全管理意识、提升安全管理能力，根据《住房城乡建设部关于印发〈建筑施工企业主要负责人、项目负责人和专职安全生产管理人员安全生产管理规定实施意见〉的通知》（建质〔2015〕206号）的规定，在总结建筑施工经验、收集整理读者和专家意见和建议的基础上，编写本书。

本书编写依据建设行业特点，紧密结合国家现行规范、标准和规程，主要内容包括：土方工程，模板工程，起重吊装，垂直运输机械，拆除工程，脚手架工程，高处作业，临时用电，焊接工程，施工现场消防管理和季节性施工。

本书编写坚持理论联系实际，紧密结合工程施工的需求，体现了方便与实用的原则，具有很强的规范性、针对性、实用性和先进性，内容通俗易懂。适合建筑施工企业主要负责人和项目负责人培训使用，也适合相关专业人员自学使用，并可作为大专院校师生的参考用书。

本书由李贺、曹安民、阚咏梅、张囡囡编写，在编写过程中参考了大量规范和资料，对这些规范和资料的作者，一并表示感谢！本书内容虽经推敲核证，仍难免有疏漏或不妥之处，恳请各位同行提出宝贵意见，在此表示感谢！

目　　录

1 土方工程 ……………………………………………………………… 1

　　1.1 土的分类与工程性质 ……………………………………………… 2

　　1.2 基坑支护安全技术 ………………………………………………… 4

　　1.3 人工降排地下水 …………………………………………………… 10

　　1.4 土方工程施工 ……………………………………………………… 14

　　1.5 基坑工程监测 ……………………………………………………… 16

　　1.6 基坑挖土和支护工程施工操作安全措施 ……………………… 18

　　1.7 顶管施工 …………………………………………………………… 20

　　1.8 盾构施工 …………………………………………………………… 24

2 模板工程 ……………………………………………………………… 29

　　2.1 模板工程概述 ……………………………………………………… 30

　　2.2 模板安装 …………………………………………………………… 31

　　2.3 模板拆除 …………………………………………………………… 32

3 起重吊装 ……………………………………………………………… 35

　　3.1 常用索具、吊具 …………………………………………………… 36

　　3.2 常用行走式起重机械 ……………………………………………… 53

　　3.3 构件与设备吊装 …………………………………………………… 57

4 垂直运输机械 ………………………………………………………… 69

　　4.1 塔式起重机 ………………………………………………………… 70

　　4.2 施工升降机 ………………………………………………………… 80

　　4.3 物料提升机 ………………………………………………………… 88

5 拆除工程 ……………………………………………………………… 95

　　5.1 拆除工程施工准备 ………………………………………………… 96

　　5.2 拆除工程安全管理 ………………………………………………… 97

　　5.3 拆除工程安全技术 ………………………………………………… 100

6 脚手架工程 …………………………………………………………… 109

　　6.1 脚手架工程概述 …………………………………………………… 110

6.2　扣件式钢管脚手架 ································· 112

6.3　碗扣式钢管脚手架 ································· 125

6.4　门式钢管脚手架 ·································· 129

6.5　高处作业吊篮 ··································· 138

7　高处作业 ····································· 143

7.1　高处作业概述 ·································· 144

7.2　临边作业 ····································· 145

7.3　洞口作业 ····································· 147

7.4　攀登作业 ····································· 148

7.5　悬空作业 ····································· 149

7.6　操作平台 ····································· 150

7.7　交叉作业 ····································· 151

7.8　高处作业安全防护设施的验收 ······················ 152

7.9　"三宝"技术要求、使用与管理 ····················· 152

8　临时用电 ····································· 159

8.1　临时用电概述 ·································· 160

8.2　施工现场临时用电管理 ··························· 162

8.3　外电线路及电气设备防护 ·························· 164

8.4　接地与防雷 ··································· 165

8.5　配电室及自备电源 ······························ 168

8.6　配电线路 ····································· 169

8.7　配电箱及开关箱 ································· 172

8.8　电气装置 ····································· 175

8.9　施工照明 ····································· 182

8.10　用电设备 ···································· 184

9　焊接工程 ····································· 189

9.1　焊接与切割基础 ································· 190

9.2　焊接作业安全 ·································· 194

9.3　电焊机使用常识及安全要点 ························ 195

9.4　气焊与气割 ··································· 196

9.5　登高焊割作业安全技术 ··························· 204

10　施工现场消防管理 ······························ 207

10.1　消防管理责任制 ································ 208

10.2　防火基本知识 ································· 209

10.3　施工现场平面布置 ······························ 211

10.4 施工现场消防设施 ·· 213

10.5 施工现场防火安全管理 ································ 216

11 季节性施工 ·· 221

11.1 季节性施工概述 ··· 222

11.2 雨期施工 ··· 222

11.3 冬期施工 ··· 229

参考文献 ··· 237

1 土方工程

本章要点：土的分类与工程性质，各种基坑支护的安全技术，人工降排地下水的方法，土方开挖和回填的施工要求，基坑工程监测以及基坑挖土和支护工程施工操作安全措施，还有目前广泛应用的顶管施工和盾构施工的相关内容。

1.1　土的分类与工程性质

1.1.1　土的分类

《建筑地基基础设计规范》GB 50007 规定，作为建筑地基的岩土，可分为岩石、碎石土、砂土、粉土、黏性土和人工填土。

岩石的风化程度可分为未风化、微风化、中等风化、强风化和全风化。

碎石土为粒径大于 2mm 的颗粒含量超过全重 50％的土。碎石土可分为漂石、块石、卵石、碎石、圆砾和角砾。

砂土为粒径大于 2mm 的颗粒含量不超过全重 50％，粒径大于 0.075mm 的颗粒超过全重 50％的土。砂土可分为砾砂、粗砂、中砂、细砂和粉砂。

黏性土为塑性指数大于 10 的土，可分为黏土、粉质黏土。

粉土为介于砂土与黏性土之间，塑性指数小于或等于 10 且粒径大于 0.075mm 的颗粒含量不超过全重 50％的土。

人工填土根据其组成和成因，可分为素填土、压实填土、杂填土、冲填土。素填土为由碎石土、砂土、粉土、黏性土等组成的填土。经过压实或夯实的素填土为压实填土。杂填土为含有建筑垃圾、工业废料、生活垃圾等杂物的填土。冲填土为由水力冲填泥砂形成的填土。

1.1.2　土的工程性质

土的性质是确定地基处理方案和制定施工方案的重要依据，对土方工程的稳定性、施工方法、工程量和工程造价都有影响。下面对与施工有关的土的工程性质加以说明。

1. 土的天然密度

土在天然状态下单位体积的质量，称为土的天然密度，用 ρ 表示，计算公式为：

$$\rho = \frac{m}{V}$$

式中　　m——土的总质量（kg、g）；

　　　　V——土的体积（m³、cm³）。

土的天然密度随着土的颗粒组成、孔隙的多少和水分含量而变化，不同的土密度不同。密度越大，土越密实，强度越高，压缩变形越小，挖掘就越困难。

2. 土的天然含水量

土的干湿程度，用含水量 w 表示，即土中所含水的质量与土的固体颗粒质量之比，用百分数表示。

$$w = \frac{m_{\mathrm{w}}}{m_{\mathrm{s}}} \times 100\%$$

式中　　m_{w}——土中水的质量（kg）；

　　　　m_{s}——土中固体颗粒的质量（kg）。

一般将含水量在 5％以下称为干土；在 5％～30％以内称为潮湿土；大于 30％称为湿

土。含水量越大，土越潮湿，对施工越不利。它对挖土的难易、土方边坡的稳定性、填土的压实等均有影响。所以在制定土方施工方案、选择土方机械和决定地基处理时，均应考虑土的含水量。在一定的压实能量下，使土最容易压实，并能达到最大密实度时的含水量，称为最优含水量，相应的干密度称为最大干密度。

3. 土的干密度

单位体积内土的固体颗粒质量与总体积的比值，称为土的干密度，用 ρ_d 表示，计算公式为：

$$\rho_d = \frac{m_s}{V}$$

式中　m_s——土的固体颗粒总质量（kg、g）；

　　　V——土的总体积（m³、cm³）。

土的干密度越大，表明土越密实，在土方填筑时，常以土的干密度控制土的夯实标准。若已知土的天然密度和含水量，可按下式求干密度：

$$\rho_d = \frac{\rho}{1+w}$$

干密度用于检查填土的夯实质量，在工程实践中常用环刀法和烘干法测定后计算土的天然密度、干密度和含水量。

4. 土的可松性

天然土经开挖后，其体积因松散而增加，虽经振动夯实，仍不能完全恢复到原来的体积，这种性质称为土的可松性。

5. 土的密实度

土的密实度是指土被固体颗粒所充实的程度，反映了土的紧密程度。同类土在不同状态下，其紧密程度也不同，密实度越大，土的承载能力越高。填土压实后，必须要达到要求的密实度，现行《建筑地基基础设计规范》GB 50007 规定以设计规定的土的压实系数 λ_c 作为控制标准。

$$\lambda_c = \frac{\rho_d}{\rho_{dmax}}$$

式中　λ_c——土的压实系数；

　　　ρ_d——土的实际干密度；

　　　ρ_{dmax}——土的最大干密度，用击实试验测定。

6. 土的渗透性

土体孔隙中的自由水在重力作用下会发生运动，水在土中的运动称为渗透，土的渗透性即指土体被水所透过的性质，也称为土的透水性。地下水在土体内渗流的过程中受到土颗粒的阻力，阻力大小与土的渗透性及地下水渗流路程的长度有关。土的渗透性主要取决于土体的孔隙特征和水力坡度，不同的土其渗透性不同。

一般用渗透系数 K 作为土渗透性强弱的衡量指标，可以通过室内渗透试验或现场抽水试验测定。根据土的渗透系数不同，可将土分为透水性土（如砂土）和不透水性土（如黏土）。土的渗透系数影响施工降水和排水的速度，是计算渗透流量等的重要参数。

1.2 基坑支护安全技术

基坑支护必须按《危险性较大的分部分项工程安全管理办法》的规定执行。开挖深度超过 3m（含 3m）或虽未超过 3m 但地质条件和周边环境复杂的基坑（槽）支护，属于危险性较大的分部分项工程范围。开挖深度超过 5m（含 5m）的基坑（槽）的支护工程以及开挖深度虽未超过 5m，但地质条件、周围环境和地下管线复杂，或影响毗邻建筑（构筑）物安全的基坑（槽）的支护工程，属于超过一定规模的危险性较大的分部分项工程范围。

1.2.1 支护结构破坏的主要形式

1. 整体失稳

由于作为支护结构的挡土结构插入深度不够，或支撑位置不当，或支撑与围檩系统的结合不牢等原因，造成挡土结构位移过大的前倾或后仰，甚至挡土结构倒塌，导致坑外土体大滑坡，支护结构系统整体失稳破坏。

2. 基坑隆起

在软弱的黏性土层中开挖基坑，当基坑内的土体不断开挖，挡土结构内外土面的高差等于结构外在基坑开挖水平面上作用下附加荷载。挖深增大，荷载亦增加。当挡土结构入土深度不足，则会使基坑内土体大量隆起，基坑外土体过量沉陷，支撑系统应力陡增，导致支护结构整体失稳破坏。

3. 管涌及流砂

含水砂质粉土层或粉质砂土层中的基坑支护结构，在基坑开挖过程中，挡土墙内外形成水头差。当动水压力的渗流速度超过临界流速或水力坡度超过临界坡度时，就会引起管涌及流砂现象。基坑底部和墙体外面大量的泥砂随地下水涌入基坑，导致坑外地面塌陷，严重时使墙体产生过大位移，引起整个支护体系崩塌。

4. 支撑折断或压屈

支撑设计时，由于计算受力不准确，或套用的规范不对，安全系数有误，或施工时质量低劣，未能满足设计要求，一旦基坑土方开挖，在较大的侧向土压力的作用下，发生支撑折断破坏，或严重压屈，引起墙体变形过大或破坏，导致整个支护结构破坏。

5. 墙体破坏

墙体承载力不够，或连接构造不合理，在土压力、水压力作用下，产生的最大弯矩超过墙体抗弯强度，引起强度破坏。

1.2.2 基坑侧壁安全等级

《建筑基坑支护技术规程》JGJ 120 规定，基坑支护结构可划分为三个安全等级，不同等级采用相对应的重要性系数 γ_0（表 1-1）。对于同一基坑的不同部位，可采用不同的安全等级。

基坑侧壁安全等级 表 1-1

安全等级	破坏后果	重要性系数 γ_0
一级	支护结构失效、土体过大变形对基坑周边环境或主体或主体结构施工安全的影响很严重	1.10
二级	支护结构失效、土体过大变形对基坑周边环境或主体或主体结构施工安全的影响严重	1.00
三级	支护结构失效、土体过大变形对基坑周边环境或主体或主体结构施工安全的影响不严重	0.90

1.2.3 基坑支护结构设计的要求

结构设计属深基础施工技术措施范畴，它不是建（构）筑物设计。其目的是为深基础施工设计一个安全、良好的作业环境，它是施工项目施工组织设计中的重要内容之一。一个好的、合理的支护结构设计，应该是在调查基地周围环境，研究采用的施工工艺及辅助措施后，应用土力学及其他结构计算理论与方法进行综合设计的结果。

1. 支持结构的作用

（1）为深基础施工创造一个安全、良好的作业环境，保证基础工程能按期保质施工。

（2）保证基坑开挖时，最大限度地减少对周围建（构）筑物、道路及管线的影响，确保其安全。

（3）同时还应控制支护结构的变形区域位移对本工程桩的影响。

2. 基坑支护结构设计应具备的资料

（1）岩土工程勘察报告。

（2）邻近建筑物和地下设施的类型、分布情况和结构质量的检测资料。

（3）用地边界线及红线范围图、场地周围地下管线图、建筑总平面图、地下结构平面和剖面图。

3. 基坑支护结构设计的基本原则

（1）安全可靠：支护结构设计必须在强度、变形、整体稳定和其他需要验算的项目方面符合有关规范的要求，确保基坑自身安全及周围建（构）筑物、道路和管线的安全。

（2）方便施工：支护结构设计的目的是为基础工程施工作业创造良好的作业环境，因此应在满足安全的前提下，尽量方便施工。

（3）经济合理：当前深基础工程支护结构及其辅助措施费占工程总造价的比例较大，但毕竟是临时性的技术措施，因此只要能够满足施工阶段的安全，就没有必要设计得"过分"可靠，应尽量考虑性价比。

4. 基坑支护结构设计的主要内容

（1）支护结构的方案比较和选型。

（2）支护结构的承载力计算。

（3）支护结构的变形计算。

（4）支护结构的整体稳定性验算。

（5）围护墙的抗渗验算。

（6）基坑抗隆起验算。

（7）提出降水要求，进行降水方案设计。

（8）确定挖土工况，进行土方施工方案设计。

（9）提出监测要求，进行监测方案设计。

1.2.4 基坑工程支护体系的几种形式

1. H型钢桩加横挡板

也称桩板式支护结构，适用于土质较好，不需要抗渗止水或地下水位低的基坑。当在含水地层中使用时，应采用人工降低地下水位或配合集水井排水使水位低于其坑底标高，保证施工作业面的干燥环境。其构造形式如图1-1所示。

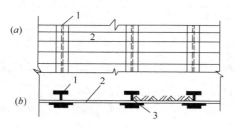

图1-1 H型钢桩加横插板式挡土墙

(a) 立面；(b) 平面

1—H型钢；2—横挡板；3—楔子

锤击H型钢桩达到设计深度；开挖土方时，边挖边在H型钢间加挡土板，直至基坑设计深度；结构施工完毕，自下而上按回填土顺序逐层拆除挡土板，随拆随填；填土完毕，用振动拔桩机拔出型钢桩。

当H型钢桩为悬壁式时，位移较大，一般均设置支撑或拉锚，当用于较深的基坑时，支撑或拉锚工作量会较大，否则变形较大。为了取得更好的支护效果，可将坑外拉锚和坑内支撑结合起来使用。另外，打桩和拔桩噪声较大，在市区施工受到限制。

2. 挡土灌注桩支护

（1）间隔式（疏排）混凝土灌注桩加钢丝网水泥砂浆抹面护壁

适用于各种黏土、砂土、地下水位低的地质情况。当地下水位高于基坑底标高时，应采取降水措施以防止地下水冲压钢丝网水泥，其构造形式如图1-2所示。

钢筋混凝土灌注桩，按一定间隔疏排，每桩间隔净距不大于1m。每根桩按承担S范围内的土压力计算插入深度及弯矩等，一般桩间净距以0.6～0.8m为宜。桩顶必须做压顶圈梁，将灌注桩彼此连成一个整体，最终连同钢丝网片共同发挥护壁作用，圈梁做完后方能挖土。在土方开挖面做钢丝网水泥砂浆抹面护壁，防止边坡土体剥落。

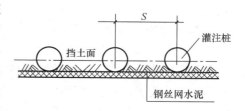

图1-2 间隔式灌注桩示意

灌注桩施工较为简便，无振动，无噪声，无挤土，不扰民，刚度大，抗弯能力强，变形较小。但水泥用量大，水下浇筑混凝土时，质量不易保证。基坑深度超过10m，应在支护结构上采取其他措施。

（2）双排灌注桩（或预制桩）

适用于黏土、砂土、软土、淤泥质土等土质。密排桩可以采用灌注桩或预制桩。先间隔成孔，随后浇筑混凝土成桩，然后再间隔成孔浇筑混凝土后成为密排式混凝土灌注桩，可以成一字形排列，如图1-3（a）所示，也可以交错排列如图1-3（b）所示。桩间筑水泥砂、水泥土桩，如图 1-3（c）所示。桩顶做连接圈梁。

密排桩较疏排桩受力性能好，若无防水抗渗措施，则不能止水。密排桩比地下连续墙施工简便，但整体性不如地下连续墙。如做好防渗措施（加水泥压力注浆等），其防水、挡土功能与地下连续墙相似。

（3）双排灌注桩

有的工程为了不用支撑，简化施工，采用间隔一定距离的双排钻孔灌注桩与桩顶横（冒）梁组成空间结构围护墙，适用于黏土、砂土土质，地下水位较低的地区。

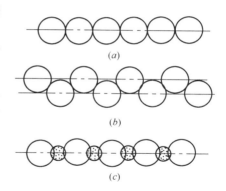

图 1-3　密排桩
（a）一字排；（b）交错排；
（c）水泥砂、水泥土桩

采用中等直径（如 $\phi400\sim\phi600$）的灌注桩，做成双排梅花式或前后排式的桩，如图 1-4 所示。桩顶用横（冒）梁连接，该梁宽大，与嵌固的灌注桩形成门式刚架。挖土一般只将前桩露出，而桩间土不动，使前后排桩同时受力。

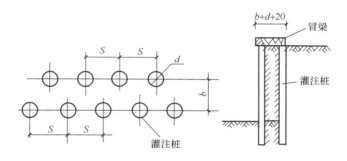

图 1-4　双排桩挡土示意

双排灌注桩刚度大，位移小，施工简便，便于节约材料，缩短施工工期。单排悬臂桩不能满足变形要求时，可以采用双排悬臂桩支护。

3. 桩墙合一地下室逆作法

适用于土质为黏土、砂土，地下水位低且以桩做基础的深基坑。特别适合场地狭小的工程施工。

基坑护坡桩与地下结构外围承重结构合二为一，即为桩墙合一。结构四周边桩，既受垂直荷载也受水平荷载作用。作为护坡桩要有足够埋深，作为承重桩要达持力层。地下结构外墙的构筑应与挡土支护桩、承重桩连成整体，还须防水抗渗。以地下室各层楼板做挡土桩水平支撑，即可用地下室逆作法。地下室逆作法，从上往下施工，每层楼板施工完毕，向下挖土、运土，如图 1-5 所示。

4. 土钉墙支护结构

土钉墙适用于地下水位低或经过降水措施使地下水位低于开挖层的具有一定粘结性的黏土、粉土、黄土类土及含有 30% 以上黏土颗粒的砂土边坡。土钉墙目前一般用于深度

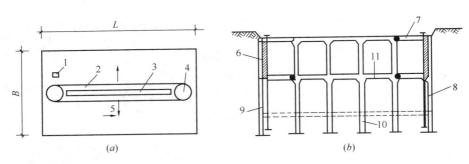

图 1-5　逆作法施工示意
（a）平面；（b）剖面

1—提升设备；2—通道；3—输送带；4—施工竖井；5—开挖方向；6—降水井；7—施工缝；
8—护坡墙；9—护坡桩；10—承重柱桩；11—梁板

或高度在 15m 以下的基坑，常用深度或高度为 6～12m。

土钉加固技术是在土体内放置一定长度和分布密度的土钉体，主动支护土体，并与土共同作用，不仅提高了土体整体刚度，而且弥补了土体抗拉强度和抗剪强度低的弱点。喷射混凝土在高压空气作用下，高速喷向钢筋网面，在喷层与土层间产生嵌固效应，钢筋网能调整喷层与土钉内应力分布，增大支护体系的柔性与整体性。通过相互作用，土体自身结构承载力的潜力得到充分发挥，从而改善了边坡变形和破坏性状，显著提高了整体稳定性。

土钉墙支护工艺，可以先喷后锚，如图 1-6（a）所示；土质较好时可以先锚后喷，如图 1-6（b）所示。土钉主要可分为钻孔注浆土钉和打入式土钉两类。

施工设备较简单。施工时不需单独占用场地，施工快速，节省工期。与其他支护桩形式相比费用较低。土钉一般为低强度等级的钢材制作，与永久性锚杆相比，大大减少了防腐、施工噪声和振动的问题。形成的土钉墙复合体，显著提高了边坡整体稳定性和承受坡顶荷载的能力，并且土钉墙本身变形小，对邻近建筑物和地下管线影响不大。

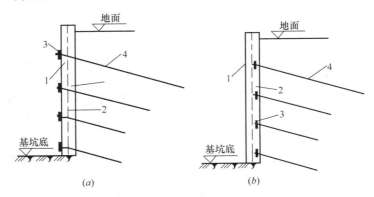

图 1-6　土钉支护
（a）先喷后锚支护工艺；（b）先锚后喷支护工艺

1—喷射混凝土；2—钢筋网；3—土钉锚头；4—土钉

5. 钢板桩支护

板桩作为一种支护结构，既挡土又防水。它可以使地下水在土中渗流的路线延长，降低水力坡度，阻止地下水渗入基坑内。板桩有木板桩、钢筋混凝土板桩、钢筋混凝土护坡桩、钢板桩和钢木混合桩式支护结构等数种。钢板桩除用钢量多之外，其他性能都很优越，可在临时工程中可多次重复使用，钢筋混凝土板桩一般不重复使用。

钢板桩是一种较传统的基坑支护方式，适用于软土、淤泥质土及地下水多地区，易于施工。钢板桩的形式有 U 形、Z 形及直腹形等，常用的是 U 形咬口式（拉森式）结构。锤击打入带锁口的钢板桩，使之在基坑四周闭合，并保证水平、垂直和抗渗质量。钢板桩做成悬臂式、坑内支撑、上部拉锚等支护方式，在土方开挖和基础施工时抵抗板桩背后的水、土压力，达到基坑坑壁稳定。但钢板桩间啮合不好（必须保证啮合）就易渗水、涌砂。

6. 重力式挡墙结构

用各种方法（水泥土搅拌桩、高压喷射注浆桩、化学注浆桩等）加固基坑周边土形成一定厚度和深度的重力式墙，达到挡土的目的。目前最常用的是水泥土搅拌桩以格构形式组织的挡墙，如图 1-7 所示。深层搅拌水泥土墙常用于软土地区加固地基，其加固深度一般为

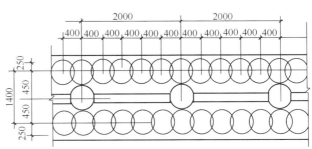

图 1-7　深层搅拌水泥土墙平面示意

基坑开挖深度的 1.8～2.0 倍；适用于 4～8m 深的基坑、基槽；既可靠自重和刚度进行挡土，又具有良好的抗渗透性能，起挡土防渗双重作用；施工方便，无振动，无噪声。

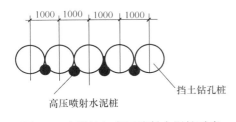

图 1-8　密排桩与高压喷射水泥桩示意

高压喷射水泥注浆桩（化学注浆桩）适用于砂类土、黏性土、黄土和淤泥土，效果较好。密排桩可以紧密排列，也可中间离开 50～100mm，其间筑高压喷射水泥桩，如图 1-8 所示。高压喷射桩的直径应以与密排桩的圆相切设计。高压喷射桩的目的是起止水作用，以不让水渗入基坑内为原则。

7. 地下连续墙支护结构

地下连续墙做围护墙，内设支撑体系所形成的支护结构是常见的一种支护形式。适用于黏性土、砂砾石土等多种土质条件，深度可达 50m。

地下连续墙是在地面上采用专门的挖槽机械，沿着深开挖工程的周边轴线，在泥浆护壁条件下，开挖一条狭长的深槽，清槽后在槽内吊放钢筋笼，然后用导管法浇筑水下混凝土，筑成一个单元槽段，如此逐段进行，在地下筑成一道连续的钢筋混凝土墙壁，作为截水、防渗、承重和挡土结构，因此是深基坑支护的多功能结构。地下连续墙按成槽方式分为壁板式和组合式，可以施工成任意形状，单元槽段一般长 4～8m，其断面及连接接头形式如图 1-9 所示。

地下连续墙止水性好，能承受垂直荷载，刚度大，能承受土压力、水压力引起的水平荷载。用于密集建筑群中建造深基础，对相邻建筑物、构筑物影响甚小。但是使用机械设备较多，造价较高。施工工艺技术较为复杂，泥浆配置要求高，质量要求严格，施工需具

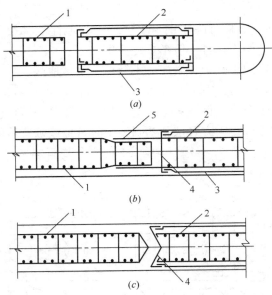

图 1-9　地下连续墙形式和施工（隔板接头）

（a）平隔板；（b）榫形隔板；（c）V 形隔板

1—在施槽段的钢筋笼；2—已浇混凝土槽段的钢筋笼；3—化
纤布；4—钢隔板；5—接头钢筋

备一定的技术水平。

8. 结构中心筑岛法基坑支护

开挖较大、较深的基坑，板桩刚度不够，又不允许设置过多支撑时，可等支护结构完成后，在护坡桩内侧放坡开挖中央部分土方至坑底，先浇筑好中央部分基础，再从这个基础向支护结构上方支斜撑，如图 1-10 所示。然后把放坡的土方逐层挖除运出，直至设计深度。最后浇筑靠近支护结构部分的建筑物基础和地下结构，逐步取代斜撑，这种施工方法通常称为中心筑岛开挖法。可以与水平支撑方法合用，使用灵活方便。

充分利用预留坡面土的作用，节省支撑材料，施工简便。有地下构筑物时最适宜，否则可用工程基础，如桩底板垫层等，但须分段施工。

中心岛结构是主体地下结构中的一部分。先行施工完毕的这部分结构必须能临时独立存在，又不影响它在原主体地下结构设计中的受力状态，并必须保证反压土边坡有足够的范围。

留设的施工缝必须符合规范要求和设计要求，并且要采取必要的保证质量措施，确保以后地下主体结构的整体性。对有防水要求的部位，其施工缝处必须采取可靠的止水措施。

中心岛部分的土方开挖必须待围护墙的承载力达到设计要求后才能进行。

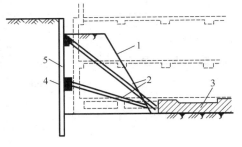

图 1-10　中心筑岛法基坑支护

1—坡面；2—斜撑；3—基础；4—托座；5—挡土墙

中心岛法施工时必须采取必要的安全措施。基坑周边必须设置固定的防护栏杆；基坑内必须合理设置上下行人扶梯，扶梯结构宜尽可能采用平稳的踏步式；基坑内照明必须使用 36V 以下安全电压，线路必须有组织架设，否则影响施工；中心岛结构与坑外地面间须设置可靠的过人栈桥。

1.3　人工降排地下水

降水工程必须按《危险性较大的分部分项工程安全管理办法》的规定执行。开挖深度超过 3m（含 3m）或虽未超过 3m 但地质条件和周边环境复杂的降水工程，属于危险性较大的分部分项工程。开挖深度超过 5m（含 5m）的基坑（槽）的降水工程以及开挖深度虽未超过 5m，但地质条件、周围环境和地下管线复杂，或影响毗邻建筑（构筑）物安全的基坑（槽）的降水工程，属于超过一定规模的危险性较大的分部分项工程。

1.3.1 地下水控制技术方案选择

（1）地下水控制应根据工程地质情况、基坑周边环境、支护结构形式等选用截水、降水、集水明排或其组合的技术方案。

（2）在软土地区开挖深度浅时，可边开挖边用排水沟和集水井进行集水明排；当基坑开挖深度超过3m，一般就要用井点降水。当因降水而危及基坑及周边环境安全时，宜采用截水或回灌方法。

（3）当基坑底为隔水层且层底作用有承压水时，应进行坑底突涌验算。必要时可采取水平封底隔渗或钻孔减压措施，保证坑底土层稳定；避免突涌的发生。

1.3.2 主要降水方法

1. 集水井（坑）降水

在基坑或沟槽开挖时，在坑底设置集水井（坑），并沿坑底四周或中央开挖排水沟，使水经排水沟流入集水井（坑）内，然后用水泵抽出坑外。抽出的水应予引开，以防倒流。它适用于基坑开挖深度不大的粗粒土层及渗水量小的黏性土层的施工。

2. 井点降水

井点降水就是在基坑开挖前，预先在基坑四周埋设一定数量的滤水管（井），利用抽水设备，在基坑开挖前和开挖过程中不断地抽出地下水，使地下水位降低到坑底以下，直至基础工程施工完毕为止。

井点降水的方法有：轻型井点、喷射井点、电渗井点、管井井点及深井井点等。施工时应根据含水层土的类别及其渗透系数、要求降水深度、工程特点、施工设备条件和施工期限等因素进行技术经济比较，选择适当的井点装置。

（1）轻型井点降水

轻型井点降低地下水位，是沿基坑周围以一定间距埋入井点管（下端为滤管）至蓄水层内，井点管上端通过弯连管与地面上水平铺设的集水总管相连接，利用真空原理，通过抽水设备将地下水从井点管内不断抽出，使原有地下水位降至坑底以下。轻型井点降水深度一般可达7m。轻型井点目前应用最广泛。

（2）喷射井点降水

喷射井点设备主要由喷射井管、高压水泵（或空气压缩机）和管路系统组成。其降水深度一般为8～20m。喷射井点用作深层降水，在粉土、极细砂和粉砂中较为适用。

（3）电渗井点降水

电渗井点一般与轻型井点或喷射井点结合使用，是利用轻型井点或喷射井点管本身作为阴极，金属棒（钢筋、钢管、铝棒等）作为阳极。通入直流电（采用直流发电机或直流电焊机）后，带有负电荷的土粒即向阳极移动（即电泳作用），而带有正电荷的水则向阴极方向集中，产生电渗现象。在电渗与井点管内的真空双重用下，强制黏土中的水由井点管快速排出，井点管连续抽水，从而地下水位渐渐降低。其降水深度要根据选用的井点确定。

对于渗透系数较小（小于0.1m/d）的饱和黏土，特别是淤泥和淤泥质黏土，单纯利用井点系统的真空产生的抽吸作用可能较难将水从土体中抽出排走，利用黏土的电渗现象和电泳作用特性，一方面加速土体固结，增加土体强度，另一方面也可以达到较好的降水效果。

（4）管井井点降水

管井井点就是沿基坑每隔一定距离设置一个管井，或在坑内降水时每隔一定距离设置一个管井，每个管井单独用一台水泵不断抽取管井内的水来降低地下水位。管井井点具有排水量大、排水效果好、设备简单、易于维护等特点，降水深度3～5m，可代替多层轻型井点作用。

（5）深井井点降水

深井井点降水是在深基坑的周围埋置深于基底的井管，通过设置在井管内的潜水电泵将地下水抽出，使地下水位低于坑底；适用于抽水量大、较深的砂类土层，降水深度可达50m；由深井、井管和潜水水泵等组成。

该方法不受吸程限制，排水效果好；井距大，对平面布置的干扰小；可用于各种情况，不受土层限制；成孔（打井）用人工或机械均可，较易于解决；井点制作、降水设备及操作工艺、维护均较简单，施工速度快；如果井点管采用钢管、塑料管，可以整根拔出而重复使用。但一次性投资大，成孔质量要求严格；降水完毕，井管拔出较困难。该方法适用于渗透系数较大（10～250m/d），土质为砂类土，地下水丰富，降水深，面积大，时间长的情况，对在有流砂和重复挖填土方区使用，效果尤佳。

3. 截水

截水即利用截水帷幕切断基坑外的地下水流入基坑内部。截水帷幕的厚度应满足基坑防渗要求，截水帷幕的渗透系数宜小于 1.0×10^{-6} cm/s。

落底式竖向截水帷幕，应插入不透水层。当地下含水层渗透性较强、厚度较大时，可采用悬挂式竖向截水与坑内井点降水相结合或采用悬挂式竖向截水与水平封底相结合的方案。

截水帷幕目前常用注浆、旋喷法、深层搅拌水泥土桩挡墙等。

4. 井点回灌技术

基坑开挖，为保证挖掘部位地基土稳定，常用井点排水等方法降低地下水位。在降水的同时，由于挖掘部位地下水位的降低，导致其周围地区地下水位随之下降，使土层中因失水而产生压密，因而经常会引起邻近建（构）筑物、管线的不均匀沉降或开裂。为了防止这一情况的发生，通常采用设置井点回灌的方法。

井点回灌是在井点降水的同时，将抽出的地下水（或工业水）通过回灌井点持续地再灌入地基土层内，使降水井点的影响半径不超过回灌井点的范围。这样，回灌井点就以一道隔水帷幕，阻止回灌井点外侧的建筑物下的地下水流失，使地下水位基本保持不变，土层压力仍处于原始平衡状态，从而可有效地防止降水井点对周围建（构）筑物、地下管线等的影响。

1.3.3　降低地下水位的安全要求

（1）开挖低于地下水位的基坑（槽）、管沟和其他挖方时，应根据施工区域内的工程地质、水文地质资料、开挖范围和深度，以及防塌、防陷、防流砂的要求，分别选用集水坑降水、井点降水或两者结合降水等措施降低地下水位，施工期间应保证地下水位经常低于开挖底面 0.5m 以上。

（2）基坑顶四周地面应设置截水沟。坑壁（边坡）处如有阴沟或局部渗漏水时，应设法堵截或引出坡外，防止边坡受冲刷而坍塌。

（3）采用集水井（坑）降水时，应符合下列要求：

1）根据现场地质条件，应能保持开挖边坡的稳定。

2）集水井（坑）和排水沟一般应设在基础范围以外，防止地基土结构遭受破坏，大型基坑可在中间加设小支沟与边沟连通。

3）集水井（坑）应比排水沟、基坑底面深一些，以利于集排水。

4）集水井（坑）深度以便于水泵抽水为宜，坑壁可用竹管、钢筋网外加碎石过滤层等方法加以围护，防止堵塞抽水泵。

5）排泄从集水井（坑）抽出的泥水时，应符合环境保护要求。

6）边坡坡面上如有局部渗出地下水时，应在渗水处设置过滤层，防止土粒流失，并应设置排水沟，将水引出坡面。

7）土层中如有局部流砂现象，应采取防止措施。

（4）降水前，应考虑在降水影响范围内的已有建筑物和构筑物可能产生的附加沉降、位移或供水井水位下降，以及在岩溶土洞发育地区可能引起的地面塌陷，必要时应采取防护措施。在降水期间，应定期进行沉降和水位观测并作出记录。

（5）土方开挖前，必须保证一定的预抽水时间，一般真空井点不少于 7～10h，喷射井点或真空深井井点不少于 20h。

（6）井点降水设备的排水口应与坑边保持一定距离，防止排出的水回渗入坑内。

（7）在第一个管井井点或第一组轻型井点安装完毕后，应立即进行抽水试验，如不符合要求时，应根据试验结果对设计参数作适当调整。

（8）采用真空泵抽水时，管路系统应严密，确保无漏水或漏气现象，经试运转后，方可正式使用。

（9）降水深度必须考虑隔水帷幕的深度，防止产生管涌现象。

（10）降水过程必须与坑外观测井的监测密切配合，用观测数据来指导降水施工，避免隔水帷幕渗漏，影响周围环境在降水过程中。

（11）坑外降水，为减少井点降水对周围环境的影响，应采取在降水管与受保护对象之间设置回灌井点或回灌砂井、砂沟等措施。

（12）井点降水工作结束后所留的井孔，应立即用砂土（或其他代用材料）填实。对于穿过不透水层进入承压含水层的井管，拔除后应用黏土球填衬封死，杜绝井管位置发生管涌。如井孔位于建筑物或构筑物基础以下，且设计对地基有特殊要求时，应按设计要求回填。

（13）在地下水位高而采用板桩作支护结构的基坑内抽水时，应注意因板桩的变形、接缝不密或桩端处透水等原因而造成渗水量大的情况，必要时应采取有效措施堵截板桩的渗漏水，防止因抽水过多使板桩外的土随水流入板桩内，从而淘空板桩外原有建（构）筑物的地基，危及建（构）筑物的安全。

1.4 土方工程施工

1.4.1 土方开挖

基坑土方开挖是基础工程施工一项重要的分项工程。当基坑有支护结构时，其开挖方案是支护结构设计必须考虑的一项重要措施。在某些情况下，开挖方案会决定设计的要求，是支护结构设计赖以计算的条件。也有支护结构设计先行完成，而对开挖方案提出一些限制条件。无论如何，一旦支护结构设计确定并已施工，基坑开挖必须符合支护结构设计的工况要求。

（1）挖土前根据安全技术交底了解地下管线、人防及其他构筑物情况和具体位置。地下构筑物外露时，必须进行加固保护。作业过程中应避开管线和构筑物。在现场电力、通信电缆 2m 范围内和现场燃气、热力、给水排水等管道 1m 范围内挖土时，必须在主管单位人员监护下进行人工开挖。

（2）在施工组织设计中，要有单项土方工程施工方案，对施工准备、开挖方法、放坡、排水、边坡支护应根据有关规范要求进行设计，边坡支护要有设计计算书。

（3）开挖槽、坑、沟深度超过 1.5m，必须根据土质和深度情况按安全技术交底放坡或加可靠支撑。遇边坡不稳、有坍塌危险征兆时，必须立即撤离现场，并及时报告施工负责人采取安全可靠排险措施后，方可继续挖土。

（4）开挖深度不超过 4.0m 的基坑，当场地条件允许，并经验算能保证土坡稳定性时，可采用放坡开挖；开挖深度超过 4.0m 的基坑，有条件采用放坡开挖时，宜设置多级平台分层开挖，每级平台的宽度不宜小于 1.5m。

（5）基坑开挖应严格按要求放坡，操作时应随时注意边坡的稳定情况，如发现有裂纹或部分塌落现象。要及时进行支护或改缓放坡，并注意支撑的稳固和边坡的变化。

（6）放坡开挖的基坑，尚应符合下列要求：

1）坡顶或坑边不宜堆土或堆载，遇有不可避免的附加荷载时，稳定性验算应计入附加荷载的影响。

2）基坑边坡必须经过验算，保证边坡稳定。

3）土方开挖应在降水达到要求后，采用分层开挖的方法施工，分层厚度不宜超过 2.5m。

4）土质较差且施工期较长的基坑，边坡宜采用钢丝网水泥抹面或其他材料进行护坡。

5）放坡开挖应采取有效措施降低坑内水位和排除地表水，严禁地表水或基坑排出的水倒流回渗入基坑。

（7）土方开挖的顺序、方法必须与设计工况相一致，并遵循"开槽支撑、先撑后挖、分层开挖、严禁超挖"的原则。

（8）槽、坑、沟必须设置人员上下坡道或安全梯。严禁攀登固壁支撑上下，或直接从沟、坑边壁上挖洞攀登爬上或跳下。间歇时，不得在槽、坑坡脚下休息。

（9）人工开挖土方，操作人员之间要保持安全距离，一般两人横向间距不得小于 2m，纵向间距不得小于 3m。严禁掏洞挖土、掏底挖槽。

（10）挖土方前对周围环境要认真检查，不能在危险岩石或建筑物下面进行作业。

（11）槽、坑、沟边 1m 以内不得堆土、堆料、停置机具；堆土高度不得超过 1.5m；槽、坑、沟与建筑物、构筑物的距离不得小于 1.5m；开挖深度超过 2m 时，必须在周边设两道牢固护身栏杆，并立挂密目安全网。

（12）用挖土机施工时，挖土机的工作范围内，不得有人进行其他工作；多台机械开挖，挖土机间距应大于 10m。挖土要自上而下，逐层进行，严禁先挖坡脚的危险作业。司机必须持证作业。

（13）机械挖土，应严格控制开挖面坡度和分层厚度，每层厚度宜控制在 2～3m 左右，防止边坡和挖土机下的土体滑动或工程桩被挤压位移。

（14）施工机械进场前必须经过验收，合格后方能使用。

（15）除设计允许外，挖土机械和车辆不得直接在支撑上行走操作。

（16）采用机械挖土方式时，严禁挖土机械碰撞支撑、立柱、井点管、围护墙和工程桩。

（17）挖土过程中遇有古墓、地下管道、电缆或其他不能辨认的异物和液体、气体时，应立即停止作业，并报告施工负责人，待查明处理后，再继续挖土。

（18）钢钎破冻土、坚硬土时，扶钎人应站在打锤人侧面用长把夹具扶钎，打锤范围内不得有其他人停留。锤顶应平整，锤头应安装牢固。钎子应直且不得有飞刺。打锤人不得戴手套。

（19）从槽、坑、沟中吊运送土至地面时，绳索、滑轮、钩子、箩筐等垂直运输设备、工具应完好牢固，起吊、垂直运送时，下方不得站人。

（20）采用机械挖土，坑底应保留 200～300mm 厚基土，用人工挖除整平，并防止坑底土体扰动。土方挖至设计标高后，立即浇筑垫层。

（21）配合机械挖土清理槽底作业时，严禁进入铲斗回转半径范围。必须待挖掘机停止作业后，方准进入铲斗回转半径范围内清土。

（22）为防止基坑底的土被扰动，基坑挖好后要尽量减少暴露时间，及时进行下一道工序的施工。如不能立即进行下一道工序，要预留 150～300mm 厚覆盖土层，待基础施工时再挖去。

（23）基坑中有局部加深的电梯井、水池等，土方开挖前应对其边坡作必要的加固处理。

（24）夜间施工时，应合理安排施工项目，防止挖方超挖或铺填超厚。施工现场应根据需要安设照明设施，在危险地段应设置红灯警示。

（25）运土道路的坡度、转弯半径要符合有关安全规定。

（26）须设置支撑的基坑，土方开挖作业面及工作路线的设计应尽量考虑创造条件使某些系统的支撑结构能尽快形成受力体系，使其很快处于工作状态。

（27）土方开挖时，临近挡土结构处的土方不应卸载太快，防止挡墙一侧土压力释放太快使挡墙产生过大的变形。

（28）挖土机械在作业过程中，严格保护支撑结构或监测点等其他技术措施的设施。

（29）弃土应及时运出，如需要临时堆土，或留作回填土，堆土坡脚至坑边距离应按挖坑深度、边坡坡度和土的类别确定，在边坡支护设计时应考虑堆土附加的侧压力。

1.4.2 土方回填

1. 土料要求与含水量控制

填方土料应符合设计要求，保证填方的强度和稳定性。一般不能选用淤泥、淤泥质土、膨胀土、有机质大于8%的土、含水溶性硫酸盐大于5%的土、含水量不符合压实要求的黏性土。填方土应尽量采用同类土。土料含水量一般以手握成团、落地开花为适宜。在气候干燥时，须采取加速挖土、运土、平土和碾压过程，以减少土的水分散失。当填料为碎石类土（充填物为砂土）时，碾压前应充分洒水湿透，以提高压实效果。

2. 基底处理

（1）清除基底上的垃圾、草皮、树根、杂物，排除坑穴中积水、淤泥和种植土，将基底充分夯实和碾压密实。

（2）应采取措施防止地表滞水流入填方区，浸泡地基，造成基土下陷。

（3）当填土场地地面陡于1/5时，应先将斜坡挖成阶梯形，阶高0.2～0.3m，阶宽大于1m，然后分层填土，以利结合和防止滑动。

3. 土方填筑与压实

（1）填方的边坡坡度应根据填方高度、土的种类和其重要性确定。对使用时间较长的临时性填方边坡坡度，当填方高度小于10m时，可采用1:1.5；超过10m，可作成折线形，上部采用1:1.5，下部采用1:1.75。

（2）填土应从场地最低处开始，由下而上整个宽度分层铺填。每层虚铺厚度应根据夯实机械确定，一般情况下每层虚铺厚度见表1-2。

填土施工分层厚度及压实遍数　　　　　　　　　　表 1-2

压实机具	分层厚度（mm）	每层压实遍数
平碾	250～300	6～8
振动压实机	250～350	3～4
柴油打夯机	200～250	3～4
人工打夯	＜200	3～4

（3）填方应在相对两侧或周围同时进行回填和夯实。

（4）填土应尽量采用同类土填筑，填方的密实度要求和质量指标通常以压实系数 λ_c 表示。压实系数为土的控制（实际）干土密度 ρ_d 与最大干土密度 ρ_{dmax} 的比值。最大干土密度 ρ_{dmax} 是当最优含水量时，通过标准的击实方法确定的。填土应控制土的压实系数 λ_c 满足设计要求。

1.5 基 坑 工 程 监 测

开挖深度大于等于5m或开挖深度小于5m、现场地质情况和周围环境较复杂的基坑工程以及其他需要检测的基坑工程应实施基坑工程监测。

（1）基坑工程施工前，应由建设方委托具备相应资质的第三方对基坑工程实施现场监测。监测单位应编制监测方案，经建设方、设计方、监理方等认可后方可实施。

（2）监测单位应及时处理、分析监测数据，并将监测数据向建设方及相关单位作信息反馈。当监测数据达到监测报警值时，必须立即通报建设方及相关单位。

（3）基坑围护墙或基坑边坡顶部的水平和竖向位移监测点应沿基坑周边布置，周边中部、阳角处应布置监测点。监测点水平间距不宜大于20m，每边监测点数不宜少于3个。水平和竖向监测点宜为共用点，监测点宜设置在围护墙或基坑坡顶上。

（4）基坑内采用深井降水时水位监测点宜布置在基坑中央和两相邻降水井的中间部位；采用轻型井点、喷射井点降水时，水位监测点宜布置在基坑中央和周边拐角处。基坑外地下水位监测点应沿基坑、被保护对象的周边或在基坑与被保护对象之间布置，监测点间距宜为20～50m。

（5）水位观测管管底埋置深度应在最低水位或最低允许地下水位之下3～5m。

（6）监测项目初始值应在相关施工工序之前测定，并取至少连续观测3次的稳定值的平均值。

（7）基坑围护墙（边坡）顶部、基坑周边管线、邻近建筑水平位移应根据其水平位移报警值按表1-3确定。

水平位移监测精度要求   表 1-3

水平位移报警值	累计值 D（mm）	$D<20$	$20{\leqslant}D<40$	$40{\leqslant}D{\leqslant}60$	$D>60$
	变化速率 v_D（mm/d）	$v_D<2$	$2{\leqslant}v_D<4$	$4{\leqslant}v_D{\leqslant}6$	$v_D>6$
监测点坐标中误差（mm）		${\leqslant}0.3$	${\leqslant}1.0$	${\leqslant}1.5$	${\leqslant}3.0$

（8）围护墙（边坡）顶部、立柱、基坑周边地表、管线和邻近建筑的竖向位移监测精度应根据其竖向位移报警值按表1-4确定。

竖向位移监测精度要求   表 1-4

水平位移报警值	累计值 S（mm）	$S<20$	$20{\leqslant}S<40$	$40{\leqslant}S{\leqslant}60$	$S>60$
	变化速率 v_S（mm/d）	$v_S<2$	$2{\leqslant}v_S<4$	$4{\leqslant}v_S{\leqslant}6$	$v_S>6$
监测点坐标中误差（mm）		${\leqslant}0.15$	${\leqslant}0.3$	${\leqslant}0.5$	${\leqslant}1.5$

（9）地下水位量测精度不宜低于10mm。

（10）基坑监测项目的监测频率应综合考虑基坑类别、基坑及地下工程的不同施工阶段以及周边环境、自然条件的变化和当地经验确定。当出现下列情况之一时，应提高监测频率：

1）监测数据达到报警值。

2）监测数据变化较大或者速率加快。

3）存在勘察未发现的不良地质。

4）超深、超长开挖或未及时加撑等违反设计工况施工。

5）基坑附近地面荷载突然增大或超过设计限值。

6）周边地面突发较大沉降、不均匀沉降或出现严重开裂。

7）支护结构出现开裂。

8）邻近建筑突发较大沉降、不均匀沉降或出现严重开裂。

9）基坑及周边大量积水、长时间连续降雨、市政管道出现泄漏。

10）基坑底部、侧壁出现管涌、渗漏或流砂等现象。

11）基坑发生事故后重新组织施工。

12）出现其他影响基坑及周边环境安全的异常情况。

（11）基坑工程监测报警值应由监测项目的累计变化量和变化速率值共同控制。

1.6　基坑挖土和支护工程施工操作安全措施

1.6.1　基坑挖土操作的安全重点

（1）基坑开挖深度超过 2.0m 时，必须在边沿设两道护身栏杆，夜间加设红色标志。人员上下基坑应设坡道或爬梯。

（2）基坑边缘堆置土方或建筑材料或沿挖方边缘移动运输工具和机械，应按施工组织设计要求进行。

（3）基坑开挖时，如发现边坡裂缝或不断掉土块时，施工人员应立即撤离操作地点，并应及时分析原因，采取有效措施处理。

（4）深基坑上下应先挖好阶梯或支撑靠梯，或开斜坡道，采取防滑措施，禁止踩踏支撑上下。坑边周应设安全栏杆。

（5）人工吊运土方时，应检查起吊工具、绳索是否牢靠。吊斗下面不得站人，卸土堆应离开坑边一定距离，以防造成坑壁塌方。

（6）用胶轮车运土，应先平整好道路，并尽量采取单行道，以免来回碰撞；用翻斗车运土时，两车前后间距不得小于 10m；装土和卸土时，两车间距不得小于 1.0m。

（7）已挖完或部分挖完的基坑，在雨后或冬期解冻前，应仔细观察水质边坡情况，如发现异常情况，应及时处理或排除险情后方可继续施工。

（8）基坑开挖后应对围护排桩的桩间土体，根据不同情况，采用砌砖、插板、挂网喷（或抹）细石混凝土等处理方法进行保护，防止桩间土方坍塌伤人。

（9）支撑拆除前，应先安装好替代支撑系统。替代支撑的截面和布置应由设计计算确定。采用爆破法拆除混凝土支撑结构前，必须对周围环境和主体结构采取有效的安全防护措施。

（10）围护墙利用主体结构"换撑"时，主体结构的底板或楼板混凝土强度应达到设计强度的 80%；在主体结构与围护墙之间应设置好可靠的换撑传力构造；在主体结构楼盖局部缺少部位，应在主体结构内的适当部位设置临时的支撑系统；支撑截面积应由计算确定；当主体结构的底板和楼板采取分块施工或设置后浇带时，应在分块或后浇带的适当部位设置传力构件。

1.6.2　机械挖土安全措施

（1）大型土方工程施工前，应编制土方开挖方案，绘制土方开挖图，确定开挖方式、路线、顺序、范围、边坡坡度、土方运输路线、堆放地点以及安全技术措施等以保证挖掘、运输机械设备安全作业。

（2）机械挖方前，应对现场周围环境进行普查，对临近设施在施工中要加强沉降和位移观测。

（3）机械行驶道路应平整、坚实；必要时，底部应铺设枕木、钢板或路基箱垫道，防止作业时下陷；在饱和软土地段开挖土方应先降低地下水位，防止设备下陷或基土产生侧移。

（4）开挖边坡土方，严禁切割坡脚，防导致边坡失稳；当山坡坡度陡于1/5，或在软土地段，不得在挖方上侧堆土。

（5）机械挖土应分层进行，合理放坡，防止塌方、溜坡等造成机械倾翻、淹埋等事故。

（6）多台挖掘机在同一作业面机械开挖，挖掘机间距应大于10m；多台挖掘机械在不同台阶同时开挖，应验算边坡稳定，上下台阶挖掘机前后应相距30m以上，挖掘机离下部边坡应有一定的安全距离，以防造成翻车事故。

（7）对边坡上的孤石、孤立土柱、易滑动危险土石体，在挖坡前必须清除，以防开挖时滑塌；施工中应经常检查挖方边坡的稳定性，及时清除悬置的土包和孤石，削坡施工时，坡底不得有人员或机械停留。

（8）挖掘机工作前，应检查油路和传动系统是否良好，操纵杆应置于空挡位置；工作时应处于水平位置，并将行走机械制动，工作范围内不得有人行走。挖掘机回转及行走时，应待铲斗离开地面，并使用慢速运转。往汽车上装土时，应待汽车停稳，驾驶员离开驾驶室，并应先鸣号，后卸土。铲斗应尽量放低，不得碰撞汽车。挖掘机停止作业，应放在稳固地点，铲斗应落地，放尽储水，将操纵杆置于空挡位置，锁好车门。挖掘机转移工作地时，应使用平板拖车。

（9）推土机启动前，应先检查油路及运转机构是否正常，操纵杆是否置于空挡位置。作业时，应将工作范围内的障碍物先予清除，非工作人员应远离作业区，先鸣号，后作业。推土机上下坡应用低速行驶，上坡不得换挡，坡度不应超过25°；下坡不得脱挡滑行，坡度不应超过35°；在横坡上行驶时，横坡坡度不超过10°，并不得在陡坡上转弯。填沟渠或驶近边坡时，推铲不得超出边坡边缘，并换好倒车挡后方可提升推铲进行倒车。推土机应停放在平坦稳固的安全地方，放尽储水将操纵杆置于空挡位置，锁好车门。推土机转移时，应使用平板拖车。

（10）铲运机启动前应先检查油路和传动系统是否良好，操纵杆应置于空挡位置。铲运机的开行道路应平坦，其宽度应大于机身2m以上。在坡地行走，上下坡度不得超过25°。横坡不得超过10°，铲斗与机身不正时，不得铲土。多台机在一个作业区作业时，前后距离不得小于10m，左右距离不得小于2m。铲运机上下坡道时，应低速行驶，不得中途换挡，下坡时严禁脱挡滑行。禁止在斜坡上转弯、倒车或停车。工作结束，应将铲运机停在平埋稳固地点，放尽储水将操纵杆置于空挡位置，锁好车门。

（11）在有支撑的基坑中挖土时，必须防止碰坏支撑，在坑沟边使用机械挖土时，应计算支撑强度，危险地段应加强支撑。

（12）机械施工区域禁止无关人员进入。挖掘机工作回转半径范围内不得站人或进行其他作业。土石方爆破时，人员及机械设备应撤离危险区域。挖掘机、装载机卸土，应待整机停稳后进行，不得将铲斗从运输汽车驾驶室顶部越过；装土时任何人都不得停留在装土车上。

（13）挖掘机操作和汽车装土行驶要听从现场指挥；所有车辆必须严格按规定的开行路线行驶，防止撞车。

（14）挖掘机行走和自卸汽车卸土时，必须注意上空电线，不得在架空输电线路下工作；如在架空输电线一侧工作时，在 110～220kV 电压时，垂直安全距离为 2.5m，水平安全距离为 4～6m。

（15）夜间作业，机上及工作地点必须有充足的照明设施，在危险地段应设置明显的警示标志和护栏。

（16）冬期、雨期施工，运输机械和行驶道路应采取防滑措施，以保证行车安全。

（17）遇七级以上大风或雷雨、大雾天时，各种挖掘机应停止作业，并将臂杆降至 30°～45°。

1.6.3　基坑支护工程施工安全技术

（1）基坑开挖应严格按支护设计要求进行。应熟悉围护结构撑锚系统的设计图纸，包括围护墙的类型、撑锚位置、标高及设置方法、顺序等设计要求。

（2）混凝土灌注桩、水泥土墙等支护应有 28d 以上龄期，达到设计要求时，方能进行基坑开挖。

（3）围护结构撑锚系统的安装和拆除顺序应与围护结构的设计工况相一致，以免出现变形过大、失稳、倒塌等安全事故。

（4）围护结构撑锚安装应遵循时空效应原理，根据地质条件采取相应的开挖、支护方式。一般竖向应严格遵守分层开挖，先支撑后开挖，撑锚与挖土密切配合，严禁超挖的原则。使土方挖到设计标高的区段内，能及时安装并发挥支撑作用。

（5）撑锚安装应采用开槽架设，在撑锚顶面需要运行施工机械时，撑锚顶面安装标高应低于坑内土面 20～30cm。钢支撑与基坑土之间的空隙应用粗砂土填实，并在挖土机或土方车辆的通道处铺设道板。钢结构支撑宜采用工具式接头，并配有计量千斤顶装置，并定期校验，使用中有异常现象应随时校验或更换。钢结构支撑安装应施加预应力。预压力控制值一般不应小于支撑设计轴向力的 50%，也不宜大于 75%。采用现浇混凝土支撑必须在混凝土强度达到设计强度的 80% 以上，才能开挖支撑以下的土方。

（6）在基坑开挖时，应限制支护周围振动荷载的作用并做好机械上、下基坑坡道部位的支护。不得在挖土过程中，碰撞支护结构，损坏支护背面截水围幕。

（7）在挖土和撑锚过程中，应有专人作检查和监测，实行信息化施工，掌握围护结构的变形及变形速率以及其上边坡土体稳定情况，以及邻近建筑物、管线的变形情况。发现异常现象，应查清原因，采取安全技术措施进行认真处理。

1.7　顶　管　施　工

顶管施工就是非开挖施工方法，是一种不开挖或者少开挖的管道埋设施工技术。顶管法施工就是在工作坑内借助于顶进设备产生的顶力，克服管道与周围土壤的摩擦力，将管道按设计的坡度顶入土中，并将土方运走。一节管子顶入土层之后，再下第二节管子继续顶进。其原理是借助于主顶油缸及管道间、中继间等推力，把工具管或掘进机从工作坑内穿过土层一直推进到接收坑内吊起。

1.7.1 工程技术

非开挖工程技术彻底解决了管道埋设施工中对城市建筑物的破坏和道路交通的堵塞等难题，在稳定土层和环境保护方面凸显其优势。

非开挖技术涉及"少开挖"，即工作井与接收井要开挖，以及"不开挖"，即管道不开挖。地下管线的铺设或更换，顶管直径为 $DN800\sim DN4500$。通过工作井把要埋设的管子顶入土内，一个工作井内的管子可在地下穿行 1500m 以上，并且还能曲线穿行，并绕开一些地下管线或障碍物。

顶管施工的技术要点在于纠正管子在地下延伸的偏差，其特别适用于大中型管径的非开挖铺设，具有经济、高效、保护环境的特点。这种技术的优点具体是：不开挖地面；不拆迁，不破坏地面建筑物；不破坏环境；不影响管道的段差变形；省时、高效、安全，综合造价低。

该技术在我国沿海经济发达地区广泛用于城市地下给水排水管道、天然气石油管道、通信电缆等各种管道的非开挖铺设。它能穿越公路、铁路、桥梁、高山、河流、海峡和地面任何建筑物。采用该技术施工，能节约一大笔征地拆迁费用、减少对环境污染和道路的堵塞，具有显著的经济效益和社会效益。

1.7.2 工作原理

顶管施工是继盾构施工之后发展起来的一种地下管道施工方法，它不需要开挖面层，并且能够穿越公路、铁道、河川、地面建筑物、地下构筑物以及各种地下管线等。顶管施工借助主顶油缸及管道间中继间等的推力，把工具管或掘进机从工作井内穿过土层一直推到接收井内吊起。与此同时，把紧随工具管或掘进机后的管道埋设在两井之间，以此实现非开挖敷设地下管道。

1.7.3 分类

（1）按管口径大小分：分为大口径、中口径、小口径和微型顶管四种。大口径多指管径 2m 以上的顶管，人可以在其中直立行走。中口径顶管的管径多为 1200～1800mm，人在其中需弯腰行走，大多数顶管为中口径顶管。小口径顶管直径为 500～1000mm，人只能在其中爬行，有时甚至爬行都比较困难。微型顶管的直径通常在 400mm 以下，最小的只有 75mm。

（2）按一次顶进的长度分：顶进长度指顶进工作坑和接收工作坑的距离，按此分为普通距离顶管和长距离顶管。顶进距离长短的划分目前尚无明确规定，过去多指 100m 左右的顶管。目前，千米以上的顶管已屡见不鲜，可把 500m 以上的顶管称为长距离顶管。

（3）按顶管机的类型分：分为手掘式人工顶管、挤压顶管、水射流顶管和机械顶管（泥水式、泥浆式、土压式、岩石式）。手掘式顶管的推进管前只是一个钢制的带刃口的管子（称为工具管），人在工具管内挖土。掘进机顶管的破土方式与盾构类似，也有机械式和半机械式之分。

（4）按管材分：分为钢筋混凝土顶管、钢管顶管以及其他管材的顶管。

（5）按管子轨迹的曲直分：分为直线顶管和曲线顶管。

1.7.4 施工工艺

1. 工作坑设置

工作坑的位置是按管线位置、地形、障碍物种类以及管道设计要求设置，排水管道顶进的工作坑通常设在检查井位置，以便顶管工作结束后工作坑砌筑成检查井。相邻工作坑的间距应按照每次能顶进的长度、土质情况来决定。首先安置仪器确定出管线的中心线，如果有必要，可在工作坑前后加补两点，这样方便施工中随时校核。然后按顺序放出工作坑的尺寸。

工作坑应横向垂直于管道的中心线，这样可确保在后续顶进过程中管道中心的走向。工作坑要有足够的工作面，应该按照每节管长度、管径大小、设备尺寸和顶管的方法来决定。

工作坑的开挖大小用下面的公式计算：

深度 $h=$ 地面高程－设计底高程＋基础及垫层厚度。

宽度 $B=D_1+S$，其中 D_1 为管外径，S 为操作宽度。

长度 $L=L_1+L_2+L_3+L_4+L_5$，其中 L_1 为工作宽度，L_2 为管节长度，L_3 为运土工作的长度，L_4 为千斤顶长度，L_5 为后背墙厚度。

2. 顶管设备安装

（1）导轨：应用钢质的材料制作，两个导轨应该安装得牢固、顺直、平行、等高。应采用装配式导轨，根据所测设的轴线高程安装，导轨定位之后必须稳固、正确，保证能在顶进过程中承受各种负载时不位移、不变形、不沉降。两根轨道一定要相互等高、平行，导轨的中心一定要经过复核，这样能确保顶进轴线的精度，导轨的坡度也要与设计管道坡度对应。在使用中需经常检查校核导轨，防止出现位移等情况。

（2）千斤顶：在安装时应固定在支架上，而且要与管道中心垂线对称，这样它的合力的作用点就在管道中心的垂线上了。

（3）油泵：要和千斤顶相匹配，而且要用备用油泵；在安装完成后进行试运转。如果顶进过程中油压突然增高时，这时应马上停止顶进，查找原因并且在处理之后才可以继续顶进。

（4）顶铁：分块拼装式顶铁需要有足够的刚度，而且顶铁的相邻面需要相互垂直。安装后的顶铁轴线应该和管道轴线对称、平行，导轨和顶铁之间的接触面不能有油污、泥土。

在更换顶铁时，应先用大长度的顶铁，在拼装后需要锁定。在顶进时工作人员不能在顶铁上方和侧面停留，而且要随时观察顶铁是否出现异常。

在管口和顶铁之间采用缓冲材料衬垫，如果顶力接近管节材料的允许抗压强度，那么管口需要增加环形或 U 形顶铁。

（5）起重设备：在正式作业前需要做试吊，查看制动性能与重物捆扎情况，禁止超负荷吊装情况出现。

3. 挖土与出土

管前挖土是保障管道上方建筑物安全与顶管质量的关键。如果用人工挖土，则需慎重把握管子的顶进方向。

挖土的时候工人需要在管内进行操作，防止塌方伤人，并且要注意不能扰动管道地基土层。挖土一次进尺深相当于顶镐活塞的一个行程,挖完以后应立即顶进,防止坍塌。

管道周围超挖通常限定在:管道上方小于等于 15mm,这样可以减小顶进阻力;管道下方 135°范围内不能超挖,但是可少挖 10mm 余留土层,在管子顶进时候切去,这样可确保土基和管道的接触良好;如果在不允许有下沉的地段(如重要建筑物、铁路下等),管周围不能超挖;如果土层松软,可以把土层余留厚点,这样可防管子下沉。挖出来的土,要及时清运到管外,当运土车到达工作坑内的出土区后,用垂直运输机械吊到工作平台,运送到工作棚外的堆土区。

4. 顶进

顶进程序是:安装顶铁—开动油泵—顶镐活塞伸出一个行程—关油泵—活塞收缩—在空隙处加上顶铁—再开油泵,这样反复下去。千斤顶在工作坑内的布置方式分并列、单列和环列等。

千斤顶的顶力合力位置必须与顶进抗力的位置在同一个轴线上。

顶进抗力就是土壁与管壁的摩擦阻力或管前端的切土阻力。千斤顶在管端面的着力点必须在管子垂直直径的 $1/4\sim1/5$ 处。

安装顶铁的时候,应该顺直,绝对不可以出现偏扭现象。在第一节管节顶到挖土工作面的时候,需要进行一次测量,检查它的高程、坡度和轴线,确定无误时,才可开始挖土。第一节管顶进质量涉及整个顶管工程的质量。

1.7.5 安全注意事项

(1)顶管前,根据地下顶管法施工技术要求,按实际情况,制定出符合规范、标准、规程的专项安全技术方案和措施。

(2)顶管后座安装时,如发现后背墙面不平或顶进时枕木压缩不均匀,必须调整加固后方可顶进。

(3)顶管工作坑采用机械挖上部土方时,现场应有专人指挥装车,堆土应符合有关规定,注意不得损坏任何构筑物和预埋立撑;工作坑如果采用混凝土灌注桩连续壁,应严格执行有关安全技术规程;工作坑四周或坑底必须要有排水设备及措施;工作坑内应设符合规定的和固定牢固的安全梯,下管作业的全过程中,工作坑内严禁有人。

(4)吊装顶铁或钢管时,严禁在把杆回转半径内停留;往工作坑内下管时,应穿保险钢丝绳,并缓慢地将管子送入导轨就位,以便防止滑脱坠落或冲击导轨,同时坑下人员应站在安全角落。

(5)插管及止水盘根处理必须按操作规程要求,尤其应待工具管就位(应严格复测管子的中线和前、后端管底标高,确认合格后)并接长管子,安装水力机械、千斤顶、油泵车、高压水泵、压浆系统等设备全部运转正常后方可开封插扳管顶进。

(6)垂直运输设备的操作人员,在作业前要对卷扬机等设备各部分进行安全检查,确认无异常后方可作业,作业精力集中,服从指挥,严格执行卷扬机和起重作业有关的安全操作规定。

(7)安装后的导轨应牢固,不得在使用中产生位移,并应经常检查校核;两导轨应顺直、平行、等高,其纵坡应与管道设计坡度一致。

(8)在拼接管段前或因故障停顿时,应加强联系,及时通知工具管头部操作人员停止冲泥出土，防止由于冲吸过多造成塌方，并在长距离顶进过程中加强通风。

（9）当固吸泥莲蓬头堵塞、水力机械失效等原因，需要打开胸板上的清石孔进行处理时，必须采取防止冒顶塌方的安全措施。

（10）顶进过程中油泵操作工，应严格观察油泵车压力是否均匀渐增，若发现压力骤升，应立即停止顶进，待查明原因后方能继续顶进。

（11）管子的顶进或停止，应以工具管头部发出信号为准。遇到顶进系统发生故障或在拼管子前 20min，即应发出信号给工具管头部的操作人员，引起注意。

（12）顶进过程中，一切操作人员不得在顶铁两侧操作，以防发生崩铁伤人事故。

（13）如顶进不是连续三班作业，在中班下班时，应保持工具管头部有足够多的土塞；若遇土质差，因地下水渗流可能造成塌方时，则应将工具管头部灌满以增大水压力。

（14）管道内的照明电信系统一般应采用低压电，每班顶管前电工要仔细地检查多种线路是否正常，确保安全施工。

（15）工具管中的纠偏千斤顶应绝缘良好，操作电动高压油泵应戴绝缘手套。

（16）顶进中应有防毒、防燃、防暴、防水淹的措施，顶进长度超 50m 时，应有预防缺氧、窒息的措施。

（17）氧气瓶与乙炔瓶（罐）不得进入坑内。

1.8 盾 构 施 工

1.8.1 盾构机构成

盾构机是开挖土砂围岩的主要机械，由切口环、支承环及盾尾三部分组成，以上三部分总称为盾构壳体。盾构的基本构造包括盾构壳体、推进系统、拼装系统三大部分。盾构的推进系统由液压设备和盾构千斤顶组成。

1.8.2 盾构机施工

（1）随着施工技术的不断革新与发展，盾构的种类也越来越多，目前在我国地下工程施工中主要有手掘式盾构、挤压式盾构、半机械式盾构、机械式盾构等四大类。

（2）盾构施工前，必须进行地表环境调查、障碍物调查以及工程地质勘察，确保盾构施工过程中的安全生产。

（3）在盾构施工组织设计中，必须要有安全专项方案和措施，这是盾构设计方案中的关键。

（4）必须建立供、变电、照明、通信联络、隧道运输、通风、人行通道，给水和排水的安全管理及安全措施。

（5）必须有盾构进洞、盾构推进开挖、盾构出洞这三个盾构施工过程中的安全保护措施。

（6）在盾构法施工前，必须编制好应急预案，配备必要的急救物品和设备。

1.8.3 盾构机施工应注意的事项

（1）拼装盾构机的操作人员必须按顺序进行拼装，并对使用的起重索具逐一检查，确认可靠方可吊装。

（2）机械在运转中，需小心谨慎，严禁超负荷作业。发现盾构机械运转有异常或振动等现象，应立即停机作业。

（3）电缆头的拆除与装配，必须切断电源方可进行作业。

（4）操作盘的门严禁开着使用，防止触电事故。动力盘的接地线必须可靠，并经常检查，防止松动发生事故。

（5）连续启动2台以上电动机时，必须在第一台电动机运转指示灯亮后，再启动下一台电动机。

（6）应定期对过滤器的指示器、油管、排放管等进行检查保养。

（7）开始作业时，应对盾构各部件、液压、油箱、千斤顶、电压等仔细检查，严格执行锁荷"均匀运转"。

（8）盾构出土皮带运输机，应设防护罩，并应专人负责。

（9）装配皮带运输机时，必须清扫干净，在制动开关周围，不得堆放障碍物，并有专人操作，检修时必须停机停电。

（10）利用蓄电瓶车牵行时，司机必须经培训持证驾驶；电瓶车与出土车的连接处，不准将手伸入；车辆牵引时，按照约定的哨声或警铃信号才能拖运。

（11）出土车应有指挥引车，严禁超载。在轨道终端，必须安装限位装置。

（12）门吊司机必须持证上岗，挂钩工对钢丝绳、吊钩经常检查，不得使用不合格的吊索具，严禁超负荷吊运。

（13）盾构机头部应每天要检测可燃气体的浓度，做到预测、预防和序控工作，并做好记录台账。

（14）盾构内部的油回丝及零星可燃物要及时清除。对乙炔、氧气要加强管理，严格执行动火审批制度及动火监护工作。在气压盾构施工时，严禁将易燃、易爆物品带入气压施工区。

（15）在隧道工程施工中，采用冻结法地层加固时，必须以适当的观测方法测定温度，掌握地层的冻结状态，必须对附近的建筑物或地下埋设物及盾构隧道采取防护措施。

1.8.4 盾构施工进场和盾构进洞整个流程

盾构施工进场和盾构进洞流程如图1-11所示。

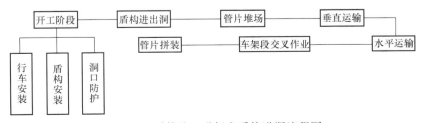

图1-11 盾构施工进场和盾构进洞流程图

1.8.5　盾构施工开工阶段

盾构法施工的开工阶段是指为盾构正式推进施工所做准备工作的时期。包括：建设方交付施工场地后现场的隔离围护、现场生活区临时设施的搭建、施工现场的平面布局、行车设备的安装、盾构机的吊装安装就位、施工现场结构井的临边预留孔的防护、下进钢梯通道的安装等。

1. 行车安装作业

行车安装是指在施工现场地面安装起重机械的分项工程。主要内容包括：行车安装合同的签订、安全生产协议的签订、安装方案的制定及审批、现场安装施工、安装完毕后的自行检查、报送相关的技术质量监督部门的自查报告并取得安全使用证。

行车安装是一项施工周期短、作业风险高的分部工程项目，在安装过程中需对不安全因素、不安全行为、不安全状态作分析，制定对策和措施及控制要点。

2. 盾构安装作业

（1）盾构安装作业是开工阶段的重要工序，它包括安装使用的大型起承设备的进场，工作井内盾构基座的安装，盾构部件的安装、拼装就位、盾构安装完毕后的调试工作等。

（2）盾构安装是集起重吊装、焊接作业、设备调试为一体的综合性分部工程，它具有施工周期短、立体交错施工的特性，具有较高的施工风险，如监控管理不力，可能会发生各类安全事故。因此，对盾构安装的安全管理具有一定的难度。在安装过程中的安全对策和监控措施一定要落实到位。

3. 洞口防护作业

洞口防护的范围包括：行车轨道与结构井的临边缺口、施工区域的临边围护、结构井口的防护、每一层结构井的临边围护、结构上中小型预留孔的围护。

结构施工单位向盾构施工单位移交施工场地后，大量的结构临边及预留孔，都必须制作防护设施。在开工阶段，如不能及时将这些安全设施完善，将会留下很大的高处坠落事故隐患。因此，必须采取有效的保护措施，确保施工人员的安全。

1.8.6　盾构进出洞作业

（1）盾构进出洞包括盾构基座的安装、盾构机的就位、安装完毕后的验收、凿洞门脚手架的搭设、洞门的凿除、袜套的安装预留钢筋的割除、大型混凝块的调运等。

（2）盾构进出洞都存在相当大的危险性。人机交错、立体施工的特性十分显著。整个施工作业环境处于一个整体的动态之中，蕴藏着土体盾构进出洞的不安全条件。因此，对策和监控措施必须落实到位。

1.8.7　管片堆放作业

（1）地面管片堆放是为隧道井下盾构推进所作的重要准备工序，其中包括管片卸车、管片吊装堆放、涂料制作等工序。

（2）地面管片堆场施工主要涉及运输车辆进出工地可能发生车辆伤人事故，同时重点应防范的是管片在吊运过程中对施工人员的伤害。

（3）管片堆场要平稳，道路要畅通，堆放要规范，排水要畅通，有良好的照明措施，运输过程必须专人指挥，安全警示标志清晰有针对性。

1.8.8 行车垂直运输作业

（1）行车垂直运输主要包括运用行车将盾构推进所需的施工材料吊运至井下，将井下的出土箱等重物吊至地面。

（2）行车垂直运输是隧道盾构施工"二线一点"中的重要部分，行车设备及吊索具的损坏和不规范使用都会引起重大伤亡事故。同时，该部位是施工中运作最为频繁的区域，是人机交错高风险事故发生的重要部位。

（3）行车必须有安全使用证，加强日常维修保养和检测，运行前必须对所有安全保险装置作一次检查，司机和指挥必须持证上岗，强化操作人员的安全意识，规范操作，确保安全。

1.8.9 电机车水平运输作业

（1）电机车水平运输主要包括：电机车通过水平运输系统（电机车轨道）将垂直运输的施工材料（管片、轨道、轨枕、油脂等）运输到盾构工作面，将盾构工作的出土箱运送到井口。

（2）水平运输线是盾构施工风险部位控制的重中之重，和垂直运输速度一样，由于施工频率高，势必造成盾构施工人机交错概率的提高。同时，由于地铁施工速度日益加快，也使电机车运输速度受到干扰。电机车水平运输事故发生的比重较大，机车设备隐患及人员操作失误是导致事故发生的主要原因。

（3）电机车轨道的轨距，轨枕木要经常测距检查，电机车做好维修保养，警示设备须完好，电机车操作人员持证上岗，监控水平运输安全动态。

1.8.10 车架段交叉施工作业

（1）车架段交叉施工包括土箱的装土、管片的吊运、轨道轨枕的铺设、车架后部的人行隔离通道的制作、车架后部通风管理的敷设、电缆线的排放、电机车在车架内装卸施工材料、测量人员上下测量平台、车架内接轨作业、压浆作业等。

（2）车架段由于其空间狭窄、作业繁多、作业人员多，使得这一部位有相当大的危险性，必须加强监控管理。

（3）必须对车架内电机车轨道的行程限位装置、电机车车身下部的防飞车的滑行装置、车架上部的围护栏杆等检查，对车架上的高压电缆必须落实有效的隔离措施，同时设置警示标志，对过轨道的电源线落实穿孔过路等保护措施。

1.8.11 管片拼装作业

（1）管片拼装是盾构施工的重要工序之一，它包括：管片的运输吊装就位，举重臂的旋转拼装，管片连接件的安装，管片拼装环的拆除，千斤顶的靠拢，管片螺栓的紧固等。

（2）管片拼装是安全风险部位"两线一点"中的"一点"。由于施工进度不断加快，安全措施不到位，管片拼装机的操作人员和拼装工高频率的配合，仅靠施工人员的反应来降低危险程度，管理比较被动。需消除拼装机械的不安全状态和拼装作业人员的不安全行为等，使施工作业在受控状态下进行。

（3）举重臂的制动装置、拼装机的警示设备、运输管片的单轨葫芦、双轨梁限位装置及制动装置、拼装平台的防护、栏杆等必须进行日常检查、维修、保养，确保安全生产。

2　模板工程

本章要点：近年来，建筑施工的伤亡事故中坍塌事故比例增大，其中，现浇混凝土模板支撑架的坍塌事故占到了相当的比例，因此，必须加强对模板工程的安全管理。本章重点介绍了常见的模板体系和特性、模板的施工方案和安全技术、模板工程的安装和拆除等相关内容。

2.1 模板工程概述

模板工程是混凝土工程中的重要组成部分，它对混凝土结构施工的质量、安全有十分重要的影响，它在混凝土结构施工中劳动量大、占施工工期也较长，决定施工方法和施工方案的选择，对工程造价也有很显著的影响。因此，在混凝土结构施工中应根据结构状况与施工条件，选用合理的模板形式、模板结构及施工方法，以达到保证混凝土工程施工质量与安全、加快进度和降低成本的目的。

2.1.1 常见模板体系及其特性

（1）木模板体系：优点是制作、拼装灵活，较适用于外形复杂或异形混凝土构件，以及冬期施工的混凝土工程；缺点是制作量大、木材资源浪费大等。

（2）组合钢模板体系：优点是轻便灵活、拆装方便、通用性强、周转率高等；缺点是接缝多且严密性差，导致混凝土成型后外观质量差。

（3）钢框木（竹）胶合板模板体系：它是以热轧异型钢为钢框架，以覆面胶合板作板面，并加焊若干钢肋承托面板的一种组合式模板。与组合钢模板比，其特点是自重轻、用钢量少、面积大、模板拼缝少、维修方便等。

（4）大模板体系：它由板面结构、支撑系统、操作平台和附件等组成，是现浇墙壁结构施工的一种工具式模板。其特点是以建筑物的开间、进深和层高为大模板尺寸，其优点是模板整体性好、抗震性强、无拼缝等；缺点是模板重量大，移动安装需起重机械吊运。

（5）散支散拆胶合板模板体系：面板采用高耐候、耐水性的Ⅰ类木胶合板或竹胶合板。优点是自重轻、板幅大、板面平整、施工安装方便简单等。

（6）早拆模板体系：在模板支架立柱的顶端，采用柱头的特殊构造装置来保证国家现行标准所规定的拆模原则前提下，达到尽早拆除部分模板的体系。优点是部分模板可早拆，加快周转，节约成本。

（7）其他还有滑升模板、爬升模板、飞模、模壳模板、胎模及永久性压型钢板模板和各种配筋的混凝土薄板模板等。

2.1.2 模板工程的施工方案

（1）模板工程的施工方案必须经上一级技术部门批准。

（2）模板及支架设计应包括的主要内容如下：

1）模板及支架的选型及构造设计。

2）模板及支架上的荷载及其效应计算。

3）模板及支架的承载力、刚度和稳定性验算。

4）绘制模板及支架施工图。

2.1.3 模板施工前的准备工作

（1）模板施工前，现场施工负责人应认真向有关工作人员进行安全交底。

（2）模板构件进场后，应认真检查构件和材料是否符合设计要求。

（3）做好模板垂直运输的安全施工准备工作，排除模板施工中现场的不安全因素。

2.1.4 模板施工的安全技术

（1）模板运到现场后，应认真检查模板、支撑等构件和材料是否符合设计要求，钢模板有无严重锈蚀或变形，木模板及支撑材质是否合格。

（2）现场防护设施齐全。支模场地夯实平整，电源线绝缘、漏电保护装置齐全，切实做好模板垂直运输的安全施工准备工作。

（3）模板工程作业高度在 2m 和 2m 以上时，应根据高处作业安全技术规范的要求进行操作和防护，要有安全可靠的操作架子；在 4m 及 2 层以上操作时周围应设安全网、防护栏杆。在临街及交通要道地区施工应设警示牌，避免伤及行人。

（4）操作人员上下通行，应通过马道、乘施工电梯或上人扶梯等，不准攀登模板或脚手架上下，不准在墙顶、独立梁及其他狭窄而又无防护栏的模板面上行走。

（5）基础及地下工程模板安装，必须检查基坑土壁边坡的稳定状况，基坑上口边沿 1m 以内不得堆放模板及材料。向槽（坑）内运送模板构件时，严禁抛掷。使用溜槽或起重机械运送，下方操作人员必须远离危险区域。

（6）在高处作业架子和平台上一般不宜堆放模板料。若短时间堆放，一定要码平稳，控制在架子或平台的允许荷载范围内。

（7）高处支模所用工具不用时要放在工具袋内，不能随意将工具、模板零件放在脚手架上，以免坠落伤人。

（8）雨期施工时，高耸结构的模板作业要安装避雷设施。冬期施工时，对操作地点和人行道的冰雪要事先清除掉，避免人员滑倒摔伤。五级以上大风天气，不宜进行大模板拼装和吊装作业。

（9）在架空输电线路下进行模板施工，如果不能停电作业，应采取隔离防护措施，其安全操作距离应符合现行行业标准《施工现场临时用电安全技术规范》JGJ 46 的要求。

（10）夜间施工，照明电源电压不得超过 36V，在潮湿地点或易触及带电体场所，照明电源不得超过 24V。各种电源线应用绝缘线，且不允许直接固定在钢模板上。

（11）模板支撑不能固定在脚手架或门窗等不牢靠的临时物件上，避免发生倒塌或模板位移。

（12）模板安装过程中，不得间歇，柱头、搭头、立柱顶撑、拉杆等必须安装牢固成整体后，作业人员才可离开。

（13）支设悬挑形式的模板时，应有稳定的立足点。支设临空构筑物模板时，应搭设支架。模板上有预留洞时，应在安装后将洞盖没。混凝土板上拆模后形成的临边或洞口，应按规定进行防护。

（14）在模板上施工时，堆物不宜过多，不宜集中一处，大模板的堆放应有防倾措施。

2.2 模 板 安 装

模板工程由模板系统及其支架系统组成；模板系统是一个临时架设的结构体系，模板是使混凝土结构或构件成型的模具，它与混凝土直接接触使混凝土构件具有所要求的形状，模板质量的好坏，直接影响混凝土成型的质量；支架系统是指支撑模板，承受模板、构件及施工中各种荷载的作用，并使模板保持所要求的空间位置的临时结构，支架系统的好坏，直接影响其他施工的安全。因此模板工程的安装必须符合下列规定：

（1）模板安装应按设计与施工说明书顺序拼装。木杆、钢管、门架等支架立柱不得混用。

（2）在基土上安装竖向模板和支架立柱支承部分时，基土应坚实，并有排水措施；并设置具有足够承载力和支承面积的垫板，且中心承载；对冻胀性土，应有防冻融措施；对软土地基，当需要时，可采取堆载预压的方法调整模板面安装高度。

（3）竖向模板安装时，应在安装基层面上测量放线，并应采取保证模板位置准确的定位措施。对竖向模板及支架，安装时应有临时稳定措施。安装位于高空的模板时，应有可靠的防倾覆措施。应根据混凝土一次浇筑高度和浇筑速度，采取合理的竖向模板抗侧移、抗浮和抗倾覆措施。

（4）对跨度不小于4m的现浇钢筋混凝土梁、板，其模板应按设计要求起拱；当设计无具体要求时，起拱高度应为跨度的1/1000～3/1000。

（5）采用扣件式钢管作高大模板支架的立杆时，支架搭设应完整；钢管规格、间距和扣件应符合设计要求；立杆上应每步设置双向水平杆，水平杆应与立杆扣接。

（6）安装现浇结构的上层模板及其支架时，下层楼板应具有承受上层荷载的承载能力，或加设支架；上、下层支架的立柱应对准，并铺设垫板；模板及支架钢管等应分散堆放。

（7）模板安装应保证混凝土结构构件各部分形状、尺寸和相对位置准确；模板的接缝不应漏浆；在浇筑混凝土前，木模板应浇水润湿，但模板内不应有积水。

（8）模板与混凝土的接触面应清理干净并涂刷隔离剂，不得采用影响结构性能或妨碍装饰工程的隔离剂；隔离剂不得污染钢筋和混凝土接槎处。

（9）模板安装应与钢筋安装配合进行，梁柱节点的模板宜在钢筋安装后安装。

（10）浇筑混凝土前，模板内的杂物应清理干净。

（11）对清水混凝土工程及装饰混凝土工程，应使用能达到设计效果的模板。

（12）用作模板的地坪、胎模等应平整光洁，不得产生影响构件质量的下沉、裂缝、起砂或起鼓。

（13）固定在模板上的预埋件、预留孔和预留洞均不得遗漏，且应安装牢固、位置准确。

（14）后浇带的模板及支架应独立设置。

2.3 模板拆除

2.3.1 一般规定

（1）模板拆除时，拆模的顺序和方法应按模板的设计规定进行。当设计无规定时，可采取先支后拆、后支先拆，先拆非承重模板、后拆承重模板的顺序，从上而下进行拆除。

（2）当混凝土强度达到设计要求时，方可拆除底模及支架；当设计无具体要求时，同条件养护试件的混凝土抗压强度应符合表2-1的规定。

底模拆除时的混凝土强度要求 表 2-1

构件类型	构件跨度（m）	达到设计的混凝土立方体抗压强度标准值的百分率（％）
板	≤2	≥50
	>2，≤8	≥75
	>8	≥100
梁、拱、壳	≤8	≥75
	>8	≥100
悬臂结构		≥100

（3）当混凝土强度能保证其表面及棱角不受损伤时，方可拆除侧模。

（4）快拆支架体系的支架立杆间距不应大于2m。拆模时应保留立杆并顶托支承楼板，拆模时的混凝土强度可取构件跨度为2m、按表2-1的规定确定。

2.3.2 拆模的安全技术要求

（1）拆模必须满足所需的混凝土强度，经工程技术领导同意，不得因拆模而影响工程质量。

（2）拆模作业时，必须设置警戒区域，并派人监护，严禁下方有人进入。拆模必须拆除干净彻底，不得留有悬空模板。

（3）拆模高处作业，应配置登高用具或搭设支架，必要时应戴安全带。模板拆除前，作业人员要事先检查所使用的工具是否完好牢固。

（4）拆模作业人员必须站在平稳牢固可靠的地方，保持自身平衡，不得猛撬，以防失稳坠落。

（5）作业人员在拆除模板过程中，如发现已灌注混凝土有影响结构安全的质量问题时，应暂停拆除，报告施工员经过处理后方可继续拆除。

（6）拆除模板一般应采用长撬杠，严禁作业人员站在正在拆除的模板上或在同一垂直面上拆除模板。

（7）严禁用吊车直接吊除没有撬松动的模板，吊运大型整体模板时必须拴结牢固，且吊点平衡，吊装、运大钢模时必须用卡环连接，就位后必须拉接牢固方可卸除吊环。

（8）拆除电梯井及大型孔洞模板时，下层必须支搭安全网等可靠防坠落措施。

（9）拆除高度在3m以上的模板时，应搭设脚手架或操作平台，并设防护栏杆。拆除时应逐块拆卸，不得成片松动、撬落和拉倒。严禁作业人员站在悬臂结构上面敲拆底模。

（10）在拆除用小钢模板支撑的顶板模板时，严禁将支柱全部拆除后，一次性拉拽拆除。已拆活动的模板，必须一次连续拆除完，方可停歇，严禁留下安全隐患。

（11）楼层高处拆下的材料，严禁向下抛掷。拆下的模板、拉杆、支撑等材料，必须边拆、边清、边运、边码垛。模板拆除后其临时堆放处离楼层边沿不应小于1m，堆放高度不得超过1m，楼层边口、通道口、脚手架边缘严禁堆放任何拆下物件。

（12）模板拆除间隙应将已活动的模板、拉杆、支撑等固定牢固，严防突然掉落、倒塌等意外伤人。

3 起重吊装

本章要点：吊装用绳、吊钩、卸扣等常用的吊具和索具的作用、分类、选择、使用和保养，滑轮、手拉葫芦、千斤顶、卷扬机、地锚、拔杆等起重机具的安全装置和使用要求等，履带式、轮胎式起重机械以及构件和设备的吊装等。

3.1 常用索具、吊具

3.1.1 吊装用绳

1. 麻绳（白棕绳）

（1）麻绳分类

麻绳按拧成的股数，可分为三股、四股和九股；按浸油与否，又分素绳和浸油麻绳两种。

（2）麻绳使用要点及注意事项

1）因麻绳强度低，容易磨损和腐蚀，因此只能用于手动起重设备、临时性轻型构件吊装作业中捆绑物件和受力不大的缆风绳、溜绳等。机动的机械一律不得使用麻绳。

2）麻绳穿绕滑车时，滑轮直径应大于绳子直径的 10 倍，绳子有接头时严禁穿过滑轮。避免损伤麻绳发生事故，长期在滑车上使用的白棕绳，应定期改变穿绳方向，使绳磨损均匀。

3）成卷麻绳在拉开使用时，应先把绳卷平放在地上，将有绳头的口面放在底下，从卷内拉出绳头（如从卷外拉出绳头，绳子容易扭结），然后根据需要的长度切断，切断前应用钢丝或麻绳将切断口两侧扎紧，以防止切断后绳头松散。

4）捆绑中遇有棱角或边缘锐利的构件时，应垫以木板或软性衬垫，如麻袋等物。以免棱角损伤绳子。

5）麻绳应放在干燥和通风良好的地方，不要和油漆、酸、碱等化学物品接触，以防腐蚀。

6）使用麻绳时应尽量避免在粗糙的构件上或地上拖拉，并防砂、石屑嵌入绳的内部磨伤麻绳。

7）在使用过程中，发生扭结，应立即抖动使其顺直，否则，绳子带结受力会断裂。如有局部受伤的麻绳，应切去损伤部分。

8）当绳长度不够时，不宜打结接头，应尽量采用编结接长。编结绳头绳套时，编结前每股头上应用细绳扎紧，编结后相互搭接长度：绳套不能小于麻绳直径的 15 倍，绳头接长不小于 30 倍。

9）有绳结的麻绳不应通过狭窄的滑车，以免受到挤压而影响麻绳的使用。

10）使用中，不得超过其许用拉力。

2. 化学纤维绳

除了常规麻绳外，目前有各种规格的化学纤维绳，也可用于吊装及辅助作业。化学纤维绳又称尼龙绳、合成纤维绳，目前多采用锦纶、涤纶、丙纶、维尼纶、聚乙烯、绝缘蚕丝等几种纤维材料合制而成，可以作吊装 0.5～100t 重物用绳。吊绳长度可根据需要到厂家定做。

（1）化学纤维绳的分类

1）按制作方式分，可分为编织绳和绞制绳两大类。

2）按使用情况分：分为空心绳、耐酸绳、耐碱绳、防火绳、阻燃绳、安全绳、防护绳、吊绳、缆绳、牵引绳、吊装绳、绝缘绳、电工放线绳。

3）按专业特点分：有迪尼绳、芳纶纤维绳。可用于吊索、悬索、缆绳索、船舶缆索。

（2）化学纤维绳特点

1）强度大：比同等直径钢丝绳强度高 1.5 倍左右。

2）重量轻：能浮于水面，它的吸水率只有 4%，比同等直径钢丝绳轻 85% 左右。

3）抗腐蚀：优异的耐用性，耐海水，耐化学药品，耐紫外线辐射，耐温差反复等。

4）易操作：直径小，强度高，重量轻，便携带，易操作，在特定情况下能明显提高其机动、快速反应能力，且抗水、抗昆虫，承受压力均匀。

5）弹性好：具有质地柔软，能减少冲击的优点。

6）对温度的变化较敏感，不要放在潮湿的地面或强烈的阳光下保存。不能使用于高温场所。

7）轻便、快捷、耐磨，碰撞不会产生火花。

（3）化学纤维绳注意事项

化学纤维绳具下列情况之一时，不宜再继续使用：已断股者；有显著的损伤或腐蚀者。

3. 钢丝绳

（1）钢丝绳的概念

钢丝绳的材料是由一定数量高强度碳素钢丝，一层或多层的股绕成螺旋状而形成的结构。合成单股即为绳。钢丝绳的丝数越多，钢丝直径越细，柔软性越好，强度也越高，但没有较粗的钢丝耐磨损。

钢丝绳强度高，弹性大，韧性好，耐磨损，能够灵活运用，能承受冲击性荷载，工作可靠，在起重吊装工程中得到广泛应用。可用作起吊、牵引、捆绑绳等。

起重机用钢丝绳保养、维护、安装、检验和报废要满足《起重机 钢丝绳 保养、维护、检验和报废》GB/T 5972 的规定。

（2）钢丝绳的分类

钢丝绳总的分类分为圆股钢丝绳、编织钢丝绳和扁钢丝绳。其中圆股钢丝绳又可按以下方法进一步分类：

1）按结构分：普通单股钢丝绳、半密封钢丝绳、密封钢丝绳、双捻（多股）钢丝绳及三捻钢丝绳（钢缆）。

2）按直径分：细直径钢丝绳，直径小于 8mm 的钢丝绳；普通直径钢丝绳，直径为 8～60mm 的钢丝绳；粗直径钢丝绳，直径大于 60mm 的钢丝绳。

3）按用途分：一般用途钢丝绳（含钢绞线）、电梯用钢丝绳、航空用钢丝绳、钻探井设备用钢丝绳、架空索道及缆车用钢丝绳、起重用钢丝绳。

4）按表面状态分：包括光面钢丝绳、镀锌钢丝绳、涂塑钢丝绳。

5）按股的断面形状分：包括圆股钢丝绳、异形股钢丝绳。

6）按捻制特性分：包括点接触钢丝绳、线接触钢丝绳和面接触钢丝绳。

7）按捻法分：包括右交互捻、左交互捻、右同向捻、左同向捻和混合捻。

8）按绳芯分：包括纤维芯和钢芯；纤维芯应用天然纤维（如剑麻、棉纱）、合成纤维和其他符合性能要求的纤维制成；钢芯（又称金属芯）分独立的钢丝绳芯和钢丝股芯。

（3）钢丝绳的选择

选用钢丝绳要合理，不准超负荷使用。选择钢丝绳的品种结构，鉴于线接触钢丝绳破断拉力大、疲劳寿命长、耐腐性能好，建议优先选用线接触钢丝绳。要求比较柔软的可用 $6×37$ 类。

选择钢丝绳的抗拉强度应根据使用的荷载、规定的安全系数，选择合适的强度级别，不宜盲目追求高强度。总之，应该根据设备的特点和作业场合，选择合适的钢丝绳，确保安全，达到延长使用寿命和提高经济效益的目的。

（4）钢丝绳的安装、维护、保养

1）钢丝绳的安装

① 解卷：整圈和整筒钢丝绳解开时，应将绳盘放在专用支架上使钢丝绳轮架空，也可用一根钢管穿入绳盘孔，两端套上绳索吊起，将绳盘缓缓转动使其旋转而慢慢拉出。

② 钢丝绳在卷筒上的排列：钢丝绳在卷筒缠绕时，要逐圈紧密排列整齐，不应错叠或离缝。钢丝绳在卷筒上的缠绕方向必须根据钢丝绳的捻向，右捻绳从左到右，左捻绳从右到左排列，缠绕应排列整齐，避免出现偏绕或夹绕现象。

2）钢丝绳的剪切

钢丝绳的剪切应在切割处两边相距 $10\sim20mm$ 处用钢丝扎紧，捆扎长度为绳径的 $1\sim4$ 倍，再用切割工具切断。

3）钢丝绳的维护保养和检查

① 运行要求：钢丝绳在运行过程中应速度稳定，不得超过负荷运行，避免发生冲击负荷。

② 维护保养：钢丝绳在制造时已涂了足够的油脂，但经运行后，油脂会逐渐减少，且钢丝绳表面会沾有尘埃、碎屑等污物，引起钢丝绳及绳轮的磨损和钢丝绳生锈，因此，应定期清洗和加油。简易的方法是选用钢丝刷和其他相应的工具擦掉钢丝绳表面的尘埃等污物，把加热熔化的钢丝绳表面脂均匀地涂抹在钢丝绳表面，也可把 30 号或 40 号机油喷浇在钢丝绳表面，但不要喷得过多而污染环境。不用的钢丝绳应进行维护保养，按规定分类存放在干净的地方。在露天存放的钢丝绳应在下面垫高，上面加盖防雨布罩。

③ 检查记录：使用钢丝绳必须定期检查并作好记录，定期检查的内容除了上述的清洗加油外，还应检查钢丝绳绳身的磨损程度、断丝情况、腐蚀程度以及吊钩、吊环、各润滑轮槽等易损部件磨损的情况。发现异常情况必须及时调整或更换。

（5）钢丝绳报废标准

1）钢丝绳的破坏过程

① 弯曲疲劳破坏：钢丝绳在使用过程中经常受到拉伸、弯曲，使钢丝绳容易产生"疲劳"现象，多次弯曲造成的弯曲疲劳是钢丝绳破坏的主要原因之一。

② 冲击荷载的破坏：冲击荷载在起重吊装作业中（如紧急制动）是不允许发生的。冲击荷载对机械及钢丝绳都有损害。冲击荷载的大小与所吊重物落下距离成正比，一般冲击荷载远远大于静荷载若干倍。

2）钢丝绳的破坏原因

造成钢丝绳损坏的原因是多方面的，概括起来，钢丝绳损伤及破坏的主要原因大致有以下几个方面：

① 截面积减少：钢丝绳截面积减少是因钢丝绳内外部磨损、损耗及腐蚀造成的。

② 质量发生变化：钢丝绳由于表面疲劳、硬化及腐蚀引起质量变化。

③ 变形：钢丝绳因松捻、压扁或操作中产生各种特殊变形而引起质量变化。

④ 突然损坏：在牵引过程中，快速加大拉力，产生过大冲击力而突然断丝。

3）钢丝绳报废标准

① 断丝的性质和数量。

② 绳端断丝。

③ 断丝的局部聚集。

④ 断丝的增加率。

⑤ 绳股断裂。

⑥ 由于绳芯损坏而引起的绳径减小。

⑦ 外部磨损。

⑧ 弹性降低。

⑨ 外部及内部腐蚀。

⑩ 变形。

（6）钢丝绳的安全荷载计算

1）钢丝绳的破断拉力

钢丝绳的破断拉力是将整根钢丝绳拉断所需要的拉力，也称为整条钢丝绳的破断拉力。考虑钢丝绳搓捻的不均匀，钢丝之间存在互相挤压和摩擦使其钢丝受力大小不一样，要拉断整根钢丝绳，其破断拉力要小于钢丝破断拉力总和，且要乘一个小于1的系数，约为 0.8～0.85。

最小钢丝破断拉力总和＝钢丝绳最小破断拉力×换算系数。换算系数取值如：6×7 类圆股的钢丝绳纤维芯取 1.134、钢芯取 1.214；6×19 类圆股的钢丝绳纤维芯取 1.24、钢芯取 1.308；6×37 类圆股的钢丝绳纤维芯取 1.249、钢芯取 1.336。

钢丝绳的安全荷载可由下式求得：

$$P=R/K$$

式中　P——吊装所需要的负荷拉力（kN）；

　　　R——最小破断拉力（可在钢丝绳规格及荷重性能查找）；

　　　K——钢丝绳的安全系数，见表 3-1。

钢丝绳的安全系数 K　　　　　　　　　　　　　　　　表 3-1

使用情况	K	使用情况	K
用于缆风绳	3.5	用作吊索、无弯曲	6～7
用于手动起重	4.5	用作绑扎的吊索	8～10
用于机械起重	5～6	用于载人的升降机	14 以上

2）钢丝绳的允许拉力和安全系数

　　钢丝绳的允许拉力：当钢丝绳在弯曲处可能同时承受拉力和剪力的混合力，钢丝绳破断拉力要降低30％左右。因此在选择钢丝绳时要适当提高安全系数加强安全储备。为了保证吊装的安全，钢丝绳根据使用时的受力情况，规定出所能允许承受的拉力，叫做钢丝绳的允许拉力。它与钢丝绳的使用情况有关，可通过计算取得。钢丝绳的允许拉力低了钢丝绳破断拉力的允许值，而这个系数就是安全系数。

　　3）钢丝绳最小破断拉力计算和重量测量

　　① 最小破断拉力计算：钢丝绳实测破断拉力不应低于荷重性能表的规定。钢丝绳最小破断拉力，用单位"kN"表示，并按下式计算：

$$F_0 = \frac{K' D^2 R_0}{1000}$$

式中　　F_0——钢丝绳最小破断拉力（kN）；

　　　　D——钢丝绳公称直径（mm）；

　　　　R_0——钢丝绳公称抗拉强度（MPa）；

　　　　K'——某一指定结构钢丝绳的最小破断拉力系数，见表3-2。

钢丝绳的最小破断拉力系数　　　　　　　　　　　　　　　　　　　　表3-2

组别	类别	钢丝绳重量系数 K			$\frac{K_2}{K_{1n}}$	$\frac{K_2}{K_{1p}}$	最小破断拉力系数 K'		$\frac{K_2'}{K_1'}$
		天然纤维芯	合成纤维芯	钢芯			纤维芯	钢芯	
		K_{1n}	K_{1p}	K_2			K_1'	K_2'	
		kg/（100m·mm²）							
1	6×7	0.351	0.344	0.387	1.10	1.12	0.332	0.359	1.08
2	6×19	0.380	0.371	0.418	1.10	1.13	0.330	0.356	1.08
3	6×37								
4	8×19	0.357	0.344	0.435	1.22	1.26	0.293	0.346	1.18
5	8×37								
6	18×7	0.390		0.430	1.10	1.10	0.310	0.328	1.06
7	18×19								
8	34×7	0.390		0.430	1.10	1.10	0.308	0.318	1.03
9	35W×7			0.460				0.360	
10	6V×7	0.412	0.404	0.437	1.06	1.08	0.375	0.398	1.06
11	6V×19	0.405	0.397	0.429	1.06	1.08	0.360	0.382	1.06
12	6V×37								
13	4V×39	0.410	0.402				0.360		
14	6Q×19+ 6V×21	0.410	0.402				0.360		

　　注：1. 在2组和4组钢丝绳中，当股内钢丝的数目为19根或19根以下时，重量系数应比表中所列的数小3％。

　　　　2. 在11组钢丝绳中，股含纤维芯6V×21、6V×24结构钢丝绳的重量系数和最小破断拉力系数应分别比表中所列的数小8％，6V×30结构钢丝绳的最小破断拉力系数，应比表中所列的数小10％；在12组钢丝绳中，股为线接触结构6V×37S钢丝绳的重量系数和最小破断拉力系数则应分别比表中所列的数大3％。

　　　　3. K_{1p}重量系数是对聚丙烯纤维芯钢丝绳而言。

② 重量的测量：钢丝绳的总重量包括钢丝绳、卷轴和包装材料的重量，应用衡器测量，用单位 kg 表示。计算钢丝绳的单位重量时，应用钢丝绳的净重量除以钢丝绳实测长度。钢丝绳的实测单位重量用 kg/100m 表示。

参考重量：钢丝绳的参考重量用 kg/100m 表示，并按下式计算：

$$M = KD^2$$

式中　　M——钢丝绳单位长度的参考重量（kg/100m）；

　　　　D——钢丝绳的公称直径（mm）；

　　　　K——充分涂油的某一结构钢丝绳单位长度的重量系数（表 3-2）[kg/(100m·mm²)]。

4）钢丝绳重量系数和最小破断拉力系数，见表 3-2。

3.1.2　吊钩

吊钩属起重机上重要取物装置之一。吊钩若使用不当，容易造成损坏和折断，从而发生重大事故，因此必须加强对吊钩进行经常性的安全技术检验。

1. 吊钩分类

吊钩按制造方法可分为锻造吊钩和片式吊钩。锻造吊钩又可分为单钩和双钩，如图 3-1（a）、（b）所示。单钩一般用于小起重量，双钩多用于较大的起重量。锻造吊钩材料采用优质低碳镇静钢或低碳合金钢。片式吊钩也有单钩和双钩之分，如图 3-1（c）和图 3-1（d）所示。

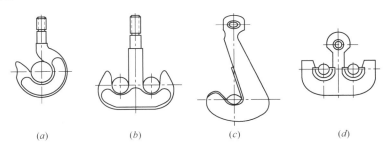

(a)　　　　(b)　　　　(c)　　　　(d)

图 3-1　吊钩的种类

（a）锻造单钩；（b）锻造双钩；（c）片式单钩；（d）片式双钩

片式吊钩比锻造吊钩安全，因为吊钩板片不可能同时断裂，个别板片损坏还可以更换。吊钩按钩身（弯曲部分）的断面形状分为：圆形、矩形、梯形和 T 形断面吊钩。

2. 吊钩安全技术要求

吊钩应有出厂合格证明，在低应力区应有额定起重量标记。

（1）吊钩的危险断面

对吊钩的检验，必须先了解吊钩的危险断面所在，通过对吊钩的受力分析，可以了解吊钩的危险断面有 3 个。

如图 3-2 所示，假定吊钩上吊挂重物的重量为 Q，由于重物重量通过钢丝绳作用在吊钩的 Ⅰ-Ⅰ 断面上，有把吊钩切断的趋势，该断面上受剪应力；由于重量 Q 的作用，在 Ⅲ-Ⅲ 断面，有把吊钩拉断的趋势，这个断面就是吊钩钩尾螺纹的退刀槽，这个部位受拉应力；由于 Q 对吊钩产生拉、剪力之后，还有把吊钩拉直的趋势，也就是对 Ⅰ-Ⅰ 断面以左的各断面除受拉力以外，还受到力矩的作用。因此，Ⅱ-Ⅱ断面受 Q 的拉力，使整个断面受剪应力，同时受力矩的作用。另外，Ⅲ-Ⅲ断面的内侧受拉应力，外侧受压应力，根据计算，内侧拉应力比外侧压应力大一倍多。吊钩做成内侧厚、外侧薄就是这个道理。

（2）吊钩的检验

检验吊钩时，一般先用煤油洗净钩身，然后用 20 倍放大镜检查钩身是否有疲劳裂纹，特别对危险断面的检查要认真、仔细。钩柱螺纹部分的退刀槽是应力集中处，要注意检查有无裂缝。对板钩还应检查衬套、销子、小孔、耳环及其他紧固件是否有松动、磨损现象。对一些大型、重型起重机的吊钩还应采用无损探伤法检验其内部是否存在缺陷。

（3）吊钩的保险装置

吊钩必须装有可靠防脱棘爪（吊钩保险），防止工作时索具脱钩如图 3-3 所示。

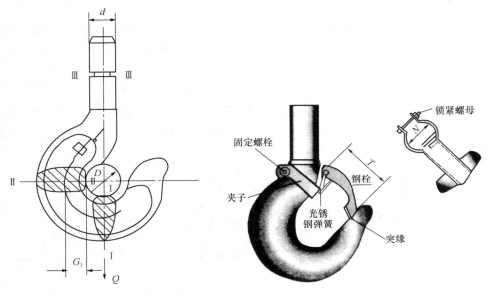

图 3-2　吊钩的危险断面　　　　图 3-3　吊钩的防脱棘爪

3. 吊钩的报废

吊钩禁止补焊，有下列情况之一的，应予以报废：

（1）用 20 倍放大镜观察表面有裂纹。

（2）钩尾和螺纹部分等危险截面及钩筋有永久性变形。

（3）挂绳处截面磨损量超过原高度的 10%。

（4）心轴磨损量超过其直径的 5%。

（5）开口度比原尺寸增加 15%。

3.1.3　卸扣

卸扣又称卡环，是起重作业中广泛使用的连接工具，它与钢丝绳等索具配合使用，拆装颇为方便。

1. 卸扣分类

卸扣按其外形分为直形和椭圆形两种，如图 3-4 所示。

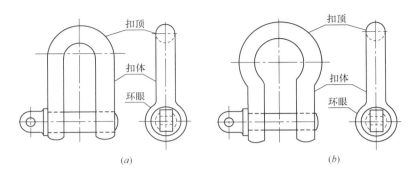

图 3-4　卸扣
（*a*）直形卸扣；（*b*）椭圆形卸扣

按活动销轴的形式可分为销子式和螺栓式，如图 3-5 所示，常用的是螺栓式。

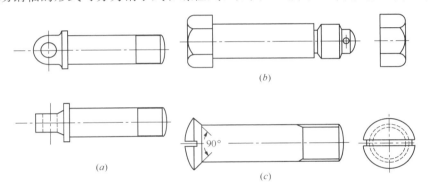

图 3-5　销轴的几种形式
（*a*）W 形，带有环眼和台肩的螺纹销轴；
（*b*）X 形，六角头螺栓、六角螺母和开口销；（*c*）Y 形，沉头螺钉

2. 卸扣使用注意事项

（1）卸扣必须是锻造的，一般是用 20 号钢锻造后经过热处理而制成的，以便消除残余应力和增加其韧性，不能使用铸造和补焊的卡环。

（2）使用时不得超过规定的荷载，应使销轴与扣顶受力，不能横向受力。横向使用会造成扣体变形。

（3）吊装时使用卸扣绑扎，在吊物起吊时应使扣顶在上，销轴在下，如图 3-6 所示，使绳扣受力后压紧销轴，销轴因受力，销孔中产生摩擦力，使销轴不易脱出。

（4）不得从高处往下抛掷卸扣，以防止卸扣落地碰撞而变形或内部产生损伤及裂纹。

3. 卸扣的报废

卸扣出现以下情况之一时，应予以报废：

（1）裂纹。

（2）磨损达原尺寸的 10％。

（3）本体变形达原尺寸的 10％。

（4）横销变形达原尺寸的 5％。

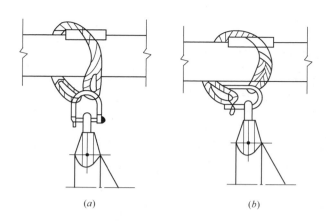

图 3-6 卸扣使用示意

（*a*）正确的使用方法；（*b*）错误的使用方法

（5）螺栓坏丝或滑丝。

（6）卸扣不能闭锁。

3.1.4 滑车和滑车组

滑车和滑车组是起重吊装、搬运作业中较常用的起重工具。滑车一般由吊钩（链环）、滑轮、轴、轴套和夹板等组成。

1. 滑车

（1）滑车的种类

滑车按滑轮的数量，可分为单门（一个滑轮）、双门（两个滑轮）和多门等几种；按连接件的结构形式不同，可分为吊钩型、链环型、吊环型、吊梁型；按滑车的夹板形式不同，可分为开口滑车和闭口滑车两种，如图 3-7 所示。开口滑车的夹板可以打开，便于装入绳索，一般都是单门，常用在拔杆脚等处做导向用。滑车按使用方式不同，又可分为定滑车和动滑车两种。定滑车在使用中是固定的，可以改变用力的方向，但不能省力；动滑

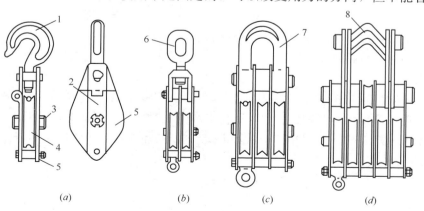

图 3-7 滑车

（*a*）单门开口吊钩型；（*b*）双门闭口链环型；（*c*）三门闭口吊环型；（*d*）三门吊梁型

1—吊钩；2—拉杆；3—轴；4—滑轮；5—夹板；6—链环；7—吊环；8—吊梁

车在使用中是随着重物移动而移动的，它能省力，但不能改变力的方向。

（2）滑车的允许荷载

滑车的允许荷载，可根据滑轮和轴的直径确定，一般滑车上都有标明，使用时应根据其标定的数值选用，同时滑轮直径还应与钢丝绳直径匹配。

双门滑车的允许荷载为同直径单门滑车允许荷载的 2 倍，三门滑车为单门滑车的 3 倍，以此类推。同样，多门滑车的允许荷载就是它的各滑轮允许荷载的总和。因此，如果知道某一个四门滑车的允许荷载为 20000kgf，则其中一个滑轮的允许荷载为 5000kgf，即对于这四门滑车，若工作中仅用一个滑轮，只能负担 5000kgf；用两个，只能负担 l0000kgf，只有 4 个滑轮全用时才能负担 20000kgf。

2. 滑车组

滑车组是由一定数量的定滑车和动滑车及绕过它们的绳索组成的简单起重工具。它能省力也能改变力的方向。

滑车组根据跑头引出的方向不同，可以分为跑头自动滑车引出和跑头自定滑车引出两种。如图 3-8（a）所示，跑头自动滑车引出，这时用力的方向与重物移动的方向一致。如图 3-8（b）所示，跑头自定滑车绕出，这时用力的方向与重物移动的方向相反。在采用多门滑车进行吊装作业时常采用双联滑车组。如图 3-8（c）所示，双联滑车组有两个跑头，可用两台卷扬机同时牵引，其速度快一倍，滑车组受力比较均衡，滑车不易倾斜。

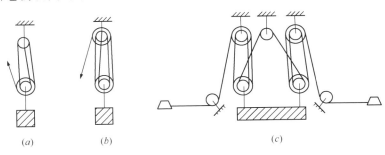

图 3-8　滑车组的种类

（a）跑头自动滑车绕出；（b）跑头自定滑车绕出；（c）双联滑车组

3. 滑车及滑车组使用注意事项

（1）使用前应查明标识的允许荷载，检查滑车的轮槽、轮轴、夹板、吊钩（链环）等有无裂缝和损伤，滑轮转动是否灵活。

（2）滑车组绳索穿好后，要慢慢地加力，绳索收紧后应检查各部分是否良好，有无卡绳现象。

（3）滑车的吊钩（链环）中心，应与吊物的重心在一条垂线上，以免吊物起吊后不平稳，滑车组上下滑车之间的最小距离应根据具体情况而定，一般为 700～1200mm。

（4）滑车在使用前后都要刷洗干净，轮轴要加油润滑，防止磨损和锈蚀。

（5）为了提高钢丝绳的使用寿命，滑轮直径最小不得小于钢丝绳直径的 16 倍。

4. 滑轮的报废

滑轮出现下列情况之一的，应予以报废：

（1）裂纹或轮缘破损。

（2）滑轮绳槽壁厚磨损量达原壁厚的20%。

（3）滑轮底槽的磨损量超过相应钢丝绳直径的25%。

3.1.5 链式滑车

图3-9 链式滑车

1. 链式滑车的类型和用途

链式滑车（图3-9）又称"捯链"、"手拉葫芦"，它适用于小型设备及物体的短距离吊装，可用来拉紧缆风绳，可用在构件或设备运输时拉紧捆绑的绳索。链式滑车具有结构紧凑、手拉力小、携带方便、操作简单等优点，它不仅是起重常用的工具，也常用作机械设备的检修拆装工具。链式滑车可分为环链蜗杆滑车、片状链式蜗杆滑车和片状链式齿轮滑车等。

2. 链式滑车的使用注意事项

（1）使用前需检查传动部分是否灵活，链子和吊钩及轮轴是否有裂纹损伤，手拉链是否有跑链或掉链等现象。

（2）挂上重物后，要慢慢拉动链条，当起重链条受力后再检查各部分有无变化，自锁装置是否起作用，经检查确认各部分情况良好后，方可继续工作。

（3）使用时，拉链方向应与链轮方向相同，防止手拉链脱槽，拉链时力量要均匀，不能过快过猛。

（4）当手拉链拉不动时，应查明原因，不能增加人数猛拉，以免发生事故。

（5）起吊重物中途停止的时间较长时，要将手拉链拴在起重链上，以防时间过长而自锁失灵。

（6）转动部分要经常上油，保证润滑，减少磨损，但切勿将润滑油渗进摩擦片内，以防自锁失灵。

3.1.6 螺旋扣

螺旋扣又称"花篮螺栓"，如图3-10所示，其主要用作张紧和松弛拉索、缆风绳等，故又被称为"伸缩节"。其形式有多种，尺寸大小则随负荷轻重而有所不同。其结构形式如图3-11所示。

图3-10 螺旋扣

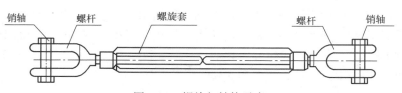

销轴　螺杆　螺旋套　螺杆　销轴

图3-11 螺旋扣结构示意

螺旋扣的使用应注意以下事项：

（1）使用时应钩口向下。

（2）防止螺纹轧坏。

（3）严禁超负荷使用。

（4）长期不用时，应在螺纹上涂好防锈油脂。

3.1.7 千斤顶

千斤顶是一种用较小的力将重物提高、降低或移位的起重设备。千斤顶构造简单，使用轻便，便于携带，工作时无振动与冲击，能保证把重物准确地停在一定的高度上，升举重物时，不需要绳索、链条等，但行程短，加工精度要求较高。

1. 千斤顶的分类

千斤顶有齿条式、螺旋式和液压式三种基本类型。

（1）齿条式千斤顶

齿条式千斤顶又叫起道机，由金属外壳、装在壳内的齿条、齿轮和手柄等组成。在路基路轨的铺设中常用到齿条式千斤顶，如图 3-12 所示。

（2）螺旋千斤顶

螺旋千斤顶常用的是 LQ 型，如图 3-13 所示。

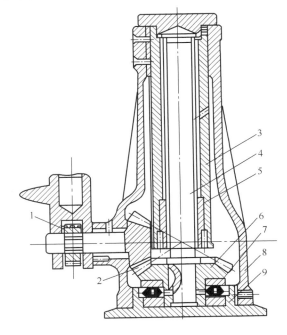

图 3-12　齿条式千斤顶

图 3-13　螺旋式千斤顶

1—棘轮组；2—小锥齿轮；3—升降套筒；4—锯齿形螺杆；5—螺母；
6—大锥齿轮；7—推力轴承；8—主架；9—底座

（3）液压千斤顶

常用的液压千斤顶为 YQ 型，其构造如图 3-14 所示。

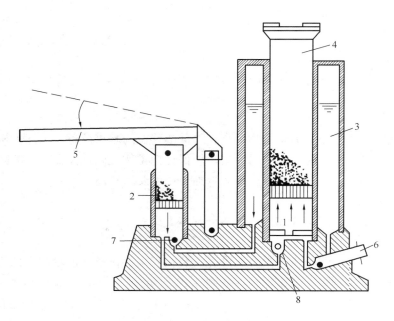

图 3-14　液压千斤顶的构造

1—油室；2—油泵；3—储油腔；4—活塞；5—摇把；

6—回油阀；7—油泵进油门；8—油室进油门

2. 千斤顶使用注意事项

（1）千斤顶使用前应拆洗干净，并检查各部件是否灵活，有无损伤，液压千斤顶的阀门、活塞、皮碗是否良好，油液是否干净。

（2）使用时，应放在平整坚实的地面上，如地面松软，应铺设方木以扩大承压面积。设备或物件的被顶点应选择坚实的平面部位并应清洁至无油污，以防打滑，还须加垫木板以免顶坏设备或物件。

（3）严格按照千斤顶的额定起重量使用千斤顶，每次顶升高度不得超过活塞上的标志。

（4）在顶升过程中要随时注意千斤顶的平整直立，不得歪斜，以防倾倒，不得任意加长手柄或操作过猛。

（5）操作时，先将物件顶起一点后暂停，检查千斤顶、枕木垛、地面和物件等的情况是否良好，如发现千斤顶和枕木垛不稳等情况，必须处理后才能继续工作。顶升过程中，应设保险垫，并要随顶随垫，其脱空距离应保持在 50mm 以内，以防千斤顶倾倒或突然回油而造成事故。

（6）用两台或两台以上千斤顶同时顶升一个物件时，要有统一指挥，动作一致，升降同步，保证物件平稳。

（7）千斤顶应存放在干燥、无尘土的地方，避免日晒雨淋。

3.1.8　卷扬机

卷扬机在建筑施工中使用广泛，它可以单独使用，也可以作为其他起重机械的卷扬机构。

1. 卷扬机的构造和分类

卷扬机是由电动机、齿轮减速机、卷
筒、制动器等构成。载荷的提升和下降均
为一种速度，由电机的正反转控制。

卷扬机按卷筒数分为单筒、双筒、多
筒卷扬机；按速度为快速、慢速卷扬机。
常用的有电动单筒和电动双筒卷扬机，图
3-15 所示的是一种单筒电动卷扬机的
结构。

2. 卷扬机的固定和布置

（1）卷扬机的固定

卷扬机必须用地锚予以固定，以防工
作时产生滑动或倾覆。根据受力大小，固
定卷扬机的方法大致有螺栓锚固法、水平
锚固法、立桩锚固法和压重锚固法四种，
如图 3-16 所示。

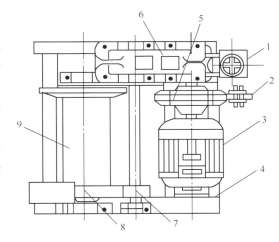

图 3-15　单筒电动卷扬机结构示意
1—逆控制器；2—电磁制动器；3—电动机；
4—底盘；5—联轴器；6—减速器；
7—小齿轮；8—大齿轮；9—卷筒

（2）卷扬机的布置

卷扬机的布置（即安装位置）应注意下列几点：

1）卷扬机安装位置周围必须排水畅通并应搭设工作棚；

2）卷扬机的安装位置应能使操作人员看清指挥人员、起吊或拖动的物件，操作者视
线仰角应小于 45°；

3）在卷扬机正前方应设置导向滑车，如图 3-17 所示，导向滑车至卷筒轴线的距离，
带槽卷筒不应小于卷筒宽度的 15 倍，即倾斜角 α 不大于 2°，无槽卷筒应大于卷筒宽度的

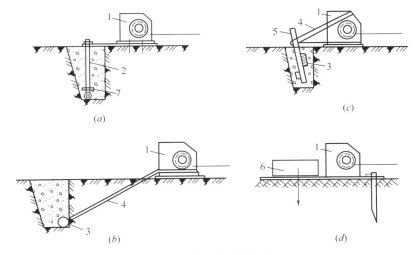

图 3-16　卷扬机的锚固方法
（a）螺栓锚固法；（b）水平锚固法；（c）立桩锚固法；（d）压重物锚固法
1—卷扬机；2—地脚螺栓；3—横木；4—拉索；5—木桩；6—压重；7—压板

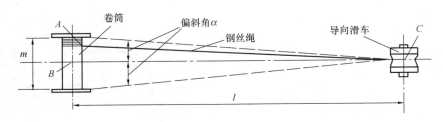

图 3-17　卷扬机的布置

20 倍，以免钢丝绳与导向滑车槽缘产生过度的磨损；

4）钢笔绳绕入卷筒的方向应与卷筒轴线垂直，其垂直度允许偏差为 6°，这样能使钢丝绳圈排列整齐，不致斜绕和互相错叠挤压。

3. 卷扬机使用注意事项

（1）作用前，应检查卷扬机与地面的固定、安全装置、防护设施、电气线路、接零或接地线、制动装置和钢丝绳等，全部合格后方可使用。

（2）使用皮带或开式齿轮的部分，均应设防护罩，导向滑轮不得用开口拉板式滑轮。

（3）正反转卷扬机卷筒旋转方向应在操纵开关上有明确标识。

（4）卷扬机必须有良好的接地或接零装置，接地电阻不得大于 10Ω；在一个供电网络上，接地或接零不得混用。

（5）卷扬机使用前要先做空载正、反转试验，检查运转是否平稳，有无不正常响声；传动、制动机构是否灵敏可靠；各紧固件及连接部位有无松动现象；润滑是否良好，有无漏油现象。

（6）钢丝绳的选用应符合原厂说明书规定。卷筒上的钢丝绳全部放出时应留有不少于 3 圈；钢丝绳的末端应固定牢靠；卷筒边缘外周至最外层钢丝绳的距离应不小于钢丝绳直径的 1.5 倍。

（7）钢丝绳应与卷筒及吊笼连接牢固，不得与机架或地面摩擦，通过道路时，应设过路保护装置。

（8）卷筒上的钢丝绳应排列整齐，当重叠或斜绕时，应停机重新排列，严禁在转动中用手拉脚踩钢丝绳。

（9）作业中，任何人不得跨越正在作业的卷扬钢丝绳。物件提升后，操作人员不得离开卷扬机，物件或吊笼下面严禁人员停留或通过。休息时应将物件或吊笼降至地面。

（10）作业中如发现异响、制动不灵、制动装置或轴承等温度剧烈上升等异常情况时，应立即停机检查，排除故障后方可使用。

（11）作业中停电或者是休息时，应切断电源，将提升物件或吊笼降至地面，操作人员离开现场应锁好开关箱。

3.1.9　地锚

地锚又称锚桩、拖拉坑，起重作业中不但能固定卷扬机，而且常用来固定拖拉绳、缆风绳、导向滑轮等，制作地锚的材料可选用木材、钢材或混凝土等。

1. 地锚的分类

地锚按设置形式分有桩式地锚和水平地锚（卧式地锚）两种。

2. 各种地锚的构造

（1）桩式地锚：是以角钢、钢管或圆木作锚桩，垂直或斜向（向受拉的以方向倾斜）打入土中，依靠土壤对桩体的嵌固和稳定作用，使其承受一定的拉力；锚桩长度一般为1.5～2.0m，入土深度为1.2～1.5m。按照不同使用要求又可分为一排、两排或三排打入土中，生根钢丝绳拴在距地面约50mm处。同时，为了增加桩的锚固力，在其前方距地面约400～900mm深处，紧贴桩木埋置较长的挡木一根，如图3-18所示。

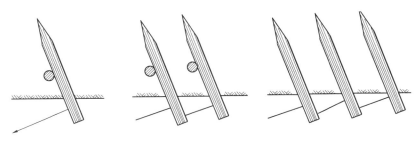

图 3-18　桩式地锚

（2）水平地锚（卧式地锚）：将几根圆木或方木或者型钢用钢丝绳捆绑在一起，横卧在预先挖好的锚坑坑底，绳索捆扎在材料上，从坑的前端槽中引出，绳与地面的夹角应等于缆风与地面的夹角，埋好后用土石回填夯实即可。圆木的数量应根据地锚受力的大小和土质而定，圆木的长度为1～1.5m，一般埋入深度为1.5～2m时，可承受拉力30～150kN。但是卧式地锚承受拉力时既有水平分力又有垂直向上分力，并形成一个向上拔的力，当拉力超过75kN时，地锚横木上应增加压板加固，扩大其受压面积，降低土壁的侧向压力。当拉力大于150kN时，应用立柱和木壁加强，以增加上部的横向抵抗力，如图3-19所示。

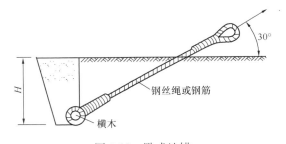

图 3-19　卧式地锚

以上是施工现场常见的地锚形式，另外还有混凝土锚桩、活动地锚等形式。

3. 各种地锚的适用范围

（1）桩式地锚：适用于固定作用力不大的系统，如受力不大的缆风。桩式地锚承受拉力较小，但设置简便，因此被较普遍采用。但在结构吊装中很少使用。

（2）水平地锚（卧式地锚）：是一种卧式地锚，常用在普通系缆、桅杆或起重机上。其作用荷载能力不大于75kN，超过75kN还须进行加固方可使用。

4. 使用要点及注意事项

（1）设置地锚应埋设在土质坚硬的地方，地锚埋设后地面应平整，地面不潮湿，不得有积水。

（2）埋入的横担木必须进行严格选择，木质地锚的材质应使用落叶松、杉木，严禁使用油松、杨木、柳木、桦木、锻木。不得使用腐朽、严重裂纹或木节较多的木料。埋设时间较长时，应作防腐处理。受力较大时，横担木要用管子或角钢包好，以增加横担木强度。

（3）卧木上绑扎的钢丝绳生根可采用编接或卡接，使牢固可靠。

（4）地锚应根据负荷大小、地锚的分布及埋设深度，应根据不同土质及地锚的受力情况经计算确定。通过计算确定（包括活动地锚）埋设后需进行试拉。受力很大的地锚（如重型桅杆式起重机和缆索起重机的缆风地锚）应用钢筋混凝土制作，其尺寸、混凝土强度等级及配筋情况须经专门设计确定。

（5）使用时引出钢丝绳的方向应与地锚受力方向一致，并作防腐处理。地锚使用前必须进行试拉，合格后方能使用。

（6）地锚坑宜挖成直角梯形状，坡度与垂线的夹角以15°为宜。地锚深度根据现场综合情况决定；地锚埋设后应进行详细检查，才能正式使用。试吊时应指定专人看守，使用时还要有专人负责巡视，如发生变形，应立即采取措施加固。

（7）地锚附近不准开挖取土，否则容易造成锚桩处土壁松动。同时，地锚拉绳与地面的夹角应保持在30°左右，角度过大会造成地锚承受过大的竖向拉力。

（8）拖拉绳与水平面的夹角一般以30°以下为宜，地锚坑在引出线露出地面的位置，前方坑深2.5倍范围及基坑两侧2m以内，不得有地沟、电缆、地下管道等构筑物以及临时挖沟等，如有地下障碍物，要向远处移动地锚位置。

（9）固定的建筑物和构筑物，可以利用其作为地锚，但必须经过核算。树木、电线杆等严禁作为地锚使用。

（10）禁止将地铺设在松软回填土内或利用不可靠的物体作为吊装用的地锚。

3.1.10 拔杆

起重拔杆也称抱杆、桅杆，是一种常用的起吊工具，它配合卷扬机、滑轮组和绳索等进行起吊作业。起重拔杆为立柱式，用绳索（缆风绳）绷紧立于地面。绷紧一端固定在起重桅杆的顶部，另一端固定在地面锚桩上。拉索一般不少于3根，通常用4～6根。每根拉索初拉力约为10～20kN，拉索与地面成30°～45°，各拉索在水平投影夹角不得大于120°。起重拔杆可直立地面，也可倾斜地面（一般不大于10°）。起重拔杆下部设导向滑轮至卷扬机。

1. 拔杆的种类

起重拔杆按其材质不同，可分为木拔杆和金属拔杆。木拔杆起重高度一般在15m以内，起重量在20t以下。金属拔杆可分为钢管式和格构式，钢管式拔杆起重高度在25m以内，起重量在20t以下，格构式拔杆高度可达70m，起重量可达100t以上。

拔杆式起重机按其构造不同，可分为独脚拔杆、悬臂拔杆、人字拔杆、三角式拔杆、牵缆式拔杆和格构式拔杆等。

2. 拔杆使用安全注意事项

（1）拔杆应根据施工条件、吊物重量、起重高度等具体情况合理选用，严禁超载使用。

（2）使用木拔杆，要检查木质有无开裂、腐朽等现象，严重时不准使用。

（3）木拔杆在捆吊索处要垫好。

（4）捆扎人字拔杆时，下脚要对齐，吊重要对准中心。

（5）各种拔杆底脚要稳固，必要时应垫木排，确保安全地承受最大负荷。

（6）拔杆拼装后，要求检查其接头牢固程度及弯曲程度，不符合施工安全的不准使用。

（7）拔杆缆风绳数量应根据起重量并经计算确定，一般不少于5根，移动式拔杆不少于8根，分布要合理，松紧要均匀，缆风绳与地面夹角以30°～40°为宜。禁止设多层缆风绳。

（8）缆风绳与地锚连接后，应用绳夹扎牢。

（9）缆风绳与高压线之间应有可靠的安全距离。如必需跨过高压线时，应采取停电、搭设防护架等安全措施。

（10）拔杆移动时其倾斜幅度：当采用间歇法移动时，不宜超过拔杆高度的1/5，当采用连续法移动时，应为拔杆高度的1/20～1/15；相邻缆风绳要交错移位和调整。

（11）竖立拔杆时应由专人指挥。竖立后先初步稳定，然后再调整缆风绳使其均匀受力。同时校正拔杆的垂直度。

（12）拔杆使用前应做负荷试验，试验合格后方可使用。

（13）拆卸拔杆时，先用起重设备将拔杆吊起，后松缆风绳。

3.2 常用行走式起重机械

3.2.1 汽车起重机

1. 汽车起重机概述

汽车起重机是装在普通汽车底盘或特制汽车底盘上的一种起重机，如图3-20所示，其行驶驾驶室与起重操纵室分开设置。这种起重机的优点是机动性好，转移迅速；缺点是工作时需支腿，不能负荷行驶，也不适合在松软或泥泞的场地上工作。

2. 汽车起重机分类

（1）按额定起重量分，一般额定起重量15t以下的为小吨位汽车起重机；额定起重量在16～25t的为中吨位汽车起重机；额定起重量在26t以上的为大吨位汽车起重机。

（2）按吊臂结构分为定长臂汽车起重机、接长臂汽车起重机和伸缩臂汽车起重机三种。

1）定长臂汽车起重机多为小型机械传动起重机，采用汽车通用底盘，全部动力由汽车发动机供给。

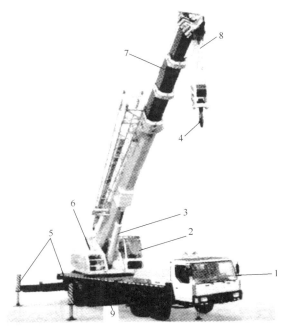

图3-20 汽车起重机结构图

1—下车驾驶室；2—上车驾驶室；3—顶臂油缸；4—吊钩；
5—支腿；6—回转卷扬机构；7—起重臂；
8—钢丝绳；9—下车底盘

2）接长臂汽车起重机的吊臂由若干节臂组成，分基本臂、顶臂和插入臂，可以根据需要在停机时改变吊臂长度。由于桁架臂受力好，迎风面积小，自重轻，是大吨位汽车起重机的主要结构形式。

3）伸缩臂液压汽车起重机，其结构特点是吊臂由多节箱形断面的臂互相套叠而成，利用装在臂内的液压缸可以同时或逐节伸出或缩回。全部缩回时，可以有最大起重量；全部伸出时，可以有最大起升高度或工作半径。

（3）按动力传动分为机械传动、液压传动和电力传动三种。施工现场常用的是液压传动汽车起重机。

3. 汽车式起重机安全装置

（1）长度、角度传感器

长度、角度检测传感器是安装在汽车起重机等有伸缩臂杆的测长装置，由拉线盒和检测传感器组成。将拉线盒的钢丝拉线与汽车吊臂的伸缩头固定连接，当汽车吊臂伸缩时，带动拉线的伸缩，钢丝绳带动内部检测电位器信号变化。传感器在采集该信号后，经过处理、判断并通过仪表显示出来，控制起重机吊臂相对于水平面的角度和提升高度等。

（2）力矩限制器

力矩限制器是汽车起重机重要的安全限制器，其主要作用是：

1）过载限制：过载时，限制器自动停止伸臂、下变幅、起升动作，允许缩臂、上变幅、落钩动作。

2）极限限制，达到额定载荷的 1.3 倍时，仅能回转、落钩。

3）数据采集功能，自动记录、存储作业的工况参数、时间、过载次数。

4）顺序伸缩控制油缸动作，避免人为误操作。

4. 汽车起重机安全操作规定

起重机的启动参照有关内燃机的规定执行，在公路或城市道路上行驶时，应执行交通管理部门的有关规定。汽车起重机作业前应注意以下事项：

（1）检查各安全保护装置和指示仪表是否齐全、有效。

（2）检查燃油、润滑油、液压油及冷却水是否添加充足。

（3）开动油泵前，先使发动机低速运转一段时间。

（4）检查钢丝绳及连接部位是否符合规定。

（5）检查液压是否正常。

（6）检查轮胎气压是否正常。

（7）各连接件有无松动。

（8）行驶和工作场地应保持平坦坚实，并应与沟渠、基坑保持安全距离。

（9）检查工作地点的地面条件。地面必须具备能将起重机保持水平状态、充分承受作用于支腿的压力条件；注意地基是否松软，如较松软，必须给支腿垫好能承载的枕木或钢板。

（10）预先调查地下埋设物，在埋设物附近放置安全标牌，以引起注意。

（11）调节支腿，按规定顺序伸出支腿。使之呈水平状态，回转支承面的倾斜度在无载荷时不大于 1/1000，插上支腿定位销，底盘为弹性悬挂的起重机，放支腿前应先收紧稳定器。

（12）确认所吊重物的重量和重心位置，以防超载。

（13）根据起重作业曲线，确定工作半径和额定起重量，调整臂杆长度相角度。

3.2.2 履带起重机

履带起重机操纵灵活，本身能回转360°，在平坦坚实的地面上能负荷行驶。由于履带的作用，接触地面面积大，通过性好，可在松软、泥泞的场地作业，可进行挖土、夯土、打桩等多种作业，适用于建筑工地的吊装作业，特别是单层工业厂房结构安装。但履带起重机稳定性较差，行驶速度慢且履带易损坏路面，转移时多用平板拖车装运。

1. 履带起重机结构组成

履带起重机由动力装置、工作机构以及动臂、转台、底盘等组成，如图3-21所示。

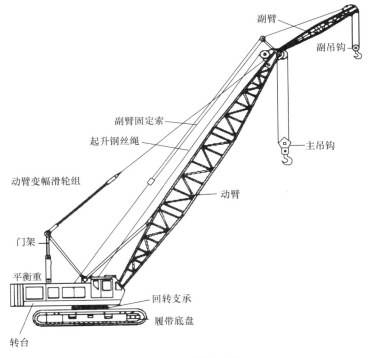

图 3-21　履带起重机

（1）动臂

动臂为多节组装桁架结构，调整节数后可改变长度，其下端铰装于转台前部，顶端用变幅钢丝绳滑轮组悬挂支承，可改变其倾角。也有在动臂顶端加装副臂的，副臂与动臂成一定夹角。起升机构有主、副两个卷扬系统，主卷扬系统用于动臂吊重，副卷扬系统用于副臂吊重。

（2）转台

转台通过回转支承装在底盘上，可将转台上的全部重量传递给底盘，其上部装有动力装置、传动系统、卷扬机、操纵机构、平衡重和操作室等。动力装置通过回转机构可使转台作360°回转。回转支承由上、下滚盘和其间的滚动件（滚球、滚柱）组成，可将转台上的全部重量传递给底盘，并保证转台的自由转动。

（3）底盘

底盘包括行走机构和动力装置。行走机构由履带架、驱动轮、导向轮、文重轮、托链轮和履带轮等组成。动力装置通过垂直轴、水平轴和链条传动使驱动轮旋转，从而带动导向轮和文重轮，实现整机沿履带行走。

2. 履带式起重机安全装置

履带式起重机一般设有起重量限制器、幅度显示器、力矩限制器、起升高度限位器、变幅限位、臂架角度指示器、防臂架后倾装置、臂架变幅保险和吊钩保险等安全装置。

（1）臂架角度指示器

臂架角度指示器能够随着臂架仰角的变化而变化，反映出臂架对地面的夹角。通过臂架不同位置的仰角，对照起重机的性能表和性能曲线，就可知在某仰角时的幅度值、起重量、起升高度等各项参考数值。

（2）起升高度限位器

起升高度限位器又称为过卷扬限制器，装在臂架端部滑轮组上，限制吊钩的起升高度，防止发生过卷扬事故。当吊钩起升到极限位置时，自动发出报警信号，切断动力源，停止起升。

（3）力矩限制器

力矩限制器是防止超载造成起重机失稳的限制器，当荷载力矩达到额定起重力矩时，自动发出报警信号，切断起升或变幅动力源。

（4）防臂架后倾装置

防臂架后倾装置，是防止臂架仰角过大时造成后倾的安全装置，当臂架起升到最大额定仰角时，不再仰臂。

3. 履带起重机安全使用规定

（1）应在平坦坚实的地面上作业、行走和停放。在正常作业时。坡度不得大于3°，并应与沟渠、基坑保持安全距离。

（2）作业时，起重臂的最大仰角不得超过出厂规定。当无资料可查时，不得超过78°。

（3）变幅应缓慢平稳，严禁在起重臂未停稳前变换挡位，起重机载荷达到额定起重量的90%及以上时，严禁下降起重臂。

（4）在起吊载荷达到额定起重量的90%及以上时，升降动作应慢速进行，并严禁同时进行两种以上动作。

（5）起吊重物时应先稍离地面试吊，当确认重物已挂牢，起重机的稳定性和制动器的可靠性均良好时，再继续起吊。在重物起升过程中，操作人员应把脚放在制动踏板上，密切注意起升重物，防止吊钩冒顶。当起重机停止运转而重物仍悬在空中时，即使制动踏板被固定，也仍应脚踩在制动踏板上。

（6）采用双机抬吊作业时，应选用起重性能相似的起重机进行。抬吊时应统一指挥，动作应配合协调；载荷应分配合理，起吊重量不得超过两台起重机在该工况下允许起重量总和的75%，单机载荷不得超过允许起重量的80%，在吊装过程中，起重机的吊钩滑轮组应保持垂直状态。

（7）多机抬吊（多于3台时），应采用平衡轮、平衡梁等调节措施来调整各起重机的受力分配，单机的起吊载荷不得超过允许载荷的 75%。多台起重机共同作业时，应统一指挥，动作应配合协调。

（8）起重机如需带载行走时，载荷不得超过允许起重量的 70%，行走道路应坚实平整，重物应在起重机正前方向，重物离地面不得大于 500mm，并应拴好拉绳，缓慢行驶。严禁长距离带载行驶。

（9）起重机行走时，转弯不应过急；当转弯半径过小时，应分次转弯；当蹬面凹凸不平时，不得转弯。

（10）起重机上下坡道时应无载行走，上坡时应将起重臂仰角适当放小，下坡时应将起重臂仰角适当放大。严禁下坡时空挡滑行。

（11）作业后，起重臂应转至顺风方向并降至 40°～60°之间，吊钩应提升到接近顶端的位置，应关停内燃机，将各操纵杆放在空挡位置，各制动器加保险固定，操纵室应关门加锁。

（12）起重机转移工地，应采用平板拖车运送。特殊情况需自行转移时，应卸去配重，拆短起重臂，主动轮应在后面，机身、起重臂、吊钩等必须处于制动位置，并应加保险固定。每行驶 500～1000m 时，应对行走机构进行检查和润滑。

（13）起重机通过桥梁、水坝、排水沟等构筑物时，必须在查明允许载荷后再通过。必要时应对构筑物采取加固清施。通过铁路、地下水管、电缆等设施时，应铺设木板对其加以保护，并不得在上面转弯。

（14）用火车或平板拖车运输起重机时，所用脚手板的坡度不得大于 15°。起重机装上车后，应将回转、行走、变幅等机构制动，并采用三角木楔紧履带两端，再牢固绑扎。后部配重用枕木垫实，不得使吊钩悬空摆动。

3.2.3 轮胎式起重机

1. 主要构造

轮胎式起重机的动力装置是采用柴油发动机带动直流发电机，再由直流发电机发出直流电传输到各个工作装置的电动机。行驶和起重操作在一室，行走装置为轮胎。起重臂为格构式，近年来逐步改为箱形伸缩式起重臂和液压支腿。

2. 特性

轮胎式起重机的机动性仅次于汽车式起重机。由于行驶与起重操作同在一室，结构简化，使用方便。因采用直流电为动力，可以做到无级变速，动作平稳，无冲击感，对道路没有破坏性。

轮胎式起重机广泛应用于车站、码头装卸货物及一般工业厂房结构吊装。

3. 轮胎式起重机安全技术要求。

可参照汽车式起重机的安全使用要求。

3.3　构件与设备吊装

大型构件和设备安装技术是建设工程的重要组成部分，而吊装技术是大型构件和设备安装技术的主要内容。

大型构件和设备吊装技术的分类：大型吊车吊装技术、桅杆起重机吊装技术、走线滑车吊装技术、集群千斤顶液压提升技术、滑移法吊装技术、特殊吊装技术。

3.3.1 大型吊车的吊装

大型吊车吊装技术的基本原理就是利用吊车提升重物的能力，通过吊车旋转、变幅等动作，将工件吊装到指定的空间位置。

1. 技术特点

（1）吊装工艺计算简单。

（2）劳动强度低。

（3）工效高，施工速度快。

（4）控制相对集中。

（5）自动化程度高，自动报警功能先进。

（6）人机适应性好，操作简单舒适。

2. 大型吊车的吊装的分类

（1）单机吊装：即在吊车允许的回转范围和吊装半径内实现一定重工件的吊装，不需要再采取其他辅助措施。

（2）单机滑移：在单机滑移时，主吊车臂杆不回转，只是吊钩提升，提升的速度应与工件底部滑移的速度相协调，保持主吊车的吊钩处于垂直状态。

（3）双机抬吊：双机抬吊工件时，应事先精确设计吊耳的不同位置，使工件按合理的比例分配。抬吊时，应注意两台吊车协同动作，以防互相牵引产生不利影响。吊车抬吊时，吊车的起重能力要打折计算，打折幅度一般为 $75\%\sim85\%$。

（4）双机滑移：兼有双机抬吊与单机滑移的特性。双机滑移时，工件尾部可以采用吊车递送，也可以采用尾排溜送。

（5）多机抬吊：吊车数量多于 3 台时应采用平衡轮、平衡梁等调节措施来调整各吊车的受力分配。同时每台吊车都要乘以 75% 的折减系数。

（6）偏心夺吊：偏心夺吊的主吊车可以为 1 台或 2 台。应事先精确计算工件的重心位置和吊点位置、设备腾空后的倾斜角度和夺吊力。夺吊力产生的倾覆力矩不应该使吊车的总倾覆力矩超出允许范围。

3. 大型吊车吊装的安全使用要求

（1）双吊车吊装时，2 台主吊车宜选择相同规格型号的大吊车，其吊臂长度、工作半径、提升滑轮组跑绳长度及吊索长度均应相等。

（2）辅助吊车吊装速度应与主吊车相匹配。

（3）根据三点确定一个刚体在空间方位的原理，溜尾最好采用单吊点。

（4）吊车吊钩偏角不应大于 $3°$。

（5）吊车不应同时进行两种动作。

（6）多台吊车共同作业时，应统一指挥信号与指挥体系，并应有指挥细则。

（7）多吊车吊装应进行监测，必要时应设置平衡装置。

（8）辅助吊车松钩时，立式设备的仰角不宜大于 $75°$。

（9）工件底部使用尾排移送时，尾排移送速度应与吊车提升速度匹配；立式设备脱离尾排时其仰角应小于临界角。

（10）当采用吊车配合回转铰扳转工件时，吊车应位于工件侧面而不应在危险区内；回转铰的水平分力要有妥善的处理措施。

3.3.2 桅杆滑移法吊装

桅杆滑移法吊装是利用桅杆起重机提升滑轮组能够向上提升这一动作，设置尾排及其他索具配合，将立式静置工件吊装就位。

1. 技术特点与适用范围

桅杆滑移法吊装技术有以下特点：

（1）工机具简单。

（2）桅杆系统地锚分散，其承载力较小。

（3）滑移法吊装时工件承受的轴向力较小。

（4）滑移法吊装一般不会对设备基础产生水平推力。

（5）作业覆盖面广。

（6）桅杆可灵活布置。

2. 桅杆滑移法吊装技术分类

在长期的生产实践中，桅杆滑移法吊装技术应该是发展最悠久、体系较完善的大型构件和设备吊装技术。桅杆滑移法的技术分类如下：

（1）倾斜单桅杆滑移法

吊装机具为一根单金属桅杆及其配套系统。主桅杆倾斜布置，吊钩在空载情况下自然下垂，基本对正设备的基础中心（预留加载后桅杆的顶部挠度）。在吊装过程中，主桅杆吊钩提升设备上升，设备下部放于尾排上，通过牵引索具水平前行逐渐使设备直立。设备脱排后，由主桅杆提升索具将设备吊悬空，由溜尾索具等辅助设施调整，将工件就位，如图 3-22 所示。

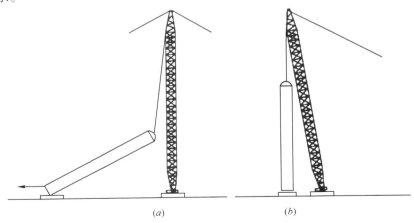

图 3-22　单桅杆滑移吊装

(a) 侧面图；(b) 正面图

（2）双桅杆滑移法

主要吊装机具为两根金属桅杆及其配套系统。两根主桅杆应处于直立状态，对称布置

59

在设备的基础两侧。在吊装过程中，两根主桅杆的提升滑轮组抬吊设备的上部，设备下部放于尾排上，同时通过牵引索具拽拉使设备逐步直立到就位，如图 3-23 所示。

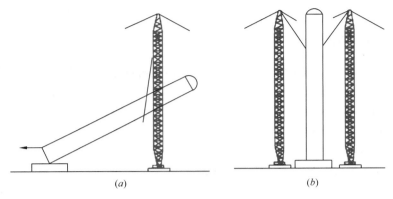

图 3-23　双桅杆滑移吊装

（a）侧面图；（b）正面图

（3）双桅杆高基础抬吊法

此方法主要吊装机具的配置与双桅杆滑移法基本相同，但是由于工件基础较高，吊装过程的受力分析与双桅杆滑移法不同。在同样的重量下，高基础抬吊时桅杆系统的受力较大，力的变化也比较复杂，它的几何状态决定了起升滑轮组和溜尾拖拉绳的受力大小，如图 3-24 所示。

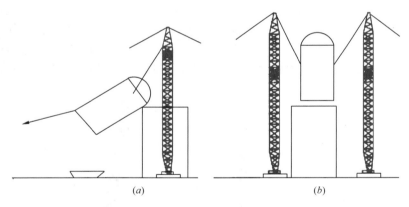

图 3-24　双桅杆高基础吊装

（a）侧面图；（b）正面图

（4）直立单桅杆夺吊法

主要吊装机具为一根金属桅杆及其配套系统。主桅杆滑轮组提升工件上部，工件下部设拖排。为协助主桅杆提升索具向预定方向倾斜而设置索吊（引）索具以防止设备（工件）碰撞桅杆，并保持一定的间隙，直到使其转向直立就位，如图 3-25 所示。

此方法不仅适用于完成工件高度低于桅杆的吊装任务，而且也能完成工件高度高于桅杆的吊装任务。当工件高度比桅杆低许多时，一般设一套夺吊索具，夺吊点宜布置在动滑轮组上。当工件高度接近或超过桅杆高度时，吊装较困难，一般需设两套吊索具方能使工

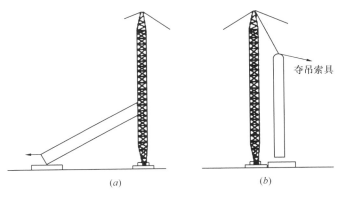

图 3-25 直立桅杆夺吊
（a）正面图；（b）侧面图

件就位。一套宜布置在动滑轮组部位，另一套宜布置在工件底部。

（5）倾斜单桅杆偏吊法

主要吊装机具为一根金属桅杆及其配套系统。主桅杆倾斜一定角度布置，并且主吊钩应该预先偏离基础中心一定的距离。工件吊耳偏心并稍高于重心。工件在主桅杆提升滑轮组与尾排的共同作用下起吊悬空，呈自然倾斜状态，然后在工件底部加一水平夺吊（引）索具将工件拉正就位，如图 3-26 所示。

（6）龙门桅杆滑移法

由于一般的金属桅杆本体上的吊耳是偏心设置的，因此桅杆作用时不但承受较大的轴向

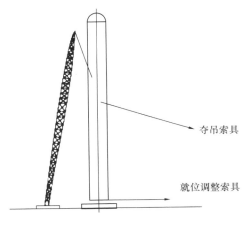

图 3-26 倾斜单桅杆偏心夺吊

压力，同时还存在着较大的弯矩，吊装能力受到抑制。龙门桅杆通过上横梁以铰接的方式将两根单桅杆连接成门式桅杆，铰接点一般设在桅杆顶部正中。吊装过程中，工件设一个或两个吊耳，通过绑扎在龙门桅杆横梁上的滑轮组提升，工件底部设尾排配合提升，其运动方式与双桅杆滑移法相似，如图 3-27 所示。

3. 桅杆滑移法吊装安全技术要求

（1）吊装系统索具应处于受力合理的工作状态，否则应有可靠的安全措施。

（2）当提升索具、牵引索具、溜尾索具、夺吊索具或其他辅助索具不得不相交时，应在适当位置用垫木将其隔开。

（3）试吊过程中，发现有下列现象时，应立即停止吊装或者使工件复位，判明原因妥善处理，经有关人员确认安全后，方可进行试吊：

1）地锚冒顶、位移。

2）钢丝绳抖动。

3）设备或机具有异常声响、变形、裂纹。

4）桅杆地基下沉。

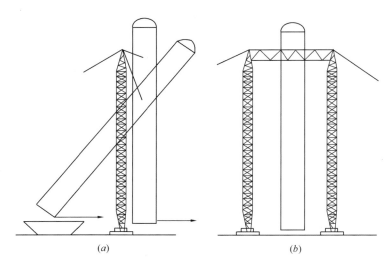

图 3-27　龙门桅杆滑移吊装
（a）侧面图；（b）正面图

5）其他异常情况。

（4）工件吊装抬头前，如果需要，后溜索具应处于受力状态。

（5）工件超越基础时，应与基础或地脚螺栓顶部保持 200mm 以上的安全距离。

（6）吊装过程中，应监测桅杆垂直度和重点部位（主风绳及地锚、后侧风绳及地锚、吊点处工件本体、提升索具、跑绳、导向滑轮、主卷扬机等）的变化情况。

（7）采用低桅杆偏心提吊法，并且设备为双吊点、桅杆为双吊耳时，应及时调整两套提升滑轮组的工作长度，并监测以防设备滚下尾排。

（8）桅杆底部应采取封回措施，以防止桅杆底部因桅杆倾斜或者跑绳的水平作用而发生移动。

（9）吊装过程中，工件绝对禁止碰撞桅杆。

3.3.3　桅杆扳转法吊装

桅杆扳转法吊装是指在立式静置设备或构件整体安装时，在工件的底部设置支撑回转铰链，用于配合桅杆，将工件围绕其铰轴从躺倒状态旋转至直立状态，以达到吊装工件就位的目的。桅杆扳转法吊装技术适用于重型的塔类设备和构件的吊装，但不适用于工件基础过高的工件吊装。

1. 桅杆扳转法吊装技术分类

桅杆扳转法吊装的方法很多，但有以下几个共同点：使用桅杆作为主要机具，工件底部设四转铰链，吊装受力分析基本一致。

（1）按工件和桅杆的运动形式划分

1）单转法：吊装过程中，工件绕其铰轴旋转至直立而桅杆一直保持不动，如图 3-28 所示。

2）双转法：吊装过程中，工件绕其铰轴旋转而桅杆也绕本身底铰旋转，当工件回转至直立状态时桅杆基本旋转至躺倒状态，因此双转法也称为扳倒法。在双转法中，桅杆的

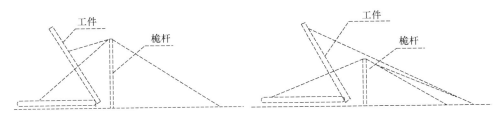

图 3-28 单转法吊装示意

旋转方向可以离开工件基础，也可倒向工件基础，如图 3-29 所示。

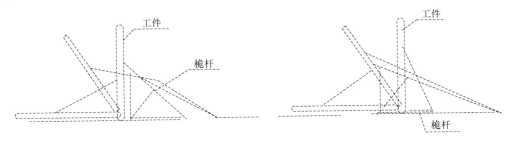

图 3-29 双转法吊装示意

（2）按桅杆的形式划分

1）单桅杆扳转法。

2）双桅杆扳转法。

3）人字（A 字）桅杆扳转法。

4）门式桅杆扳转法。

（3）按工件上设置的扳吊点的数量划分

1）单吊点扳吊：工件上设一个或一对吊点，当工件本体强度和刚度较大时适用。

2）多吊点扳吊：当工件柔度过大或强度不足时，可在工件上设置多组吊点，采取分散受力点的方法保证工件吊装强度，控制工件不变形，而无需对工件采取加固措施，如图 3-30 所示。

（4）按桅杆底部机构划分

1）独立基础扳转法：用于扳立工件的桅杆具有独立的基础，吊装过程中对基础产生的水平分力由专门的锚点予以平衡。

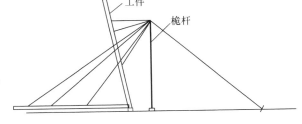

图 3-30 多吊点板吊示意图

2）共享底铰扳转法：在采用双转法扳吊工件时，桅杆底部的回转铰链与工件底部的回转铰链共享同一个铰支座。

2. 桅杆扳转法吊装安全技术要求

（1）避免工件在扳转时产生偏移，地锚应用经纬仪定位。

（2）单转法吊装时，桅杆宜保持前倾 $1\pm0.5°$ 的工作状态；双转法吊装时，桅杆与工件间宜保持 $89°\pm0.5°$ 的初始工作状态。

（3）重要滑轮组宜串入拉力表监测其受力情况。

（4）前扳起滑轮组及索具与后扳起滑轮组及索具预拉力（主缆风绳预拉力）应同时进行调整。

（5）桅杆竖立时，应采取措施防止桅杆顶部扳起绳扣脱落，吊装前必须解除该固定措施。

（6）为保证两根桅杆的扳起索具受力均匀，应采用平衡装置。

（7）应在工件与桅杆扳转主轴线上设置经纬仪，监测其顶部偏移和转动情况。顶部横向偏差不得大于其高度的 1/1000，且最大不得超过 600mm。

（8）塔架（例如火炬塔、电视塔）柱脚应用杆件封固。

（9）双转法吊装时，在设备扳至脱杆角之后，宜先放倒桅杆，以减少溜尾索具的受力。

（10）对接时，如扳起绳扣不能及时脱，可收紧溜放滑轮组强制其脱杆，以避免扳起绳扣以后突然弹起。

3.3.4 无锚点吊推法吊装

无锚点吊装技术的方法很多，它们的共同点在于利用自平衡装置的运动达到吊装工件就位的目的。自平衡起重装置由工件和推杆等吊装用具共同组成的一个封闭系统，突破了被吊物体作为被平衡对象的传统观念，而将其作为实现起重装置自平衡的一种必要手段。在这个系统里，当工件绕其下部锻链旋转竖立时，仅由系统内所受重力的相互作用而在工件纵轴线的旋转平面内实现稳定平衡。自平衡起重装置实现稳定平衡时，不需要也不应有重力以外的其他外力作用，故也称内平衡装置。

1. 吊推法吊装

吊推法是既吊又推的吊装工艺。吊推法自平衡装置由吊推门架、前挂滑轮组、后挂滑轮组、推举滑轮组、铰链钢排、滑道、设备底铰链等组成。吊推法是以门架的水平位移来达到工件直立的目的，整个吊装过程实际上相似于连杆机构的运动。在吊推过程中，门架为吊具；门架底部用滑轮组与工件底部的旋转铰链轴杆相连形成推举滑轮组；门架顶部横梁用滑轮组与工件前（后）吊挂点相连，组成前（后）挂滑轮组。门架上部要设缆风绳，工件吊装时产生的水平力，由推举滑轮组索具拉紧时相互抵消。跑绳拉出力引向卷扬机与卷扬机锚点得以平衡。吊推系统的吊具索具配置，如图 3-31 所示。

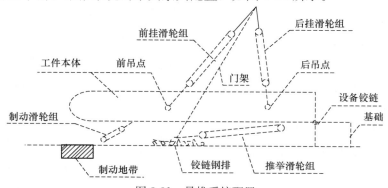

图 3-31　吊推系统配置

2. 适用范围

无锚点吊推法适用于塔类设备和构筑物的整体吊装，特别适用于施工场地狭窄、地势复杂和现场障碍物多的场合。

3. 无锚点吊推法吊装安全技术要求

（1）门架是工件吊推的重要机具，应检查门架制造和承载试验的证明文件，合格后方可使用。

（2）对工件在吊装中各不利状态下的强度与稳定性应进行核算，必要时采取加固措施。

（3）工件底部铰链组焊接要严格按技术要求进行。焊缝要经过100％无损探伤。

（4）在门架的上、下横梁中心画出标记，用经纬仪随时监控门架左右的侧向移动盘，及时反馈给指挥者以便调整。

（5）门架两立柱上应挂设角度盘来进行监测。

（6）门架底部的滚道上标出刻度，以此监测两底座移动的前后偏差。

（7）溜尾滑轮组上下两端的绑扎绳应采取同一根绳索对折使用，严禁使用单股钢丝绳，以防滑轮组钢丝绳打绞。

（8）雨天或风力大于四级时不得进行吊推作业。

3.3.5 移动式龙门桅杆吊装

移动式龙门桅杆是受龙门吊的启发而设计出来的一种吊装机具。吊装时，将移动龙门桅杆竖立在指定位置，确定龙门上横梁吊点的纵向投影线与工件就位时的纵轴线重合，然后在龙门架上拴挂起升用滑轮组，或在上横梁上安装起重小车。一切就绪后，将工件起吊到指定高度，通过大车行走或小移动，将工件吊装到指定位置后降落直至就位。

1. 移动式龙门桅杆的组成

移动式龙门桅杆一般都是由自行设计且满足一定功能的标准杆件和特殊构件构成，具体包括：

（1）上横梁。大型龙门架的上横梁一般为箱形梁或桁架梁。

（2）立柱或支腿。在安装工程中，为了简化制造和安装，立桩（支腿）为格构式桅杆标准节。

（3）行走机构。龙门架可采用卷扬机牵引或设置电动机自行控制其行走。

（4）轨道。行走轨道分为单轨和双轨，当大车带载行走时，最好是在每侧设双轨，以保证龙门架的稳定性；单轨一般仅供龙门架空载行走，当吊装作业时需将龙门架底部垫实或在龙门架顶部设置缆风绳。

（5）节点。龙门架立柱与上横梁之间的节点按照刚性对称设计，两侧底座按照不能侧移的铰接点考虑。

（6）小车。上横梁上可以设置起重小车，也可以直接绑扎起升滑轮组，不设小车。

2. 技术特点与适用范围

移动式龙门桅杆适合于安装高度不高的重型工件吊装，尤其是在厂房已经建好、设备布局紧凑、场地狭窄等不能使用大型吊车吊装的情况下，能完成卸车、水平移动、吊装就位的连续作业。该方法工艺简单，操作灵活，指挥方便；施工机具因地制宜选择，结构简单，制造组装方便。

3. 移动式龙门桅杆吊装安全技术要求

（1）龙门架的制作与验收必须遵守《钢结构工程施工及验收规范》GB 50205 的要求。

（2）在施工现场，应标出龙门架的组对位置，工件就位时龙门架所到达的位置以及行走路线的刻度，以监测龙门架两侧移动的同步性，要求误差小于跨度的 1/2000。

（3）如果龙门架上设置两组以上起吊滑轮组，要求滑轮组的规格型号相同，并且选择相同的卷扬机。成对滑轮组应该位于与大梁轴线平行的直线上，前后误差不得大于两组滑轮组间距的 1/3000。

（4）如果需要四套起吊滑轮组吊装大型工件，应该采用平衡梁。

（5）如果龙门架采用卷扬机牵引行走，卷扬机的型号应该相同，同一侧的牵引索具选用一根钢丝绳做串绕绳，这样有利于两侧底座受力均匀，保证龙门架行走平衡、同步，其行走速度一般为 0.05m/s 以下。

（6）轨道平行度误差小于 1/2000；跨度误差小于 1/5000 且不大于 10mm，两侧标高误差小于 10mm。

（7）轨道基础要夯实处理，满足承载力的要求，跨越管沟的部位需要采取有效的加固措施。

（8）如果工件吊装需要龙门架的高度很大，应该对龙门架采取缆风绳加固措施。

（9）就位过程中，工件下落的速度要缓慢，且不得使工件在空中晃动，对位准确方可就位，不得强行就位。

3.3.6　滑移法

1. 技术特点与适用范围

滑移法是一种比较先进的施工方法，它具有设备工艺简单、施工速度快、费用低等优点。广泛用于周边支承的网架施工、桥梁工程中架设钢梁或预应力混凝土梁、钢结构屋架安装以及大型设备在特定条件下的安装。

2. 滑移系统的组成

滑移系统依照其功能和复杂程度，可划分为导向系统、牵引系统、液压执行系统、电气系统和计算机控制系统等。随牵引方式的不间，其系统组成有所差异。

（1）导链牵引的滑移系统

导向承重系统：包括轨道或滑槽、滚轮或滑块、托架支撑，可能还配有导向轮。

牵引系统：10t 以下导链，在轨道梁面上每隔 36m 预埋一个挂环作为反力平衡销点的绑扎点。

控制方式：一般在轨道上标明刻度，采用人工读数的办法控制各牵引点的同步，精度要求不是很严格。

（2）卷扬机牵引的滑移系统

导向原重系统：包括轨道或滑槽、滚轮或滑块，托架支撑一般需要配有导向轮。

牵引系统：包括卷扬机、滑轮组、导向滑轮、钢丝绳。在轨道端部预埋吊耳作为反力平衡销点的绑扎点。

控制方式：一般在轨道上标明刻度，采用人工读数的方式控制各牵引点的同步，或在工件上拖挂盘尺显示其行进刻度，同步控制要求很严格。

（3）液压牵引的滑移系统

导向承重系统：液压牵引一般采用滑槽和滑块进行滑移，在混凝土中间隔1～3m预埋铁件，固定滑槽（槽钢）。

当每个牵引点采用单支液压千斤顶时，工件的滑移过程是不连续的，当千斤顶进油时工件运动，千斤顶回油时工件则处于暂时停顿。为使得液压牵引系统连续工作，可采用双缸串联技术。将两只千斤顶前后串联，运行时使其行程相反，这样在作业的任一时刻总有一个在伸缸，一个在缩缸，位移也就可以不间断地连续进行了。

液压执行系统：一般由一台泵站提供动力，包括油箱、油泵、控制阀组、高压橡皮胶管、液压油、过滤器等。为保证泵站在高温季度连续运行时液压油温不高于60℃，还应配备风冷却装置。

电气系统：主要功能是传感检测、液压驱动和动力供电。通过传感检测电路，将液压行程、牵引位移盘等信号输入计算机系统；通过液压驱动电路，将计算机指令传递给液压控制阀组；通过动力供电网络，提供牵引等系统380V、220V、24V等各种交、直流电源，并且有抗干扰电源等安全措施。电气系统由配电箱、行程传感器、位移传感器、控制柜、单点控制箱和泵站控制箱等部分组成。

计算机控制系统：主要功能是控制液压牵引器的集群牵作用，并将牵引偏差、启停加速度、牵引负载动态变化等控制在设计允许的范围内。一般采用两级控制，第一级是直接数字控制，控制被压执行系统进行作业；第二级是自动监督控制，对第一级的控制参数、控制算法的执行情况和执行效果进行监控和自动修正，并通过多因素模糊处理技术、故障自动检测调整、系统自适应和容错技术、实现了牵引系统运行的智能化、自动化。计算机在控制系统由前端高速采样机、后台微机等硬件以及相关软件组成。

3. 滑移法安全技术要求

（1）对刚度、强度不足的杆件如檩条等，应采取措施防止滑移变形。

（2）对滑移单元的划分，应考虑到连接的方便，并确保其形成稳定的刚度单元，否则应采取必要的加固措施。

（3）滑移轨道的安装应按设计方案进行，确保有足够的预埋件、铺设精度，其安装过程应按吊车轨道的安装标准施工。

（4）对所有滑行使用的起重机械进行完好检查，如刹车灵敏度、钢丝绳有无破坏。

（5）滑道接口处的不平及毛刺要修整好，以防滑行时卡位。

（6）统一指挥信号。

（7）滑行中发现异常情况，必须立即停滑，找出原因方可继续滑移。

（8）采用滑块与滑槽进行滑移时，一定要充分进行滑道润滑。滑块的材质硬度宜高于滑础。

吊装作业必须遵守"十不吊"的原则：被吊和重量超过机械性能允许范围；信号不清；吊物下方有人；吊物上站人；埋在地下物；斜拉斜牵物；散物捆绑不牢；立式构件、大模板等不用卡环；零碎物无容器；吊装物重量不明。

4　垂直运输机械

本章要点：塔式起重机型号、施工升降机、物料提升机的分类、结构和组成原理、安全装置、安装、使用和拆卸等要点以及机动翻斗车的结构和安全使用要点等。

4.1　塔 式 起 重 机

塔式起重机主要用于房屋建筑施工中物料的垂直和水平输送及建筑构件的安装，简称塔机。塔式起重机在高层建筑施工中是不可缺少的施工机械。

4.1.1　塔式起重机的分类及特点

1. 塔式起重机的分类

塔式起重机的分类方式有多种，从其主体结构与外形特征考虑，基本上可按架设形式、变幅形式、旋转部位和行走方式区分。

（1）按架设方式：分为快装式塔式起重机和非快装式塔式起重机。

（2）按变幅方式：分为动臂变幅式塔式起重机和小车变幅式塔式起重机。

（3）按臂架结构形式：分为定长臂小车变幅塔式起重机和伸缩臂小车变幅塔式起重机。小车变幅式塔式起重机又可分为非平头式塔式起重机和平头式塔式起重机。

（4）按回转方式：分为上回转式和下回转式。

（5）按行走方式：分为固定式、轨道行走式和内爬式。

2. 塔式起重机的性能参数

塔式起重机的主要技术性能参数包括：起重力矩、起重量、幅度、自由高度（独立高度）、最大高度等；其他参数包括：工作速度、结构重量、尺寸、（平衡臂）尾部尺寸及轨距轴距等。

3. 塔式起重机的特点

（1）工作高度高，有效起升高度大，特别有利于分层、分段安装作业，能满足建筑物垂直运输的全高度。

（2）起重臂较长，其水平覆盖面广。

（3）具有多种工作速度、多种作业性能，生产效率高。

（4）驾驶室一般设在与起重臂同等高度的位置，司机的视野开阔。

（5）构造较为简单，维修、保养方便。

4.1.2　塔式起重机的结构组成

塔式起重机由金属结构、工作机构、电气系统和安全装置等组成。

1. 金属结构如图 4-1 所示。

2. 工作机构包括起升机构、行

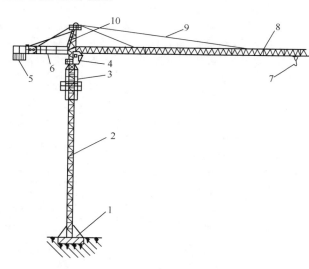

图 4-1　小车变幅式塔式起重机结构示意
1—基础；2—塔身；3—顶升套架；4—驾驶室；5—平衡重；
6—平衡臂；7—吊钩；8—起重臂；9—拉杆；10—塔帽

走机构、变幅机构、回转机构、液压顶升机构等。

4.1.3　塔式起重机安全装置构造及原理

1. 起重量限制器

（1）起重量限制器的作用

起重量限制器是塔式起重机上重要的安全装置之一，必须安装。当起升载荷超过额定载荷时，该装置能输出信号，切断起升控制回路，并能发出警报，达到防止起重机超载的目的。通常情况下，当起重量大于相应挡位的最大额定值并小于额定值的 110％ 时，该装置能自动切断起升机构上升方向的电源，但仍可做下降方向的运动。

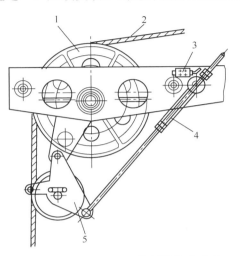

（2）构造和工作原理

起重量限制器主要有机械式和电子式，其中常用的机械式限制器有推杆式和测力环式。

1）推杆式起重量限制器（图 4-2）

这种限制器一般装在塔帽下部，由导向滑轮、弹簧推杆、力臂及限位开关等部件组成。由于塔式起重机吊重的作用，起升钢丝绳 2 受到拉力，来推动力臂 5，力臂又作用于弹簧推杆 4。当负载达到一定限值时，推杆便压迫限位开关 3 动作，通过限位开关来切断起升回路电源。

图 4-2　推杆式起重量限制器构造示意
1—导向轮；2—起升钢丝绳；3—限位
开关；4—弹簧推杆；5—力臂

2）测力环式起重量限制器（图 4-3）

它由测力环、导向滑轮及限位开关等部件组成，其特点是体积紧凑，性能良好，便于调整。

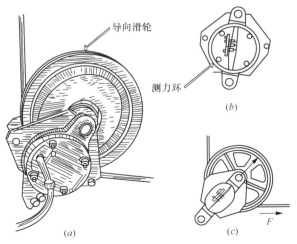

图 4-3　测力环式起重量限制器构造示意
（a）外形；（b）无荷载或荷载小时；（c）荷载大或超载时

测力环的一端固定于塔式起重机机构的支座上，另一端则固定在导向滑轮轴上。当塔式起重机吊载重物时，滑轮受到钢丝绳合力作用，并将此力传给测力环，测力环外壳产生弹性变形；测力环内的金属板条与测力环壳体固接，随壳体受力变形而延伸；当载荷超过额定起重量时，测力环内的金属板条压迫限位开关，使限位开关动作，从而切断起升回路电源，达到对起重量超载进行限制的目的。使用时，可根据载荷情况来调节固定在金属板条上的调整螺栓，调整设定动作荷载限值。

2. 起重力矩限制器

（1）起重力矩限制器的作用

塔式起重机的结构计算和稳定性验算均以最大额定起重力矩为依据，起重力矩限制器的作用是控制塔式起重机使用时不得超过的最大额定起重力矩。

力矩限制器仅对在塔式起重机垂直平面内起重力矩超载时起限制作用，而对由吊钩侧向斜拉重物、水平面内风荷载、轨道的倾斜和塌陷引起水平面内的倾翻力矩不起作用。

（2）构造和工作原理

起重力矩限制器分为机械式和电子式，机械式中又有弓板式和杠杆式等多种形式，其中弓板式起重力矩限制器目前应用比较广泛。

弓板式起重力矩限制器（图 4-4）由调节螺栓、弓形钢板、限位开关等部件组成。

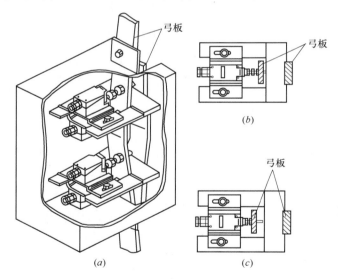

图 4-4　弓板式力矩限制器的构造示意
（a）限制器构造；（b）无载或载荷小时；（c）载荷大或超载时

弓板式力矩限制器有的安装在塔帽的主弦杆上，有的安装在平衡臂上，其工作原理是相同的。当塔式起重机吊载重物时，由于载荷的作用，塔帽或平衡臂的主弦杆产生变形，这时力矩限制器上的弓形钢板也随之变形，并将弦杆的变形放大，使弓板上的调节螺栓与限位开关的距离随载荷的增加而逐渐缩小。当载荷达到额定载荷时，通过调节螺栓来压迫限位开关，从而切断起升机构和变幅机构的电源，达到限制塔式起重机的吊重力矩载荷的目的。

3. 起升高度限位器

（1）起升高度限位器的作用

起升高度限位器主要用以防止升降时可能出现的操纵失误，导致起升时碰坏起重机臂架结构，降落时卷筒上的钢丝绳松脱甚至反方向缠绕。

（2）构造和工作原理

起升高度限位器主要有重锤式、杠杆式和传动式等形式。

1）重锤式起升高度限位器

重锤式起升高度限位器（图 4-5）一般用于动臂式变幅的塔式起重机，多固定于吊臂端头。

图 4-5 中重锤 4 通过钩环 3 和限位器钢丝绳 2 与终点开关 1 的杠杆相连接。在重锤处于正常位置时，终点开关触头闭合。如吊钩上升，托住重锤并继续略微上升，钢丝绳 2 处于松弛状态，导致终点开关 1 断开，从而切断起升机构上升控制回路电源，使吊钩停止上升运动。

2）杠杆式起升高度限位器

杠杆式起升高度限位器（图 4-6）一般也用于动臂式变幅的塔式起重机，多固定于吊臂端头。

图 4-6 中，当吊钩上升到极限位置时，固定于吊钩滑轮上的托板 1 便触到撞杆 2，使撞杆转动一个角度，撞杆的另一端压下行程开关的推杆，使行程开关 3 断开，从而切断起升机构上升控制回路电源，使吊钩停止上升运动。

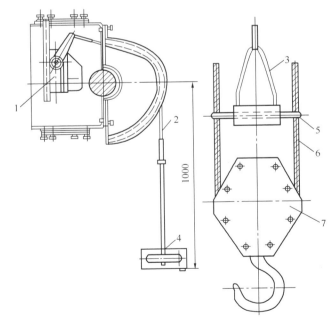

图 4-5 重锤式起升高度限位器构造示意
1—终点开关；2—限位器钢丝绳；3—钩环；4—重锤；
5—导向夹圈；6—起重钢丝绳；7—吊钩滑轮

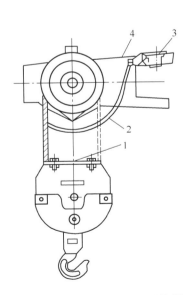

图 4-6 杠杆式起升高度限位器
构造示意
1—托板；2—撞杆；3—行程开关；
4—臂头

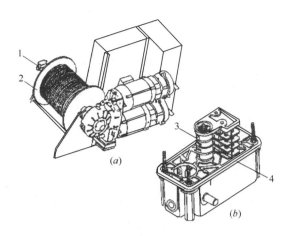

图4-7　传动式起升高度限位器构造示意

（a）起升机构；（b）限位器

1—限位器；2—卷筒；3—凸块；4—触头

3）传动式起升高度限位器

传动式起升高度限位器（图4-7）多用于小车变幅式塔式起重机，一般安装在起升机构的卷筒轴端，由卷筒轴直接带动，也可由固定于卷筒上的齿圈来驱动。

图4-7中，当卷筒2旋转时驱动限位器1的减速装置，减速装置带动若干个凸块3转动，凸块3作用于触头4，从而切断起升机构上升控制回路电源，使吊钩停止上升运动。

4. 回转限位器

不设中央集电环的塔式起重机应设置正反两个方向的回转限位开关，使正反两个方向回转范围控制在±540°内，用以防止电缆线缠绕损坏，也用于避免与障碍物发生撞、吊装定位等。最常用的回转限位器由带有减速装置的限位开关和小齿轮组成，限位器固定在塔式起重机回转支座结构上，小齿轮与回转支承的大齿圈啮合。

图4-8中，当回转机构驱动塔式起重机上部转动时，通过大齿圈来带动回转限位器的小齿轮3转动，塔式起重机的回转圈数即被记录下来，限位器的减速装置带动凸轮，凸轮上的凸块压下触头，从而断开相应的回转控制电源，停止回转运动。

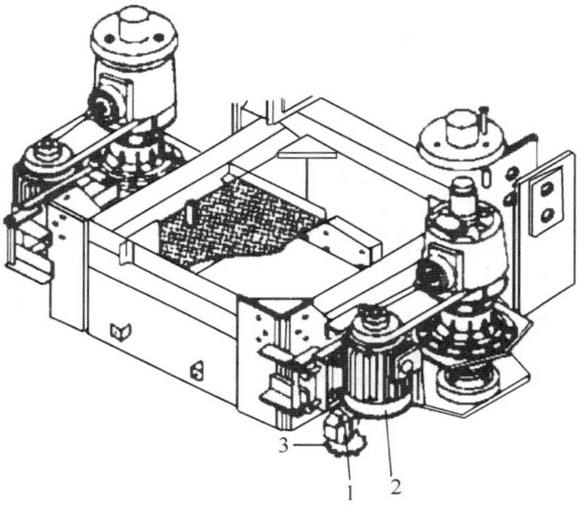

5. 幅度限位器

（1）对于小车变幅式塔式起重机，幅度限位器的作用是使变幅小车在即将行驶到最小幅度或最大幅度时，断开变幅机构的单向工作电源，以保证小车的安全运行。同传动式起升高度限位器一样，一般安装在小车变幅机构的卷筒一侧，由卷筒轴直接带动，也可由固定于卷筒上的齿圈来驱动限位器工作。

图4-8　回转限位器的安装位置

1—传动限位开关；2—鼠笼型电动机；

3—限位开关小齿轮

（2）动臂式塔式起重机幅度限位器

对于动臂式塔式起重机，应设置臂架幅度限位开关，以防止臂架后翻。动臂式塔式起重机还应安装幅度指示器（图4-9），以便塔式起重机司机能及时掌握幅度变化情况。

图4-9所示动臂式塔式起重机幅度指示器装设于塔顶臂根铰点处，具有指示臂架工作幅度及防止臂架向极限幅度变幅的功能。图4-9中，幅度指示及限位装置由一半圆形活动转盘6、刷托5、座板4、拨杆1、限位开关7等组成，拨杆随臂架的俯仰而转动，电刷根

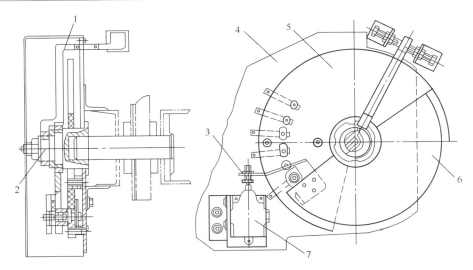

图 4-9 动臂式塔式起重机幅度指示器构造示意

1—拨杆；2—心轴；3—弯铁；4—座板；5—刷托；6—半圆形活动转盘；7—限位开关

据不同角度分别接通指示灯触点，将起重臂的不同仰角通过灯光的亮熄信号传递到司机室的幅度指示盘上。

当起重臂与水平夹角小于极限角度时，电刷接通蜂鸣器而发出警告信号，说明此时并非正常工作幅度，不得进行吊装作业。当臂架仰角达到极限度时，上限位开关动作，变幅电路被切断电源，从而起到保护作用。根据幅度指示盘的灯光信号的指示，塔式起重机司机可知起重臂架的仰角以及此时的工作幅度和允许的最大起重量。

图 4-10 所示为一种动臂式塔式起重机所使用的简单幅度限位器。图中，当吊臂接近最大仰角和最小仰角时，夹板 2 中的挡块 3 便推动安装于臂根铰点处的限位开关 4 的杠杆传动，从而切断变幅机构的电源，停止吊臂的变幅动作。通过改变挡块 3 的长度可以调节限位器的作用过程。

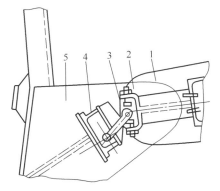

图 4-10 动臂式塔式起重机幅度限位器构造示意

1—起重臂；2—夹板；3—挡块；
4—终点开关；5—臂根支座

6. 运行（行走）限位器

对于轨道行走式塔式起重机，每个运行方向均设有运行限位装置，限位装置由限位开关、缓冲器和终端挡器组成。

图 4-11 所示为一运行限位器，通常装设于行走台车的端部，前后台车各设一套，可使塔式起重机在运行到轨道基础端部缓冲止挡装置之前完全停车。限位器由限位开关、摇臂、滚轮和碰杆等组成，限位器的摇臂居中位时呈通电状态，滚轮有左右两个极限工作位置。铺设在轨道基础两端的位于钢轨近侧的坡道碰杆起着推动滚轮的作用，根据坡道斜度方向，滚轮分别向左或向右运动到极限位置，切断大车行走机构的电源。

7. 抗风防滑装置（夹轨器）

夹轨器（图 4-12）是轨道式塔式起重机必不可少的安全装置，夹紧在轨道两侧，其作用是塔式起重机在非工作状态下，防止遭遇大风时塔式起重机滑行。

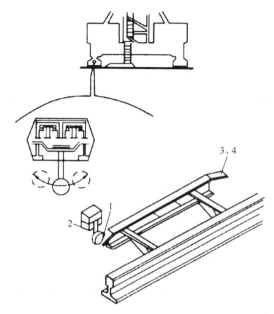
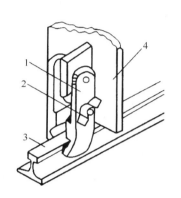

图 4-11　行走式塔式起重机运行限位器构造示意
1—摇臂漆轮；2—限位开关；3、4—坡道碰杆

图 4-12　塔式起重机夹轨器构造示意
1—夹钳；2—螺母；3—钢轨；4—车架

图 4-12 中，夹轨器安装在每个行走台车的车架两端，非工作状态时，把夹轨器放下来，转动螺栓 2，使夹钳 1 夹紧在起重机的轨道 3 上，工作状态时，把夹轨器提起来。

8. 风速仪

对臂根铰点高度超过 50m 的塔式起重机，配有风速仪。当风速大于工作允许风速时，应能发出警报。

9. 缓冲器

缓冲器（图 4-13）可用来保证轨道式塔式起重机比较平稳地停车，防止产生猛烈的撞击，其安装位置在距轨道末端挡块 1m 远处。

10. 小车短绳保护装置

对于小车变幅式塔式起重机，为了防止小车牵引绳断裂导致小车失控，变幅的双向均设置小车短绳保护装置。

重锤式偏心挡杆较多使用的断绳保护装置如图 4-14 所示。正常运行时挡杆 2 平卧，张紧的牵引钢丝绳从导向环 3 穿过。当小车牵引绳断裂时，挡杆 2 在偏心重锤 1 的作用下，翻转直立，遇到臂架的水平腹杆时，就会挡住小车的溜行。

11. 小车断轴保护装置

在小车上设置小车断轴保护装置，防止小车滚轮轴断裂导致小车从高空坠落。

小车断轴保护装置是在小车架左右两根横梁上各固定两块挡板，当小车滚轮轴断裂时，挡板即落在吊臂的弦杆上，挂住小车，使小车不能脱落。

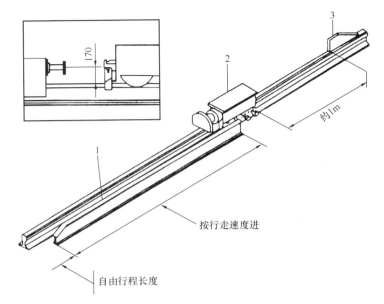

图 4-13　轨道式塔式起重机缓冲器及挡块安装示意

1—行走限位开关撞杆；2—弹性缓冲器；3—挡块

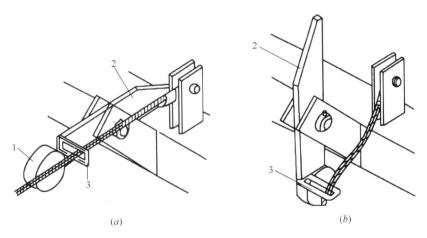

(a) 　　　　　　　　　　　　　　(b)

图 4-14　小车断绳保护装置

(a) 正常工作时保险器状态；(b) 断绳时保险器状态

1—重锤；2—挡杆；3—导向环

4.1.4　塔式起重机的安装

1. 塔式起重机安装条件

塔式起重机安装前，必须经维修保养，并应进行全面的检查，确认合格后方可安装。

塔式起重机的基础及其地基承载力应符合使用说明书和设计图纸的要求。安装前应对基础进行验收，合格后方可安装。基础周围应有排水设施。

行走式塔式起重机的轨道及基础应按使用说明书的要求进行设置，且应符合现行国家标准《塔式起重机安全规程》GB 5144 及《塔式起重机》GB/T 5031 的规定。

内爬式塔式起重机的基础、锚固、爬升支承结构等应根据使用说明书提供的荷载进行设计计算，并应对内爬式塔式起重机的建筑承载结构进行验算。

2. 塔式起重机的安装

安装前应根据专项施工方案，对塔式起重机基础的下列项目进行检查，确认合格后方可实施：

（1）基础的位置、标高、尺寸。

（2）基础的隐蔽工程验收记录和混凝土强度报告等相关资料。

（3）安装辅助设备的基础、地基承载力、预埋件等。

（4）基础的排水措施。

安装作业，应根据专项施工方案要求实施。安装作业人员应分工明确、职责清楚。安装前应对安装作业人员进行安全技术交底。

安装辅助设备就位后，应对其机械和安全性能进行检验，合格后方可作业。

安装所使用的钢丝绳、卡环、吊钩和辅助支架等起重机具均应符合规定，并应经检查合格后方可使用。

安装作业中应统一指挥，明确指挥信号。当视线受阻、距离过远时，应采用对讲机或多级指挥。

自升式塔式起重机的顶升加节应符合下列规定：

（1）顶升系统必须完好。

（2）结构件必须完好。

（3）顶升前，塔式起重机下支座与顶升套架应可靠连接。

（4）顶升前，应确保顶升横梁搁置正确。

（5）顶升前，应将塔式起重机配平；顶升过程中，应确保塔式起重机的平衡。

（6）顶升加节的顺序，应符合使用说明书的规定。

（7）顶升过程中，不应进行起升、回转、变幅等操作。

（8）顶升结束后，应将标准节与回转下支座可靠连接。

（9）塔式起重机加节后需进行附着的，应按照先装附着装置、后顶升加节的顺序进行，附着装置的位置和支撑点的强度应符合要求。

塔式起重机的独立高度、悬臂高度应符合使用说明书的要求。

雨雪、浓雾天气严禁进行安装作业。安装时塔式起重机最大高度处的风速应符合使用说明书的要求并且风速不得超过 12m/s。塔式起重机不宜在夜间进行安装作业；当需在夜间进行塔式起重机安装和拆卸作业时，应保证提供足够的照明。

当遇特殊情况安装作业不能连续进行时，必须将已安装的部位固定牢靠并达到安全状态，经检查确认无隐患后，方可停止作业。

电气设备应按使用说明书的要求进行安装，安装所用的电源线路应符合现行行业标准《施工现场临时用电安全技术规范》JGJ 46 的要求。

塔式起重机的安全装置必须齐全，并应按程序进行调试合格。连接件及其防松防脱件严禁用其他代用品代用。连接件及其防松防脱件应使用力矩扳手或专用工具紧固连接螺栓。

安装完毕后，应及时清理施工现场的辅助用具和杂物。安装单位应对安装质量进行自检，并应按要求填写自检报告书。安装单位自检合格后，应委托有相应资质的检验检测机构进行检测，检验检测机构应出具检测报告书。安装质量的自检报告书和检测报告书应存入设备档案。经自检、检测合格后，应由总承包单位组织出租、安装、使用、监理等单位进行验收，并应按要求填写验收表，合格后方可使用。

塔式起重机停用 6 个月以上的，在复工前应按要求重新进行验收，合格后方可使用。

4.1.5　塔式起重机的使用

塔式起重机起重司机、信号工、司索工等操作人员应取得特种作业人员资格证书，严禁无证上岗。塔式起重机使用前，应对起重司机、信号工、司索工等作业人员进行安全技术交底。

塔式起重机的力矩限制器、重量限制器、变幅限位器、行走限位器、高度限位器等安全保护装置不得随意调整和拆除，严禁用限位装置代替操纵机构。塔式起重机回转、变幅、行走、起吊动作前应示意警示。起吊时应统一指挥，明确指挥信号；当指挥信号不清楚时，不得起吊。

塔式起重机起吊前，当吊物与地面或其他物件之间存在吸附力或摩擦力而未采取处理措施时，不得起吊。起吊前，应对安全装置进行检查，确认合格后方可起吊；安全装置失灵时，不得起吊。应对吊具与索具进行检查，确认合格后方可起吊；当吊具与索具不符合相关规定的，不得用于起吊作业。

作业中遇突发故障，应采取措施将吊物降落到安全地点，严禁吊物长时间悬挂在空中。

遇到风速在 12m/s 及以上的大风或大雨、大雪、大雾等恶劣天气时，应停止作业。雨雪过后，应先经过试吊，确认制动器灵敏可靠后方可进行作业。夜间施工应有足够照明，照明的安装应符合现行行业标准《施工现场临时用电安全技术规范》JGJ 46 的要求。

塔式起重机不得起吊重量超过额定载荷的吊物，且不得起吊重量不明的吊物。在吊物载荷达到额定载荷的 90% 时，应先将吊物吊离地面 200～500mm 后，检查机械状况、制动性能、物件绑扎情况等，确认无误后方可起吊。对有晃动的物件，必须拴拉溜绳使之稳固。物件起吊时应绑扎牢固，不得在吊物上堆放或悬挂其他物件；零星材料起吊时，必须用吊笼或钢丝绳绑扎牢固。当吊物上站人时不得起吊。标有绑扎位置或记号的物件，应按标明位置绑扎。钢丝绳与物件的夹角宜为 45°～60°，且不得小于 30°。吊索与吊物棱角之间应有防护措施；未采取防护措施的，不得起吊。

作业完毕后，应松开回转制动器，各部件应置于非工作状态，控制开关应置于零位，并应切断总电源。

行走式塔式起重机停止作业时，应锁紧夹轨器。

当塔式起重机使用高度超过 30m 时，应配置障碍灯，起重臂根部铰点高度超过 50m 时应配备风速仪。

严禁在塔式起重机塔身上附加广告牌或其他标语牌。

每班作业应作好例行保养，并应作好记录。记录的主要内容应包括结构件外观、安全装置、传动机构、连接件、制动器、索具、夹具、吊钩、滑轮、钢丝绳、液位、油位、油压、电源、电压等。

实行多班作业的设备，应执行交接班制度，认真填写交接班记录，接班司机经检查确认无误后，方可开机作业。

塔式起重机应实施各级保养。转场时，应作转场保养，并应有记录。塔式起重机的主要部件和安全装置等应进行经常性检查，每月不得少于一次，并应有记录；当发现有安全隐患时，应及时进行整改。当塔式起重机使用周期超过一年时，应进行一次全面检查，合格后方可继续使用。当使用过程中塔式起重机发生故障时，应及时维修，维修期间应停止作业。

4.1.6 塔式起重机的拆卸

塔式起重机拆卸作业宜连续进行，当遇特殊情况拆卸作业不能继续时，应采取措施保证塔式起重机处于安全状态。

当用于拆卸作业的辅助起重设备设置在建筑物上时，应明确设置位置、锚固方法，并应对辅助起重设备的安全性及建筑物的承载能力等进行验算。

拆卸前应检查主要结构件、连接件、电气系统、起升机构、回转机构、变幅机构、顶升机构等项目。发现隐患应采取措施，解决后方可进行拆卸作业。

附着式塔式起重机应明确附着装置的拆卸顺序和方法。自升式塔式起重机每次降节前，应检查顶升系统和附着装置的连接等，确认完好后方可进行作业。

拆卸时应先降节，后拆除附着装置。

拆卸完毕后，为塔式起重机拆卸作业而设置的所有设施应拆除，清理场地上作业时所用的吊索具、工具等各种零配件和杂物。

4.2 施 工 升 降 机

4.2.1 施工升降机的概念和分类

1. 施工升降机的概念

建筑施工升降机（也称外用电梯、施工电梯、附壁式升降机）是一种使用工作笼（吊笼）沿导轨架作垂直（或倾斜）运动用来运送人员和物料的机械。

施工升降机可根据需要的高度到施工现场进行组装，一般可达 100m，用于超高层建筑施工时可达 200m。施工升降机可借助本身安装在顶部的电动吊杆组装，也可利用施工现场的塔吊等起重设备组装。另外由于梯笼和平衡臂的对称布置，故倾覆力矩很小，立柱又通过附壁与建筑结构牢固连接（不需缆风绳），所以受力合理可靠。施工升降机为保证使用安全，本身设置了必要的安全装置，这些装置应该经常保持良好的状态，防止意外事故。由于施工升降机结构坚固，拆装方便，不用另设机房，因此，被广泛应用于工业、民用高层建筑施工，桥梁、矿井、水塔的高层物料和人员的垂直运输。

2. 施工升降机的分类

（1）建筑施工升降机按驱动方式分为齿轮齿条驱动（SC 型）、卷扬机钢丝绳驱动（SS 型）和混合驱动（SH 型）三种。SC 型升降机的吊笼内装有驱动装置，驱动装置的输出齿轮与导轨架上的齿条相啮合，当控制驱动电动机正、反转时，吊装将沿着车轨上、下移动。SS 型升降机的吊笼沿轨架上下移动是借助卷扬机收、放钢丝来实现的。图 4-15 是齿条传动双吊笼施工升降机整机示意。

（2）按导轨架的结构可分为单柱和双柱两种。

一般情况下，SC 型建筑施工升降机多采用单柱式导轨架，而且采取上接节方式。SC 型建筑施工升降机按其吊笼数又分单笼和双笼两种。单导轨架双吊笼的 SC 型建筑施工升降机，在导轨架的两侧各装一个吊笼，每个吊笼各有自己的驱动装置，并可独立地上、下移动，从而提高了运送客货的能力。

4.2.2 施工升降机的构造

施工升降机主要由金属结构、驱动机构、安全保护装置和电气控制系统等部分组成。

1. 金属结构

金属结构由吊笼、底笼、导轨架、对（配）重、天轮架及小起重机构、附墙架等组成。

（1）吊笼（梯笼）

吊笼（梯笼）是施工升降机运载人和物料的构件，笼内有传动机构、防坠安全器及电气箱等，外侧附有驾驶室，设置了门保险开关与门连锁，只有当吊笼前后两道门均关好后，梯笼才能运行。

吊笼内空净高度不得小于 2m。对于 SS 型人货两用升降机，提升吊笼的钢丝绳不得少于 2 根，且应是彼此独立的。钢丝绳的安全系数不得小于 12，直径不得小于 9mm。

（2）底笼

底笼的底架是施工升降机与基础连接部分，多用槽钢焊接成平面框架，并用地脚螺栓与基础相固结。底笼的底架上装有导轨架的基础节，吊笼不工作时停在其上。底笼四周有钢板网护栏，入口处有门，门的自动开启装置与梯笼门配合动作。在底笼的骨架上装有四个缓冲弹簧，以防梯笼坠落时起缓冲作用。

（3）导轨架

导轨架是吊笼上下运动的导轨、升降机的主体，能承受规定的各种载荷。导轨架是由若干个具有互换性的标准节，经螺栓连接而成的多支点的空间桁架，用来传递和承受荷载。标准节的截面形状有正方形、矩形和三角形，标准节的长度与齿条的模数有关，一般每节为 1.5m。导轨架的主弦杆和腹杆多用钢管制造，横缀条则选用不等边角钢。

（4）对（配）重

对重用来平衡吊笼的自重，可改善结构受力情况，从而提高电动机功率利用率和吊笼载重。

（5）天轮架及小起重机构

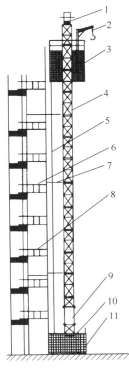

图 4-15　施工升降机整机示意

1—天轮架；2—吊杆；3—吊笼；4—导轨架；5—电缆；6—后附墙架；7—前附墙架；8—护栏；9—配重；10—吊笼；11—基础

天轮架由导向滑轮和天轮架钢结构组成，用来支承和导向配重的钢丝绳。

（6）天轮

立柱顶的左前方和右后方安装两组定滑轮，分别支承两对吊笼和对重，当为单笼时，只使用一组天轮。

（7）附墙架

立柱的稳定是靠与建筑结构通过附墙连接来实现的。附墙架用来保证导轨架可靠地支承在所施工的建筑物上。附墙架多由型钢或钢管焊成平面桁架。

2. 驱动机构

施工升降机的驱动机构一般有两种形式，一种为齿轮齿条式，一种为卷扬机钢丝绳式。

3. 安全保护装置

（1）防坠安全器

防坠安全器是施工升降机主要的安全装置，它可以限制梯笼的运行速度，防止坠落。安全器应能保证升降机吊笼不正常超速运行时及时动作，将吊笼制停。防坠安全器为限速制停装置，应采用渐进式安全器。钢丝绳施工升降机额定提升速度小于等于 $0.63m/s$ 时，可使用瞬时式安全器。但人货两用型仍应使用速度触发型防坠安全器。

防坠安全器的工作原理如下：当吊笼沿导轨架上、下移动时，齿轮沿齿条滚动。当吊笼以额定速度工作时，齿轮带动传动轴及其上的离心块空转。一旦驱动装置的传动件损坏，吊笼将失去控制并沿导轨架快速下滑（当有配重，而且配重大于吊笼一侧载荷时，吊笼在配重的作用下，快速上升）。随着吊笼的速度提高，防坠安全器齿轮的转速也随之增加。当转速增加到防坠安全器的动作转速时，离心块在离心力和重力的作用下与制动轮的内表面上的凸齿相啮合，并推动制动轮转动。制动轮尾部的螺杆使螺母沿着螺杆做轴向移动，进一步压缩碟形弹簧组，逐渐增加制动轮与制动毂之间的制动力矩，直到将工作笼制动在导轨架上为止。在防坠安全器左端的下表面上，装有行程开关。当导板向右移动一定距离后，与行程开关触头接触，并切断驱动电动机的电源。

防坠安全器动作后，吊笼应不能运行。只有当故障排除，安全器复位后吊笼才能正常运行。

（2）缓冲弹簧

在施工升降机的底架上有缓冲弹簧，以便当吊笼发生坠落事故时，减轻吊笼的冲击。

（3）上、下限位开关

为防止吊笼上下超过需停位置，因司机误操作和电气故障等原因继续上升或下降引发事故而设置。上下限位开关必须为自动复位型，上限位开关的安装位置应保证吊笼触发限位开关后，留有的上部安全距离不得小于 $1.8m$，与上极限开关的越程距离为 $0.15m$。

（4）上、下极限开关

上、下限位开关一旦不起作用，吊笼继续上行或下降到设计规定的最高极限或最低极限位置时能及时切断电源，以保证吊笼安全。极限开关为非自动复位型，其动作后必须手动复位才能使吊笼重新启动。

（5）安全钩

安全钩是为防止吊笼到达预先设定位置，上限位器和上极限限位器因各种原因不能及时动作、吊笼继续向上运行，将导致吊笼冲击导轨架顶部而发生倾翻坠落事故而设置的。安全钩是安装在吊笼上部的最后一道安全装置，安全钩安装在传动系统齿轮与安全器齿轮之间，当传动系统齿轮脱离齿条后，安全钩防止吊笼脱离导轨架。它能使吊笼上行到导轨架顶部的时候，安全钩钩住导轨架，保证吊笼不发生倾翻坠落事故。

（6）吊笼门、底笼门连锁装置

施工升降机的吊笼门、底笼门均装有电气连锁开关，它们能有效地防止因吊笼或底笼门未关闭就启动运行而造成人员坠落和物料滚落，只有当吊笼门和底笼门完全关闭时才能启动行运。

（7）急停开关

当吊笼在运行过程中发生各种原因的紧急情况时，司机应能及时按下急停开关，使吊笼立即停止，防止事故的发生。急停开关必须是非自行复位的电气安全装置。

（8）楼层通道门

施工升降机与各楼层均搭设了运料和人员进出的通道，在通道口与升降机结合部必须设置楼层通道门。此门在吊笼上下运行时处于常闭状态，只有在吊笼停靠时才能由吊笼内的人打开。应保证楼层内的人员无法打开此门，以确保通道口处在封闭的状态下。

4. 电气控制系统

施工升降机的每个吊笼都有一套电气控制系统。施工升降机的电气控制系统包括：电源箱、电控箱、操作台和安全保护系统等。

4.2.3　施工升降机安装拆卸方案

施工升降机安装作业前，安装单位应编制施工升降机安装、拆卸工程专项施工方案，由安装单位技术负责人批准后，报送施工总承包单位或使用单位、监理单位审核，并告知工程所在地县级以上建设行政主管部门。

施工升降机安装、拆卸工程专项施工方案应根据使用说明书的要求、作业场地及周边环境的实际情况、施工升降机使用要求等编制。当安装、拆卸过程中专项施工方案发生变更时，应按程序重新对方案进行审批，未经审批不得继续进行安装、拆卸作业。

施工升降机安装、拆卸工程专项施工方案应包括下列主要内容：

（1）工程概况。

（2）编制依据。

（3）作业人员组织和职责。

（4）施工升降机安装位置平面、立面图和安装作业范围平面图。

（5）施工升降机技术参数、主要零部件外形尺寸和重量。

（6）辅助起重设备的种类、型号、性能及位置安排。

（7）吊索具的配置、安装与拆卸工具及仪器。

（8）安装、拆卸步骤与方法。

（9）安全技术措施。

（10）安全应急预案。

4.2.4 施工升降机的安装

安装作业人员应按施工安全技术交底内容进行作业。安装单位的专业技术人员、专职安全生产管理人员应进行现场监督。

施工升降机的安装作业范围应设置警戒线及明显的警示标志；非作业人员不得进入警戒范围，任何人不得在悬吊物下方行走或停留；进入现场的安装作业人员应佩戴安全防护用品，高处作业人员应系安全带，穿防滑鞋；作业人员严禁酒后作业；安装作业中应统一指挥，明确分工。

危险部位安装时应采取可靠的防护措施。当指挥信号传递困难时，应使用对讲机等通信工具进行指挥。

当遇大雨、大雪、大雾或风速大于13m/s等恶劣天气时，应停止安装作业。

电气设备安装应按施工升降机使用说明书的规定进行，安装用电应符合现行行业标准《施工现场临时用电安全技术规范》JGJ 46 的规定。施工升降机金属结构和电气设备金属外壳均应接地，接地电阻不应大于4Ω。

安装时应确保施工升降机运行通道内无障碍物。安装作业时必须将按钮盒或操作盒移至吊笼顶部操作。

当导轨架或附墙架上有人员作业时，严禁开动施工升降机。传递工具或器材不得采用投掷的方式。

在吊笼顶部作业前应确保吊笼顶部护栏齐全完好。吊笼顶上所有的零件和工具应放置平稳，不得超出安全护栏。

安装作业过程中安装作业人员和工具等总载荷不得超过施工升降机的额定安装载重量。

当安装吊杆上有悬挂物时，严禁开动施工升降机。严禁超载使用安装吊杆。

层站应为独立受力体系，不得搭设在施工升降机附墙架的立杆上。

当需安装导轨架加厚标准节时，应确保普通标准节和加厚标准节的安装部位正确，不得用普通标准节替代加厚标准节。导轨架安装时，应对施工升降机导轨架的垂直度进行测量校准。

接高导轨架标准节时，应按使用说明书的规定进行附墙连接。每次加节完毕后，应对施工升降机导轨架的垂直度进行校正，且应按规定及时重新设置行程限位和极限限位，经验收合格后方能运行。

连接件和连接件之间的防松防脱件应符合使用说明书的规定，不得用其他物件代替。对有预紧力要求的连接螺栓，应使用扭力扳手或专用工具，按规定的拧紧次序将螺栓准确地紧固到规定的扭矩值。安装标准节连接螺栓时，宜螺杆在下，螺母在上。

施工升降机最外侧边缘与外面架空输电线路的边线之间，应保持安全操作距离。

当发现故障或危及安全的情况时，应立刻停止安装作业，采取必要的安全防护措施，应设置警示标志并报告技术负责人。在故障或危险情况未排除之前，不得继续安装作业。当遇意外情况不能继续安装作业时，应使已安装的部件达到稳定状态并固定牢靠，经确认合格后方能停止作业。

作业人员下班离岗时，应采取必要的防护措施，并应设置明显的警示标志。

安装完毕后应拆除为施工升降机安装作业而设置的所有临时设施，清理施工场地上作业时所用的索具、工具、辅助用具、各种零配件和杂物等。

钢丝绳式施工升降机的安装还应符合下列规定：

（1）卷扬机应安装在平整、坚实的地点，且应符合使用说明书的要求。

（2）卷扬机、曳引机应按使用说明书的要求固定牢靠。

（3）应按规定配备防坠安全装置。

（4）卷扬机卷筒、滑轮、曳引轮等应有防脱绳装置。

（5）每天使用前应检查卷扬机制动器，动作应正常。

（6）卷扬机卷筒与导向滑轮中心线应垂直对正，钢丝绳出绳偏角大于2°时应设置排绳器。

（7）卷扬机的传动部位应安装牢固的防护罩；卷扬机卷筒旋转方向应与操纵开关上指示方向一致。卷扬机钢丝绳在地面上运行区域内应有相应的安全保护措施。

4.2.5　施工升降机的验收

施工升降机安装完毕且经调试后，安装单位应对安装质量进行自检，并应向使用单位进行安全使用说明。

安装单位自检合格后，应经有相应资质的检验检测机构监督检验。检验合格后，使用单位应组织租赁单位、安装单位和监理单位等进行验收。实行施工总承包的，应由施工总承包单位组织验收。

严禁使用未经验收或验收不合格的施工升降机。

使用单位应自施工升降机安装验收合格之日起30日内，将施工升降机安装验收资料、施工升降机安全管理制度、特种作业人员名单等，向工程所在地县级以上建设行政主管部门办理使用登记备案。

安装自检表、检测报告和验收记录等应纳入设备档案。

4.2.6　施工升降机的安全使用

1. 使用前准备工作

施工升降机司机应持有建筑施工特种作业操作资格证书，不得无证操作。使用单位应对施工升降机司机进行书面安全技术交底，交底资料应留存备查。

使用单位应按使用说明书的要求对需润滑部件进行全面润滑。

2. 操作使用

不得使用有故障的施工升降机。严禁施工升降机使用超过有效标定期的防坠安全器。

施工升降机额定载重量、额定乘员数标牌应置于吊笼醒目位置。严禁在超过额定载重量或额定乘员数的情况下使用施工升降机。

当电源电压值与施工升降机额定电压值的偏差超过±5%，或供电总功率小于施工升降机的规定值时，不得使用施工升降机。

应在施工升降机作业范围内设置明显的安全警示标志，应在集中作业区做好安全防护。

当建筑物超过2层时，施工升降机地面通道上方应搭设防护棚。当建筑物高度超过

24m 时，应设置双层防护棚。

使用单位应根据不同的施工阶段、周围环境、季节和气候，对施工升降机采取相应的安全防护措施。使用单位应在现场设置相应的设备管理机构或配备专职的设备管理人员，并指定专职设备管理人员、专职安全生产管理人员进行监督检查。

当遇大雨、大雪、大雾、施工升降机顶部风速大于 20m/s 或导轨架、电缆表面结有冰层时，不得使用施工升降机。

严禁用行程限位开关作为停止运行的控制开关。

使用期间，使用单位应按使用说明书的要求对施工升降机定期进行保养。

在施工升降机基础周边水平距离 5m 以内，不得开挖井沟，不得堆放易燃易爆物品及其他杂物。施工升降机运行通道内不得有障碍物。不得利用施工升降机的导轨架、横竖支撑、层站等牵拉或悬挂脚手架、施工管道、绳缆标语、旗帜等。

施工升降机安装在建筑物内部井道中时，应在运行通道四周搭设封闭屏障。安装在阴暗处或夜班作业的施工升降机，应在全行程装设明亮的楼层编号标志灯。夜间施工时作业区应有足够的照明，照明应满足现行行业标准《施工现场临时用电安全技术规范》JGJ 46 的要求。

施工升降机不得使用脱皮、裸露的电线、电缆。

施工升降机吊笼底板应保持干燥整洁，各层站通道区域不得有物品长期堆放。

施工升降机司机严禁酒后作业。工作时间内司机不应与其他人员闲谈，不应有妨碍施工升降机运行的行为。施工升降机司机应遵守安全操作规程和安全管理制度。实行多班作业的施工升降机，应执行交接班制度，交班司机应按规程规定填写交接班记录表。接班司机应进行班前检查，确认无误后，方能开机作业。施工升降机每天第一次使用前，司机应将吊笼升离地面 1～2m，停车验制动器的可靠性。当发现问题，应经修复合格后方能运行。

施工升降机每 3 个月应进行 1 次 1.25 倍额定重量的超载试验，确保制动器性能安全可靠。

工作时间内司机不得擅自离开施工升降机。当有特殊情况需离开时，应将施工升降机停到最底层，关闭电源并锁好吊笼门。操作手动开关的施工升降机时，不得利用机电连锁开动或停止施工升降机。

层门门闩宜设置在靠施工升降机一侧，且层门应处于常闭状态。未经施工升降机司机许可，不得启闭层门。

施工升降机专用开关箱应设置在导轨架附近便于操作的位置，配电容量应满足施工升降机直接启动的要求。

施工升降机使用过程中，运载物料的尺寸不应超过吊笼的界限。散状物料运载时应装入容器、进行捆绑或使用织物袋包装，堆放时应使载荷分布均匀。运载溶化沥青、强酸、强碱、溶液、易燃物品或其他特殊物料时，应由相关技术部门做好风险评估和采取安全措施，且应向施工升降机司机、相关作业人员书面交底后方能载运。

当使用搬运机械向施工升降机吊笼内搬运物料时，搬运机械不得碰撞施工升降机。卸料时，物料放置速度应缓慢。当运料小车进入吊笼时，车轮处的集中荷载不应大于吊笼底板底和层站底板的允许承载力。

吊笼上的各类安全装置应保持完好有效。经过大雨、大雪、台风等恶劣天气后应对各安全装置进行全面检查，确认安全有效后方能使用。

当在施工升降机运行中发现异常情况时，应立即停机，直到排除故障后方能继续运行。当在施工升降机运行中由于断电或其他原因中途停止时，可进行手动下降。吊笼手动下降速度不得超过额定运行速度。

作业结束后应将施工升降机返回最底层停放，将各控制开关拨到零位，切断电源，锁好开关箱，吊笼门和地面防护围栏门。

钢丝绳式施工升降机的使用还应符合下列规定：

（1）钢丝绳应符合现行国家标准《起重机　钢丝绳　保养、维护、安装、检验和报废》GB/T 5972 的规定。

（2）施工升降机吊笼运行时钢丝绳不得与遮掩物或其他物件发生碰触或摩擦。

（3）当吊笼位于地面时，最后缠绕在卷扬机卷筒上的钢丝绳不应少于 3 圈，且卷扬机卷筒上钢丝绳应无乱绳现象。

（4）卷扬机工作时，卷扬机上部不得放置任何物件。

（5）不得在卷扬机、曳引机运转时进行清理或加油。

3. 检查、保养和维修

在每天开工前和每次换班前，施工升降机司机应按使用说明书及规程规定的要求对施工升降机进行检查。对检查结果应进行记录，发现问题应向使用单位报告。

在使用期间，使用单位应每月组织专业技术人员按规程规定对施工升降机进行检查，并对检查结果进行记录。

当遇到可能影响施工升降机安全技术性能的自然灾害、发生设备事故或停工 6 个月以上时，应对施工升降机重新组织检查验收。

应按使用说明书的规定对施工升降机进行保养、维修。保养、维修的时间间隔应根据使用频率、操作环境和施工升降机状况等因素确定。使用单位应在施工升降机使用期间安排足够的设备保养、维修时间。

对保养和维修后的施工升降机，经检测确认各部件状态良好后，宜对施工升降机进行额定载重量试验。双吊笼施工升降机应对左右吊笼分别进行额定载重量试验。试验范围应包括施工升降机正常运行的所有方面。

施工升降机使用期间，每 3 个月应进行不少于一次的额定载重量坠落试验。坠落试验的方法、时间间隔及评定标准应符合使用说明书和现行国家标准《货用施工升降机》GB/T 10054.1～10054.2 的有关要求。

对施工升降机进行检修时应切断电源，并应设置醒目的警示标志。当需通电检修时，应做好防护措施。

不得使用未排除安全隐患的施工升降机。

严禁在施工升降机运行中进行保养、维修作业。

施工升降机保养过程中，对磨损、破坏程度超过规定的部件，应及时进行维修或更换，并由专业技术人员检查验收。

应将各种与施工升降机检查、保养和维修相关的记录纳入安全技术档案，并在施工升降机使用期间内在工地存档。

4.2.7　施工升降机的拆卸

拆卸前应对施工升降机的关键部件进行检查，当发现问题时，应在问题解决后方能进行拆卸作业。

施工升降机拆卸作业应符合拆卸工程专项施工方案的要求。应有足够的工作面作为拆卸场地，应在拆卸场地周围设置警戒线和醒目的安全警示标志，并应派专人监护。拆卸施工升降机时，不得在拆卸作业区域内进行与拆卸无关的其他作业。

夜间不得进行施工升降机的拆卸作业。

拆卸附墙架时施工升降机导轨架的自由端高度应始终满足使用说明书的要求。应确保与基础相连的导轨架在最后一个附墙架拆除后，仍能保持各方向的稳定性。

施工升降机拆卸应连续作业。当拆卸作业不能连续完成时，应根据拆卸状态采取相应的安全措施。

吊笼未拆除之前，非拆卸作业人员不得在地面防护围栏内、施工升降机运行通道内、导轨架内以及附墙架上等区域活动。

4.3　物　料　提　升　机

物料提升机是建筑施工现场常用的一种输送物料的垂直运输设备。它以卷扬机为动力，以底架、立柱及天梁为架体，以钢丝绳为传动，以吊笼（吊篮）为工作装置。在架体上装设滑轮、导轨、导靴、吊笼、安全装置等和卷扬机配套构成完整的垂直运输体系。物料提升机构造简单，用料品种和数量少，制作容易，安装拆卸和使用方便，价格低，是一种投资少、见效快的装备机具，因而受到施工企业的欢迎，近几年得到了快速发展。

4.3.1　物料提升机的分类

1. 按结构形式的不同，物料提升机可分为龙门架式物料提升机和井架式物料提升机。

（1）龙门架式物料提升机：以地面卷扬机为动力，由两根立柱与天梁构成门架式架体、吊篮（吊笼）在两立柱间沿轨道作垂直运动的提升机。

（2）井架式物料提升机：以地面卷扬机为动力，由型钢组成井字形架体、吊笼（吊篮）在井孔内或架体外侧沿轨道作垂直运动的提升机。

2. 按架设高度的不同，物料提升机可分为高架物料提升机和低架物料提升机。

（1）架设高度在30m（含30m）以下的物料提升机为低架物料提升机。

（2）架设高度在30m（不含30m）至150m的物料提升机为高架物料提升机。

4.3.2　物料提升机的动力与传动装置

1. 卷扬机

卷扬机的设计及制作应符合现行国家标准《建筑卷扬机》GB/T 1955 的规定。卷扬机的牵引力应满足物料提升机设计要求。

卷筒节径与钢丝绳直径的比值不应小于30。卷筒两端的凸缘至最外层钢丝绳的距离不应小于钢丝绳直径的2倍。

钢丝绳在卷筒上应整齐排列，端部应与卷筒压紧装置连接牢固。当吊笼处于最低位置时，卷筒上的钢丝绳不应少于3圈。

卷扬机应设置防止钢丝绳脱出卷筒的保护装置。该装置与卷筒外缘的间隙不应大于3mm，并应有足够的强度。

物料提升机严禁使用摩擦式卷扬机。

2. 曳引机

曳引轮直径与钢丝绳直径的比值不应小于40，包角不宜小于150°。

当曳引钢丝绳为2根及以上时，应设置曳引力自动平衡装置。

3. 滑轮

滑轮直径与钢丝绳直径的比值不应小于30。滑轮应设置防钢丝绳脱出装置，并应符合规定。

滑轮与吊笼或导轨架，应采用刚性连接。严禁采用钢丝绳等柔性连接或使用开口拉板式滑轮。

4. 钢丝绳

钢丝绳的选用应符合现行国家标准《重用途钢丝绳》GB/T 8918的规定。钢丝绳的维护、检验和报废应符合现行国家标准《起重机　钢丝绳　保养、维护、检验和报废》GB/T 5972的规定。

自升平台钢丝绳直径不应小于8mm，安全系数不应小于12。

提升吊笼钢丝绳直径不应小于12mm，安全系数不应小于8。

安装吊杆钢丝绳直径不应小于6mm，安全系数不应小于8。

缆风绳直径不应小于8mm，安全系数不应小于3.5

当钢丝绳端部固定采用绳夹时，绳夹规格应与绳径匹配，数量不应少于3个，间距不应小于绳径的6倍，绳夹夹座应安放在长绳一侧，不得正反交错设置。

4.3.3　安全装置与防护设施

1. 安全装置

当荷载达到额定起重量的90%时，起重量限制器应发出警示信号；当荷载达到额定起重量的110%时，起重量限制器应切断上升主电路电源。

当吊笼提升钢丝绳断绳时，防坠安全器应制停带有额定起重量的吊笼，且不应造成结构损坏。自升平台应采用渐进式防坠安全器。

安全停层装置应为刚性机构，吊笼停层时，安全停层装置应能可靠承担吊笼自重、额定荷载及运料人员等全部工作荷载。吊笼停层后底板与停层平台的垂直偏差不应大于50mm。

限位装置应符合下列规定：

（1）上限位开关：当吊笼上升至限定位置时，触发限位开关，吊笼被制停，上部越程距离不应小于3m。

（2）下限位开关：当吊笼下降至限定位置时，触发限位开关，吊笼被制停。

紧急断电开关应为非自动复位型，任何情况下均可切断主电路停止吊笼运行。紧急断电开关应设在便于司机操作的位置。

缓冲器应承受吊笼及对重下降时相应冲击荷载。

当司机对吊笼升降运行、停层平台观察视线不清时，必须设置通信装置，通信装置应同时具备语音和影像显示功能。

2. 防护设施

（1）防护围栏应符合下列规定：

1）物料提升机地面进料口应设置防护围栏；围栏高度不应小于1.8m，围栏立面可采用网板结构，强度应符合规定。

2）进料口门的开启高度不应小于1.8m，强度应符合规定；进料口门应装有电气安全开关，吊笼应在进料口门关闭后才能启动。

（2）停层平台及平台门应符合下列规定：

1）停层平台的搭设应符合现行行业标准《建筑施工扣件式钢管脚手架安全技术规范》JGJ 130及其他相关标准的规定，并应能承受3kN/m²的荷载。

2）停层平台外边缘与吊笼门外缘的水平距离不宜大于100mm，与外脚手架外侧立杆（当无外脚手架时与建筑结构外墙）的水平距离不宜小于1m。

3）停层平台两侧的防护栏杆、挡脚板应符合规定。

4）平台门应采用工具式、定型化，强度应符合规定。

5）平台门的高度不宜小于1.8m，宽度与吊笼门宽度差不应大于200mm，并应安装在台口外边缘处，与台口外边缘的水平距离不应大于200mm。

6）平台门下边缘以上180mm内应采用厚度不小于1.5mm钢板封闭，与台口上表面的垂直距离不宜大于20mm。

7）平台门应向停层平台内侧开启，并应处于常闭状态。

（3）进料口防护棚应设在提升机地面进料口上方，其长度不应小于3m，宽度应大于吊笼宽度。顶部强度应符合规定，可采用厚度不小于50mm的木板搭设。

（4）卷扬机操作棚应采用定型化、装配式，且应具有防雨功能。操作棚应有足够的操作空间。顶部强度应符合规定。

4.3.4 电气

选用的电气设备及元件，应符合物料提升机工作性能、工作环境等条件的要求。

物料提升机的总电源应设置短路保护及漏电保护装置，电动机的主回路应设置失压及过电流保护装置。

物料提升机电气设备的绝缘电阻值不应小于0.5MΩ，电气线路的绝缘电阻值不应小于1MΩ。

物料提升机防雷及接地应符合现行行业标准《施工现场临时用电安全技术规范》JGJ46的规定。

携带式控制开关应密封、绝缘，控制线路电压不应大于36V，其引线长度不宜大于5m。

工作照明开关应与主电源开关相互独立。当主电源被切断时，工作照明不应断电，并应有明显标志。

动力设备的控制开关严禁采用倒顺开关。

物料提升机电气设备的制作和组装，应符合国家现行标准《低压成套开关设备和控制设备》GB 7251 和《施工现场临时用电安全技术规范》JGJ 46 的规定。

4.3.5　基础、附墙架、缆风绳与地锚

1. 基础

物料提升机的基础应能承受最不利工作条件下的全部荷载。

（1）30m 及以上物料提升机的基础应进行设计计算。

（2）对 30m 以下物料提升机的基础，当设计无要求时，应符合下列规定：

1）基础土层的承载力，不应小于 80kPa。

2）基础混凝土强度等级不应低于 C20，厚度不应小于 300mm。

3）基础表面应平整，水平度不应大于 10mm。

4）基础周边应有排水设施。

2. 附墙架

当导轨架的安装高度超过设计的最大独立高度时，必须安装附墙架。附墙架宜采用制造商提供的标准附墙架，当标准附墙架结构尺寸不能满足要求时，可经设计计算采用非标附墙架，并应符合下列规定：

（1）附墙架的材质应与导轨架相一致。

（2）附墙架与导轨架及建筑结构采用刚性连接，不得与脚手架连接。

（3）附墙架间距、自由端高度不应大于使用说明书的规定值。

（4）附墙架的结构形式，可按规范选用。

3. 缆风绳

（1）当物料提升机安装条件受到限制不能使用附墙架时，可采用缆风绳，缆风绳的设置应符合说明书的要求，并应符合下列规定：

1）每一组 4 根缆风绳与导轨架的连接点应在同一水平高度，且应对称设置；缆风绳与导轨架的连接处应采取防止钢丝绳受剪破坏的措施。

2）缆风绳宜设在导轨架的顶部；当中间设置缆风绳时，应采取增加导轨架刚度的措施。

3）缆风绳与水平面夹角宜在 45°～60°之间，并应采用与缆风绳等强度的花篮螺栓与地锚连接。

（2）当物料提升机安装高度大于或等于 30m 时，不得使用缆风绳。

4. 地锚

地锚应根据导轨架的安装高度及土质情况，经设计计算确定。

30m 以下物料提升机可采用桩式地锚。当采用钢管（48mm×3.5mm）或角钢（75mm×6mm）时，不应少于 2 根；应并排设置，间距不应小于 0.5m，打入深度不应小于 1.7m；顶部应设有防止缆风绳滑脱的装置。

地锚应根据导轨架的安装高度及土质情况，经设计计算确定。

4.3.6　物料提升机的安装、拆除

（1）安装、拆除物料提升机的单位应具备下列条件：

1）安装、拆除单位应具有起重机械安拆资质及安全生产许可证。

2）安装、拆除作业人员必须经专门培训，取得特种作业资格证。

（2）物料提升机安装、拆除前，应根据工程实际情况编制专项安装、拆除方案，且应经安装、拆除单位技术负责人审批后实施。

（3）专项安装、拆除方案应具有针对性、可操作性，并应包括下列内容：

1）工程概况。

2）编制依据。

3）安装位置及示意图。

4）专业安装、拆除技术人员的分工及职责。

5）辅助安装、拆除起重设备的型号、性能、参数及位置。

6）安装、拆除的工艺程序和安全技术措施。

7）主要安全装置的调试及试验程序。

（4）安装作业前的准备，应符合下列规定：

1）物料提升机安装前，安装负责人应依据专项安装方案对安装作业人员进行安全技术交底。

2）应确认物料提升机的结构、零部件和安全装置经出厂检验，并符合要求。

3）应确认物料提升机的基础已验收，并符合要求。

4）应确认辅助安装起重设备及工具经检验检测，并符合要求。

5）应明确作业警戒区，并设专人监护。

（5）基础的位置应保证视线良好，物料提升机任意部位与建筑物或其他施工设备间的安全距离不应小于 0.6m；与外电线路的安全距离应符合现行行业标准《施工现场临时用电安全技术规范》JGJ 46 的规定。

（6）卷扬机（曳引机）的安装，应符合下列规定：

1）卷扬机安装位置宜远离危险作业区，且视线良好；操作棚应符合规定。

2）卷扬机卷筒的轴线应与导轨架底部导向轮的中线垂直，垂直度偏差不宜大于 2°，其垂直距离不宜小于 20 倍卷筒宽度；当不能满足条件时，应设排绳器。

3）卷扬机（曳引机）宜采用地脚螺栓与基础固定牢固；当采用地锚固定时，卷扬机前端应设置固定止挡。

（7）导轨架的安装程序应按专项方案要求执行。紧固件的紧固力矩应符合使用说明书要求。安装精度应符合规范规定。

（8）钢丝绳宜设防护槽，槽内应设滚动托架，且应采用钢板网将槽口封盖。钢丝绳不得拖地或浸泡在水中。

（9）拆除作业前，应对物料提升机的导轨架、附墙架等部位进行检查，确认无误后方能进行拆除作业。

（10）拆除作业应先挂吊具、后拆除附墙架或缆风绳及地脚螺栓。拆除作业中，不得抛掷构件。

（11）拆除作业宜在白天进行，夜间作业应有良好的照明。

4.3.7　物料提升机的验收

物料提升机安装完毕后，应由工程负责人组织安装单位、使用单位、租赁单位和监理单位等对物料提升机安装质量进行验收，并应按规定填写验收记录。

物料提升机验收合格后，应在导轨架明显处悬挂验收合格标志牌。

4.3.8 物料提升机的安全使用

（1）使用单位应建立设备档案，档案内容应包括下列项目：

1）安装检测及验收记录。

2）大修及更换主要零部件记录。

3）设备安全事故记录。

4）累计运转记录。

（2）物料提升机必须由取得特种作业操作证的人员操作。

（3）物料提升机严禁载人。

（4）物料应在吊笼内均匀分布，不应过度偏载。

（5）不得装载超出吊笼空间的超长物料，不得超载运行。

（6）在任何情况下，不得使用限位开关代替控制开关运行。

（7）在物料提升机每班作业前，司机应进行作业前检查，确认无误后方可作业。应检查确认下列内容：

1）制动器可靠有效。

2）限位器灵敏完好。

3）停层装置动作可靠。

4）钢丝绳磨损在允许范围内。

5）吊笼及对重导向装置无异常。

6）滑轮、卷筒防钢丝绳脱槽装置可靠有效。

7）吊笼运行通道内无障碍物。

（8）当发生防坠安全器制停吊笼的情况时，应查明制停原因，排除故障，并应检查吊笼、导轨架及钢丝绳，应确认无误并重新调整防坠安全器后运行。

（9）物料提升机夜间施工应有足够照明，照明用电应符合现行行业标准《施工现场临时用电安全技术规范》JGJ 46 的规定。

（10）物料提升机在大雨、大雾、风速 13m/s 及以上大风等恶劣天气时，必须停止运行。

（11）作业结束后，应将吊笼返回最底层停放，控制开关应扳至零位，并应切断电源，锁好开关箱。

5 拆除工程

本章要点：拆除工程的技术、现场、物资和组织等方面的施工准备以及施工组织设计，拆除工程的安全要求和文明施工安全管理以及人工和机械拆除、爆破拆除的安全技术等内容。

5.1 拆除工程施工准备

5.1.1 拆除施工准备

施工单位在进行拆除施工前，应做好下列准备工作。

1. 技术准备

（1）熟悉被拆除建筑物（或构筑物）的竣工图纸，弄清建筑物的结构设计、建筑施工、水电及设备管线情况。因在施工过程中可能有变更，重点是了解竣工图。

（2）学习有关规范和安全技术文件。

（3）调查拆除工程涉及区域的地上、地下建筑、周围环境、场地、道路、水电设备管路、危房等情况。

（4）编制拆除工程安全施工组织设计或方案。

（5）对进场施工人员进行安全技术教育和交底。

2. 现场准备

（1）清除拆除倒塌范围内的材料和设备。

（2）疏通运输道路，备好拆除施工使用的临时水源、电源。

（3）切断被拆建筑物的水、电、燃气、暖气、管线等。

（4）检查周围危旧房，必要时进行临时加固。

（5）发出安民告示，在拆除危险区设置警戒区标识。

3. 物资准备

拆除工程所需的机器工具、起重运输机械和爆破器材，以及爆破材料危险品临时库房。

4. 组织准备

拆除工程必须制定生产安全事故应急救援预案，成立组织领导机构，组织满足拆除施工要求的劳动力，并应配备抢险救援器材。

5.1.2 拆除施工组织设计

拆除工程开工前，应根据工程特点、构造情况、工程量编制安全施工组织设计或方案。爆破拆除和被拆除建筑面积大于 1000m^2 的拆除工程，应编制安全施工组织设计；被拆除建筑面积小于等于 1000m^2 的拆除工程，应编制安全技术方案。

施工组织设计是指导拆除工程施工准备和施工全过程的技术文件。应由负责该项拆除工程的项目总工程师组织有关技术、生产、安全、材料、机械、保卫等部门人员进行编制，报上级主管部门审批后执行。

1. 编制原则

从实际出发，在确保人身和财产安全的前提下，选择经济、合理、扰民小的拆除方案，进行科学的组织，以实现安全、经济、进度快、扰民小的目标。

2. 编制依据

（1）被拆除建（构）筑物的竣工图（包括结构、水、电、设备及外管线），施工现场勘察得来的资料和信息。

（2）拆除工程有关的施工验收规范、安全技术规范、安全操作规程和国家、地方有关安全技术规定。

（3）与甲方签订的承包合同。

（4）本单位的技术装备条件。

3. 编制内容

（1）被拆除建筑和周围环境的简介。着重介绍被拆除建筑的结构类型，结构各部分构件受力情况、填充墙、隔断墙、装修做法、水、电、暖气、燃气设备情况，周围房屋、道路、管线有关情况。所提供的信息应是现场的实际情况，并用平面图表示。

（2）施工准备工作计划。包括组织技术、现场、设备器材、劳动力等应全部列出，计划落实到人。同时把组织领导机构名单和分工情况列出。

（3）拆除方法。根据现场实际和业主的要求，比较各种拆除方法，选择安全、经济、快速、扰民少的方法。详细叙述拆除方法的全面内容，采用控制爆破拆除的，还要详细说明爆破与起爆方法、安全距离、警戒范围、保护方法、破坏情况、倒塌方向与范围，以及安全技术措施。

（4）施工部署和进度计划。

（5）各工种人员的分工及组织进行周密的安排。

（6）机械、设备、工具、材料、计划列出清单。

（7）施工平面图应包括下列内容：

1）被拆除建筑物和周围建筑及地上、地下的各种管线、障碍物、道路的平面布置和尺寸。

2）起重吊装设备的开行路线和运输道路。

3）爆破材料及其他危险品临时库房位置、尺寸和做法。

4）各种机械、设备、材料以及被拆除的建筑材料堆放场地布置。

5）被拆除建筑物倾倒方向和范围、警戒区的范围应标明位置及尺寸。

6）标明施工中用的水、电、办公、安全设施、消火栓平面位置及尺寸。

（8）针对所选用的拆除方法和现场情况，编制全面的安全技术措施。

5.2 拆除工程安全管理

由于不少地区和单位对拆除工程不重视，缺乏必要的拆除方案和技术安全措施，20世纪90年代早期发生了多起严重的因拆除施工造成的倒塌、伤亡事故。给国家和人民群众的生命财产造成了很大损失，给社会带来了不良影响。

为防止此类事故的发生，原建设部建筑业司于1994年发布《关于防止拆除工程中发生伤亡事故的通知》中对拆除工程的安全问题作了相应规定。2005年3月1日起实施的《建筑拆除工程安全技术规范》JGJ 147，为确保建筑拆除工程的施工安全，以及从业人员在拆除作业中的健康和安全提供了保障。

5.2.1 基本安全要求

（1）各地区建设行政主管部门对所辖区域内的拆除工程（指建筑物和构筑物）要建立

健全制度，实行统一管理，明确职责，强化监督检查工作，确保拆除施工安全。

（2）建设单位应将拆除工程发包给具有爆破与拆除资质的施工单位承担，不得转包。需要变更施工队伍时，应到原发证部门重新办理拆除许可证手续，并经同意后才能施工。

建设单位应在动工前向工程所在地县级以上的地方人民政府建设行政主管部门办理备案手续，取得拆除许可证明。未取得拆除许可证明的任何单位，不得擅自组织拆除施工。

申请拆除许可证明，应具有下列资料：

1）施工单位资质登记证明。

2）拟拆除建筑物、构筑物的结构、体积及现状说明书或竣工图以及可能危机毗邻建筑的说明。

3）拆除施工组织设计或安全专项施工方案。

4）堆放、清除废弃物的措施。

（3）拆除工程（建设）单位与施工单位在签订施工合同时，应签订安全生产管理协议，明确双方的安全管理责任。拆除工程单位、监理单位应对拆除工程施工安全负检查督促责任；施工单位应对拆除工程的安全技术管理负直接责任。

（4）拆除工程（建设）单位应向施工单位提供下列资料：

1）拆除工程的有关图纸和资料。

2）拆除工程涉及区域的地上、地下建筑及设施分布情况资料。

（5）拆除工程必须制定安全生产事故应急救援预案，成立组织机构并应配备抢险救援器材。

（6）施工单位应对从事拆除作业的人员依法办理意外伤害保险。

（7）项目经理必须对拆除工程的安全生产负全面领导责任。项目经理部应设专职或兼职安全员，检查落实各项安全技术措施。

（8）拆除工程的安全施工组织设计或安全专项施工方案，应由技术负责人和总监理工程师签字批准后实施。施工过程中，确需变更的，须报请原审批人批准，方可实施。严格按照安全施工组织设计或拆除方案和安全技术措施计划进行。

（9）拆除工程在施工前，应组织技术人员和作业人员学习安全操作规程和拆除工程施工组织设计，并进行详细的书面安全技术交底。特种作业人员须持证上岗。

（10）拆除施工严禁立体交叉作业。

（11）从事拆除作业的人员应穿戴好个人防护用品并应正确使用。施工中必须遵守有关规章制度，不得违章冒险作业。

（12）施工前，应将被拆除工程的电线、天然气或煤气管道、上下水管道、供热管道等干线与通往该建筑物的支线切断或迁移。拆除过程中，需用照明和电动机械时，不得使用被拆除建筑物中的配电线，必须另外设置专用配电线路。

（13）作业人员使用手持电动工具时，严禁超负荷或带故障运转。

（14）拆除建（构）筑物，通常应该自上而下对称顺序进行，先拆非承重部分，后拆承重部分，禁止数层同时拆除。

拆除建筑物的栏杆、楼梯和楼板等，应有整体程度相配合，不能先行拆除。建筑物的承重支柱和横梁，要待它所承担的全部结构和荷重拆掉后才可拆除。

拆除管道和容器时，必须在查清残留物的性质，并采取相应措施确保安全后，方可进行施工。

工人从事拆除工作的时候，应该站在专门搭设并经验收合格的脚手架上或者其他稳固的结构上。

（15）拆除施工中不但要确保人员的安全，还应确保未拆除部分的稳定。当拆除一部分时，先应采取加固或稳定措施，防止另一部分倒塌。当用控制爆破拆除工程时，必须严格按《爆破安全规程》GB 6722 进行，并经过爆破设计，对起爆点、引爆物、用药量和爆破程序进行严格计算，以确保周围建筑和人员的绝对安全。

（16）在高处进行拆除工作时应设置溜放槽，以便散碎废料顺槽溜下。拆下的较大的或沉重材料，应用吊绳或起重机械及时吊下或运走。楼板上不许有多人聚集和堆放材料，以免楼盖结构超载发生倒塌。拆卸下的施工垃圾及时清理，应采用封闭的垃圾道或垃圾带运下，分别堆放在指定的位置，禁止向下抛掷。

（17）拆除工程应划定危险区域，在周围设置围栏，做好警戒和警示标志，并派专人监护，严禁无关人员逗留，夜间应红灯示警。

（18）施工中必须由专人负责监测被拆除建筑的结构状态，并应作好记录。当发现有不稳定状态的趋势时，必须停止作业，采取有效措施，消除隐患。

（19）当拆除工程对周围相邻建筑安全可能产生危险时，必须采取相应保护措施，并应对建筑内的人员，进行撤离安置。

（20）在拆除工程作业中，发现不明物体，应停止施工，采取相应的应急措施，保护现场并应及时向有关部门报告。

（21）拆除时临时停止作业前，应拆除至结构的稳定部位，必要时采取临时加固措施。

（22）在居民密集点、交通要道进行拆除工程的施工脚手架须采用全封闭形式，并搭设防护隔离棚。脚手架应与被拆除物的主体结构同步拆下。

（23）遇有 6 级以上大风或大雾天、雷暴雨、冰雪天等恶劣气候影响施工安全时，禁止进行露天拆除作业。

（24）拆除工程施工必须建立安全技术档案，并应包括下列内容：

1）拆除工程施工合同及安全管理协议书。

2）拆除工程安全施工组织设计或安全专项施工方案。

3）安全技术交底。

4）脚手架及安全防护设施检查验收记录。

5）劳务用工合同及安全管理协议书。

6）机械租赁合同及安全管理协议书。

5.2.2　拆除工程文明施工管理

（1）清运渣土的车辆应在指定地点停放。清运渣土的车辆应封闭或采用苫布覆盖，出入现场时应有专人指挥。清运渣土的作业时间应遵守工程所在地的有关规定。

（2）对地下的各类管线，施工单位应在地面上设置明显标志。对水、电、气检查井、污水井应采取相应的保护措施。

（3）拆除工程施工时，设专人向被拆除的部位洒水降尘，并采取降低噪声的措施；拆除工程完工后，应及时将施工渣土清运出场。

（4）施工单位必须落实防火安全责任制，建立义务消防组织，明确责任人，负责施工现场的日常防火安全管理工作。

（5）根据拆除工程施工现场作业环境，应制定相应的消防安全措施；并应保证充足的消防水源，配备足够的灭火器材。

（6）施工现场应建立健全用火管理制度。施工作业用火时，必须履行用火审批手续，经现场防火负责人审查批准，领取用火证后，方可在指定时间、地点作业。作业时应配备专人监护，作业后必须确认无火源危险后方可离开作业地点。

（7）拆除建筑时，当遇有易燃、可燃物及保温材料时，严禁明火作业。

（8）施工现场应设置消防车道，并应保持畅通。

5.3　拆除工程安全技术

建（构）筑物的拆除方法一般有人工拆除、机械拆除和爆破拆除等方法，这些拆除施工的技术要求各不相同。

5.3.1　人工拆除方法

1. 特点

（1）人员必须亲临拆除点操作，不可避免地要进行高空作业，危险性大，因此是拆除施工方法中最不安全的一种方法。

（2）劳动强度大、拆除速度慢。

（3）受天气影响大，刮大风、下雨、结冰、下霜、打雷、下雾均不可登高作业。

（4）可以精雕细刻，易于保留部分建筑物。

2. 适用范围

拆除砖木结构、混合结构以及上述结构的分离和部分保留拆除项目。

3. 人工拆除技术及安全措施

（1）人工拆除的拆除顺序

拆除顺序原则上按建造的逆程序进行，即先造的后拆，后造的先拆，具体可以归纳成"自上而下，先次后主"。所谓"自上而下"是指从上往下层层拆除，"先次后主"是指在同一层面上的拆除顺序，先拆次要的构件，后拆主要的构件。所谓次要构件就是不承重的构件，如阳台、屋檐、外楼梯、广告牌和内部的门、窗等，以及在拆除过程中原为承重构件但先去掉荷载的构件。所谓主要构件就是承重构件，或者在拆除过程中暂时还承重的构件。

（2）不同结构的拆除技术和注意事项

由于房屋的结构不同，拆除方法也各有差异，下面主要叙述砖木结构、框架结构（或者混合结构）的拆除技术和注意事项。

1）坡屋面的砖木结构房屋

① 揭瓦

a. 小瓦揭法

小瓦通常是纵向搭接、横向正反相间铺在屋面板上或屋面砖上。拆除时先拆屋脊瓦（搭接形式），再拆屋面瓦，从上向下，一片一片叠起来，传接至地面堆放整齐。

注意事项：拆除时人要斜坐在屋面板上向前拆以防打滑。当屋面坡度大于30°时要系安全带，安全带要固定在屋脊梁上；或者搭脚手架拆除。搭设脚手架须请有资质的专业单位，拉攀牢固，经验收合格后方可使用，并随建筑物拆除进度及时同步拆除。

检查屋面板有无腐烂。对腐烂的屋面板，人要坐在对应梁的位置上操作，防止屋面板断裂、掉落。

b. 平瓦揭法

平瓦通常是纵向搭接铺压在屋面板上或直接挂在瓦条上。对于前一种铺法的平瓦，拆除方法和注意事项同小瓦。后一种铺法虽然拆法大体相同，但注意事项如下：安全带要系在梁上，不可系在挂瓦条上，拆除时人不可站在瓦上揭瓦，一定要斜坐在檩条对应梁的位置上。揭瓦时房内不得有人，以防碎片伤人。

c. 石棉瓦揭法

石棉瓦通常是纵横搭接铺在屋面板上的，特殊简易房的石棉瓦直接固定在钢梁上，而钢架的跨度与石棉瓦的长度相当。对这种结构的石棉瓦的拆除注意事项如下：不可站在石棉瓦上拆固定钉，应在室内搭好脚手架，人站在脚手架上拆固定钉。然后用手顶起石棉瓦叠在下一块上，依次往下叠，在最后一块上回收。瓦可通过室内传下，拆瓦、传瓦必须有统一指挥，以防伤人。

② 坡屋面的砖木结构房屋

拆屋面板时人应站在屋面板上，先用直头撬杠撬开一个缺口，再用弯头带起钉槽的撬杠，从缺口处向后撬，待板撬松后，拔掉铁钉，将板从室内传下。

注意事项：撬板时人要站在对应桁条的位置上。对于坡度大于30°的陡屋面，拆除时要系安全带或搭设脚手架。

③ 桁条拆除

桁条与支撑体的连接通常有三种：直接搁在承重墙上，搁在人字梁上，搁在支撑立柱上。

拆除桁条时用撬杠将两头固定钉撬掉，两头系上绳子，慢慢下放至下层楼面上作进一步处理。

④ 人字梁拆除

拆除桁条前在人字梁的顶端系两根可两面拉的绳子，桁条拆除后，将绳两面拉紧，用撬杠或气割枪将两端的固定钉拆除，使其自由，再拉一边绳、松另一边绳，使人字梁向一边倾斜，直至倒置，然后在两端系上绳子，慢慢放至下层楼面上作进一步解体或者整体运走。

2）框架结构（或砖混结构）的房屋

① 屋面板拆除

屋面板分预制板和现浇板两种。

a. 预制板拆除方法

　　预制板通常直接搁在梁上或承重墙上，它与梁或墙体之间没有纵横方向的连接，一旦预制板折断，就会下落。因此，拆除时在预制板的中间位置打一条横向切槽，将预制板拦腰切断，让预制板自由下落即可。

　　注意事项：开槽要用风镐，由前向后退打，保证人站在没有破坏的预制板上。打断一块及时下放一块，因有粉刷层的关系，单靠预制板的重量有时不足以克服粉刷层与预制板之间的粘结力而自由下落，这时需用锤子将打断的预制板粉刷层敲松即可下落。

　　b. 现浇板拆除方法

　　现浇板是由纵横正交单层钢筋混凝土组成，板厚为 12mm 左右，它与梁或圈梁之间有钢筋连接组成整体。拆除时用风镐或锤子将混凝土打碎即可，不需考虑拆除顺序和方向。

　　② 梁的拆除

　　梁分承重梁和连系梁（圈梁）两种，当屋面板（楼板）拆除后，连系梁不再承重了，属于次要构件，可以拆除。拆除时用风镐将梁的两端各打开一个缺口，露出所有纵向钢筋，然后确保其下落有效控制时，气割一端钢筋使其自然下垂，再割另一端钢筋使其脱离主梁，缓慢放至下层楼面作进一步处理。

　　承重梁（主梁）拆除方法大体上同联系梁。但因承重梁通常较大，不可直接气割钢筋让其自由下落，必须用吊具吊住大梁后，方可气割两端钢筋，然后吊至下层楼面或地面作进一步解体。

　　③墙体拆除

　　墙分砖墙和混凝土墙两种。

　　a. 砖墙拆除方法

　　用锤子或撬杠将砖块打（撬）松，自上而下作粉碎性拆除，对于边墙除了自上而下外还应由外向内作粉碎性拆除。

　　b. 混凝土墙拆除方法

　　用风镐沿梁、柱将墙的左、上、右三面开通槽，再沿地板面墙的背面打掉钢筋保护层，露出纵向钢筋，系好拉绳，气割钢筋，将墙拉倒，再破碎。

　　注意事项：拆墙时室内要搭可移动的脚手架或脚手凳，临人行道的外墙要搭外脚手架并加密网封闭，人流稠密的地方还要加搭过街防护棚。气割钢筋顺序为先割沿地面一侧的纵向钢筋，其次为上方沿梁的纵向钢筋，最后是两侧的横向钢筋。不得采用掏掘或推倒的方法拆除墙体。严禁站在墙体或被拆梁上作业。楼板上严禁多人聚集或堆放材料。

　　④ 立柱拆除

　　立柱拆除采用先拉倒再解体破碎的方法。打掉立柱根部背面的钢筋保护层，剔凿露出纵向钢筋，在立柱顶端使用手动捯链向内定向牵引，采用气焊切割柱子三面钢筋，保留牵引方向正面的钢筋。气割钢筋，向内拉倒立柱，进一步破碎。

　　注意事项：立柱倾倒方向应选在下层梁或墙的位置上。撞击点应设置缓冲防振措施。

　　⑤ 清理层面垃圾

楼层内的施工垃圾，应采用封闭的垃圾道或垃圾袋运下，不得向下抛掷。

垃圾井道的要求如下：垃圾井道的口径大小，对现浇板结构层面，道口直径为 1.2～1.5m；对预制结构屋面，打掉两块预制板，上下对齐。垃圾井道数量，原则上每跨不得多于 1 只，对进深很大的建筑可适当增加，但要分布合理。井道周围要作密封性防护，防止灰尘飞扬。

5.3.2 机械拆除方法

1. 特点

（1）无需人员直接接触作业点，故安全性好。

（2）施工速度快，可以缩短工期，减少扰民时间。

（3）作业时扬尘较大，必须采取湿式作业法。

（4）还需要部分保留的建筑物不可直接拆除，必须先用人工分离后方可拆除。

2. 适用范围

拆除混合结构、框架结构、板式结构等高度不超过 30m 的建筑物及各类基础和地下构筑物。

3. 机械拆除施工的技术及安全措施

（1）机械拆除的拆除顺序

解体→破碎→翻渣→归堆待运。

（2）拆除方法

根据被拆建筑物、构筑物高度不同又分为镐头机拆除和重锤机拆除两种方法。

1）镐头机拆除方法：

镐头机可拆除高度不超过 15m 的建（构）筑物。

① 拆除顺序：自上而下、逐层、逐跨拆除。

② 工作面选择：框架结构房选择与承重梁平行的面作施工面；混合结构房选择与承重墙平行的面作施工面。

③ 停机位置选择：设备机身距建筑物垂直距离约 3～5m，机身行走方向与承重梁（墙）平行，大臂与承重梁（墙）成 45°～60°角。

④ 打击点选择：打击顶层立柱的中下部，让顶板、承重梁自然下塌，打断一根立柱后向后退再打下一根，直至最后。对于承重墙要打顶层的上部，防止碎块下落砸坏设备。

⑤清理工作面：用挖掘机将解体的碎块运至后方空地作进一步破碎，空出镐头机作业通道，进行下一跨作业。

2）重锤机拆除方法：

重锤机通常用 50t 吊机改装而成，锤重 3t，拔杆高 30～52m，有效作业高度可达30m，锤体侧向设置可快速释放的拉绳，因此，重锤机既可以纵向打击楼板，又可以横向撞击立柱、墙体，是一个比较好的拆除设备。

① 拆除顺序：从上向下层层拆除，拆除一跨后清除悬挂物，移动机身再拆下一跨。

② 工作面选择：同镐头机。

③ 打击点选择：侧向打击顶层承重立柱（墙），使顶板、梁自然下塌。拆除一层以后，放低重锤以同样方法拆下一层。

④ 拔杆长度选择：拔杆长度力最高打击点高度加 15～18m，但最短不得短于 30m。

⑤ 停机位置选择：对于 50t 吊机，锤重为 3t，停机位置距打击点所在的拆除面的距离最大为 26m。机身垂直于拆除面。

⑥ 清理悬挂物：用重锤侧向撞击悬挂物使其破碎，或将重锤改成吊篮，人站在吊篮内气割悬挂物，让其自由落下。

⑦ 清理工作面：拆除一跨以后，用挖机清理工作面，移动机身拆除下一跨。

（3）机械拆除的注意事项

1）采用机械拆除应从上至下、逐层逐段进行，先拆除非承重结构，再拆除承重结构。只进行部分拆除的建筑，必须先将保留部分加固，再进行分离拆除。

2）根据被拆除物高度选择拆除机械，不可超高作业或任意扩大使用范围，供机械设备使用的场地必须保证足够的承载力。作业中不得同时回转、行走。打击点必须选在顶层。

3）镐头机作业高度不够，可以用建筑垃圾垫高机身以满足高度需要，但垫层高度不得超过 3m，其宽度不得小于 3.5m，两侧坡度不得大于 60°。

4）人、机不可立体交叉作业，机械作业时，在其回旋半径内不得有人工作业。

5）拆除框架结构建筑，必须按楼板、次梁、主梁、柱子的顺序进行施工。

6）机械严禁在有地下管线处作业，如果一定要作业，必须在地面垫 2～3cm 的整块钢板或走道板，保护地下管线安全。

7）在地下管线两侧严禁开挖深沟，如一定要挖深沟，必须在有管线的一侧先打钢板桩，钢板桩的长度为沟深的 2～2.5 倍，当沟深超过 1.5m 时，必须设内支撑以防塌方伤害管线。

8）机械拆除在分段切割时，必须确保未拆除部分结构的整体完整和稳定。

9）进行高处拆除作业时，对较大尺寸的构件或沉重的材料，必须采用起重机具及时吊下。拆卸下来的各种材料应及时清理，分类堆放在指定场所，严禁向下抛掷。

10）作业人员使用机具时，严禁超负荷使用或带故障运转。

11）机械解体作业时应设专职指挥员，监视被拆除物的动向，及时用对讲机指挥机械操作员进退。

12）桥梁、钢屋架拆除应符合下列规定：

① 先拆除桥面的附属设施及挂件、护栏。

② 按照施工组织设计选定的机械设备及吊装方案进行施工，不得超负荷作业。

③ 采用双机抬吊作业时，每台起重机载荷不得超过允许载荷的 80%，且应对第一吊进行试吊作业，作业过程中必须保持两台起重机同步作业。

④ 拆除吊装作业的起重机司机，必须严格执行操作规程。信号指挥人员必须按照现行国家标准《起重吊运指挥信号》GB 5082 的规定作业。

⑤ 拆除钢屋架时，必须采用绳索将其拴牢，待起重机吊稳后，方可进行气焊切割作业。吊运过程中，应采用辅助绳索控制被吊物处于正常状态。

5.3.3 爆破拆除方法

1. 特点

（1）由于爆破前施工人员不进行有损建筑物整体结构和稳定性的操作，所以人身安全最有保障。

（2）由于爆破拆除是一次性解体，所以扬尘、扰民较少。

2. 适用范围

拆除混合结构、框架结构、钢混结构等各类超高建筑物及各类基础和地下构筑物。

3. 爆破拆除施工的技术及安全措施

爆破拆除属于特殊行业，从事爆破拆除的企业，不但需要精湛的技术，还必须有严格的管理和严密的组织。

（1）爆破拆除原则

1）爆破拆除设计、施工，火工品运输、保管、使用必须遵守国家制定的《爆破安全规程》GB 6722。

2）从事爆破拆除方案设计、审核的技术人员，必须经过公安部组织的技术培训，经考试合格，发给"中华人民共和国爆破工程技术人员安全作业证"。安全作业证分高级和中级两种，分别对应高级职称和中级职称。须持证设计、审核。

3）爆破拆除设计方案必须经所在地区公安管理部门和拆房安全管理部门审批、备案方可实施。

4）爆破作业人员、火工品保管员、押运员必须经过当地公安管理部门组织的技术培训，并经考试合格后分别发给"爆破员证"、"火工品保管员证"、"火工品押运员证"，持证上岗。

5）爆破拆除施工必须在确保周围建筑物、构筑物、管线、设备仪器和人身安全的前提下进行。

（2）爆破作业程序

1）编写施工组织设计

根据结构图纸（或实地查看）、周围环境、解体要求，确定倒塌方式和防护措施。根据结构参数和布筋情况，决定爆破参数和布孔参数。

2）组织爆前施工

按设计的布孔参数钻孔，按倒塌方式拆除非承重结构，由技术员和施工负责人二级验收。

3）组织装药接线

由爆破负责人根据设计的单孔药量组织制作药包，并将药包编号。对号装药、堵塞。根据设计的起爆网络接线联网。由项目经理、设计负责人、爆破负责人联合检查验收。

4）安全防护

由施工负责人指挥工人根据防护设计进行防护，由设计负责人检查验收。

5）警戒起爆

由安全员根据设计的警戒点、警戒内容组织警戒人员。由项目经理指挥，安全员协助清场，警戒人员到位。零前5分钟发预备警报，开始警戒，起爆员接雷管，各警戒点汇报警戒情况。零前1分钟发起爆警报、起爆器充电。零时发令起爆。

6）检查爆破效果

由爆破负责人率领爆破员对爆破部位进行检查，发现哑炮立即按《爆破安全规程》GB 6722规定的方法和程序排除哑炮，待确定无哑炮后，解除警报。

7）破碎清运

用镐头机对解体不充分的梁、柱作进一步破碎，回收旧材料，垃圾归堆待运。

（3）爆破拆除应重点注意的问题

从施工全过程来讲，爆破拆除是最安全的，但在爆破瞬间有三个不安全因素，必须在设计、施工中作严密的控制方能确保安全。

1）爆破飞散物（称飞石）的防护

飞散物是爆破拆除中不可避免的东西，为了确保安全需要采取以下措施：

在爆破部位、危险的方向上对建筑物进行多层复合防护，把飞石控制在允许范围内。对危险区域实行警戒，保证在飞石飞行范围内没有人和重要设备。

2）爆破振动的防护

爆破在瞬间产生巨大的冲击，必然要引起地表振动，如控制不当，严重时可能影响地面爆点附近某些建筑物的安全，尤其是地下构筑物的安全。控制措施如下：分散爆点以减少振动。分段延时起爆，使一次起爆药量控制在允许范围内。隔离起爆，先用少量药量炸开一个缺口，使以后起爆的药量不与地面接触，以此隔振。

3）爆破扬尘的控制

爆破瞬间使大量建筑物解体，高压气流的冲击，在破碎面上产生大量的粉尘，控制扬尘的措施是：爆前对待爆建筑物用水冲洗，清除表面浮尘。爆破区域内设置若干"水炮"同时起爆，形成弥漫整个空间的水雾，吸收大部分粉尘。在上风方向设置空压水枪，起爆时打开水枪开关，造成局部人造雨，消除因解体塌落时产生的部分粉尘。

（4）爆破拆除的注意事项

1）从事爆破拆除工程的施工单位，必须持有所在地有关部门核发的《爆炸物品使用许可证》，承担相应等级或低于企业级别的爆破拆除工程。爆破拆除设计人员应具有承担爆破拆除作业范围和相应级别的爆破工程技术人员作业证。从事爆破拆除施工的作业人员应持证上岗。

2）爆破拆除所采用的爆破器材，必须向当地有关部门申请《爆破物品购买证》，到指定的供应点购买。严禁赠送、转让、转卖、转借爆破器材。

3）运输爆破器材时，必须向所在地有关部门申请领取《爆破物品运输证》。应按照规定路线运输，并应派专人押送。

4）爆破器材临时保管地点，必须经当地有关部门批准。严禁同室保管与爆破器材无关的物品。

5）爆破拆除的预拆除施工应确保建筑安全和稳定。预拆除施工可采用机械和人工方法拆除非承重的墙体或不影响结构稳定的构件。

6）对烟囱、水塔类构筑物采用定向爆破拆除工程时，爆破拆除设计应控制建筑倒塌时的触地振动，必要时应在倒塌范围铺设缓冲材料或开挖防振沟。

7）为保护临近建筑和设施的安全，爆破振动强度应符合现行国家标准《爆破安全规程》GB 6722 的有关规定。建筑基础爆破拆除时，应限制一次同时爆破的用药量。

8）建筑爆破拆除施工时，应对爆破部位进行覆盖和遮挡防护，覆盖材料和遮挡设施应牢固可靠。

9）爆破拆除应采用电力起爆网路和非电导爆管起爆网路。必须采用爆破专用仪表检查起爆网路电阻和起爆电源功率，并应满足设计要求；非电导爆管起爆应采用复式交叉封闭网路。爆破拆除工程不得采用导爆索网路或导火索起爆方法。

10）装药前，应对爆破器材进行性能检测。试验爆破和起爆网路模拟试验应选择安全部位和场所进行。

11）爆破拆除工程的实施应在当地政府主管部门领导下成立爆破指挥部，并应按设计确定的安全距离设置警戒。

12）爆破拆除工程的实施必须按照现行国家标准《爆破安全规程》GB 6722 的规定执行。

6　脚手架工程

本章要点：脚手架作用、分类、基本安全要求，重点介绍了扣件式钢管脚手架、碗扣式钢管脚手架和门式钢管脚手架的组成、构造要求、搭设拆除、检查验收和安全管理。

6.1 脚手架工程概述

6.1.1 建筑脚手架的作用

脚手架是建筑施工中必不可少的作业工具，无论结构工程还是室外装饰装修工程，或者设备安装工程都需要搭设脚手架。

脚手架的主要作用如下：

（1）能堆放及运输一定数量的建筑材料。

（2）可以使施工作业人员在不同部位进行操作。

（3）保证施工作业人员在高空操作时的安全。

6.1.2 建筑脚手架的分类

随着建筑施工技术的进步，脚手架的种类也愈来愈多。

1. 按用途划分

（1）操作脚手架：为施工操作提供高处作业条件的脚手架，包括"结构脚手架"、"装修脚手架"。

（2）防护用脚手架：只用作安全防护的脚手架，包括各种护栏架和棚架。

（3）承重、支撑用脚手架：用于材料的运转、存放、支撑以及其他承载用途的脚手架，如受料平台、模板支撑架和安装支撑架等。

2. 按设置形式划分

（1）单排脚手架：只有1排立杆的脚手架，其横向水平杆的另一端搁置在墙体结构上。

（2）双排脚手架：具有2排立杆的脚手架。

（3）多排脚手架：具有3排以上立杆的脚手架。

（4）满堂脚手架：按施工作业范围满设的、两个方向各有3排以上立杆的脚手架。

（5）满高脚手架：按墙体或施工作业最大高度，由地面起满高度设置的脚手架。

（6）交圈（周边）脚手架：沿建筑物或作业范围周边设置并相互交圈连接的脚手架。

（7）特形脚手架：具有特殊平面和空间造型的脚手架，如用于烟囱、水塔、冷却塔以及其他平面为圆形、环形、外方内圆形、多边形和上扩、上缩等特殊形式的建筑脚手架。

3. 按脚手架的支固方式划分

（1）落地式脚手架：搭设（支座）在地面、楼面、屋面或其他平台结构之上的脚手架。

（2）悬挑脚手架（简称"挑脚手架"）：采用悬挑方式支固的脚手架。

（3）附墙悬挂脚手架（简称"挂脚手架"）：在上部或（和）中部挂设于墙体挑挂件上的定型脚手架。

（4）悬吊脚手架（简称"吊脚手架"）：悬吊于悬挑梁或工程结构之下的脚手架。当采用篮式作业架时，称为"吊篮"。

（5）附着升降脚手架（简称"爬架"）：附着于工程结构、依靠自身提升设备实现升降的悬空脚手架。

（6）水平移动脚手架：带行走装置的脚手架（段）或操作平台架。

4. 按构架方式划分

（1）杆件组合式脚手架：俗称"多立杆式脚手架"，简称"杆组式脚手架"。

（2）框架组合式脚手架：简称"框组式脚手架"，即由简单的平面框架（如门架）与连接、撑拉杆件组合而成的脚手架，如门式钢管脚手架、梯式钢管脚手架等。

（3）格构件组合式脚手架，即由桁架梁和格构柱组合而成的脚手架，如桥式脚手架有提升（降）式和沿齿条爬升（降）式两种。

（4）台架：具有一定高度和操作平面的平台架，多为定型产品，其本身具有稳定的空间结构。可单独使用或立拼增高与水平连接扩大，并常带有移动装置。

5. 按脚手架平、立杆的连接方式分类

（1）承插式脚手架：在平杆与立杆之间采用承插连接的脚手架。常见的承插连接方式有插片和楔槽、插片和碗扣、套管和插头以及 U 形托挂等。

（2）扣件式脚手架：使用扣件箍紧连接的脚手架，即靠拧紧扣件螺栓所产生的摩擦力承担连接作用的脚手架。

此外，还可按脚手架杆件所用材料不同划分为木脚手架、竹脚手架、钢管或金属脚手架；按搭设位置划分为外脚手架和里脚手架；按使用对象或场合划分为高层建筑脚手架、烟囱脚手架、水塔脚手架。还有定型与非定型、多功能与单功能之分。

6.1.3　脚手架安全作业的基本要求

（1）脚手架搭设或拆除人员必须符合国家安全生产监督管理总局《特种作业人员安全技术培训考核管理规定》的要求。上岗人员应定期进行体检，凡不适合高处作业者不得上脚手架操作。

（2）搭拆脚手架时，操作人员必须戴安全帽、系安全带，穿防滑鞋。脚下应铺设必要数量的脚手板，并应铺设平稳，且不得有探头板。

（3）脚手架的搭拆必须制定施工方案和安全技术措施，进行安全技术交底。对于高大异形的脚手架，必须编制专项施工方案，报上级审批后才能搭设。

（4）脚手架搭设前应清除障碍物、平整场地、夯实基土、做好排水。以保证地基具有足够的承载能力，避免脚手架整体或局部沉降失稳。

（5）脚手架搭设安装前应由施工负责人及技术、安全等有关人员先对基础等架体承重部位共同进行验收；搭设安装后应进行分段验收，特殊脚手架须由企业技术部门会同安全、施工管理部门验收合格后方可使用。验收要定量与定性相结合，验收合格后应在脚手架上悬挂合格牌，且在脚手架上明示使用单位、监护管理单位和责任人。施工阶段转换时，对脚手架重新实施验收手续。未搭设完的脚手架，非架子工一律不准上架。

（6）作业层上的施工荷载应符合设计要求，不得超载。不得在脚手架上集中堆放模板、钢筋等物件，不得放置较重的施工设备（如电焊机等），严禁在脚手架上拉缆风绳和固定、架设模板支架、混凝土泵送管等，严禁悬挂起重设备。

（7）脚手架搭设作业时，应按形成基本构架单元的要求逐排、逐跨和逐步地进行搭设。矩形周边脚手架宜从其中的一个角部开始向两个方向延伸搭设，确保已搭部分稳定。

（8）操作层必须设置 1.2m 高的两道护身栏杆和 180mm 高的挡脚板，挡脚板应与立杆固定，并有一定的机械强度。

（9）临街搭设的脚手架外侧应有防护措施，以防坠物伤人。

（10）严禁在脚手架基础及邻近处进行挖掘作业。

（11）架上作业人员应佩戴工具袋，工具用后装于袋中，不要放在架子上，以免掉落伤人。应作好分工和配合，不要用力过猛，以免引起人身或杆件失衡。

（12）架设材料要随上随用，以免放置不当时掉落，可能发生伤人事故。

（13）在搭设作业进行中，地面上的配合人员应避开可能落物的区域。

（14）除搭设过程中必要的1～2步架的上下外，作业人员不得攀缘脚手架上下，应走房屋楼梯或另设安全人梯。

（15）在脚手架上进行电、气焊作业时，应有防火措施和专人看守。

（16）大雾及雨、雪天气和6级以上大风时，不得进行脚手架上的高处作业。雨、雪天后作业，必须采取安全防滑措施。

（17）搭拆脚手架时，地面应设围栏和警戒标志，排除作业障碍，并派专人看守，严禁非操作人员入内。

（18）工地临时用电线路架设及脚手架的接地、避雷措施，脚手架与架空输电线路的水平与垂直安全距离等应按现行行业标准《施工现场临时用电安全技术规范》JGJ 46的有关规定执行。钢管脚手架上安装照明灯时，电线不得接触脚手架，并要作绝缘处理。

6.2 扣件式钢管脚手架

6.2.1 构配件组成

1. 钢管

脚手架钢管应采用现行国家标准《直缝电焊钢管》GB/T 13793 或《低压流体输送用焊接钢管》GB/T 3091 中规定的 Q235 普通钢管，钢管的钢材质量应符合现行国家标准《碳素结构钢》GB/T 700 中 Q235 级钢的规定。

脚手架宜采用外径 48.3mm，壁厚 3.6mm 的钢管。每根钢管的最大质量不应大于 25kg。

2. 扣件

扣件应采用可锻铸铁或铸钢制作，其质量和性能应符合现行国家标准《钢管脚手架扣件》GB 15831 的规定，采用其他材料制作的扣件，应经试验证明其质量符合该标准的规定后方可使用。扣件在螺栓拧紧扭力矩达到 65N·m 时，不得发生破坏。

3. 脚手板

脚手板可采用钢、木、竹材料制作，单块脚手板的质量不宜大于 30kg。

冲压钢脚手板的材质应符号现行国家标准《碳素结构钢》GB/T 700 中 Q235 级钢的规定。

木脚手板材质应符合现行国家标准《木结构设计规范》GB 50005 中 Ⅱa 级材质的规定。脚手板厚度不应小于 50mm，两端宜各设直径不小于 4mm 的镀锌钢丝箍 2 道。

竹脚手板宜采用由毛竹或楠竹制作的竹串片板、竹笆板；竹串片脚手板应符合现行行业标准《建筑施工木脚手架安全技术规范》JGJ 164 的相关规定。

4. 可调托撑

可调托撑螺杆外径不得小于 36mm，走丝与螺距应符合现行国家标准《梯形螺纹》GB/T 5796 的规定。可调托撑的螺杆与支架托板焊接应牢固，焊缝高度不得小于 6mm；可调托撑螺杆与螺母旋合长度不得少于 5 扣，螺母厚度不得小于 30mm。可调托撑受压承载力设计值不应小于 40kN，支托板厚不应小于 5mm。

5. 悬挑脚手架用型钢

悬挑脚手架用型钢的材质应符合现行国家标准《碳素结构钢》GB/T 700 或《低合金高强度结构钢》GB/T 1591 的规定。

用于固定型钢悬挑梁的 U 形钢筋拉环或锚固螺栓材质应符合现行国家标准《钢筋混凝土用钢》GB 1499 的规定。

6. 安全网

平网宽度不得小于 3m，立网宽（高）度不得小于 1.2m，长度不得大于 6m，菱形或方形网目的安全网，其网目边长不得大于 8cm，必须使用锦纶、维纶、涤纶等材料，严禁使用损坏或腐朽的安全网和丙纶网。密目安全网只准作立网使用。

6.2.2　构造要求

1. 常用单、双排脚手架设计尺寸

常用密目式安全立网全封闭单、双排脚手架结构的设计尺寸，可按表 6-1、表 6-2 采用。

常用敞开式双排脚手架的设计尺寸（m）　　　　　　表 6-1

| 连墙件设置 | 立杆横距 l_b | 步距 h | 下列荷载时的立杆纵距 l_a | | | | 脚手架允许搭设离度 $[H]$ |
			$2+0.35$ (kN/m²)	$2+2+2×0.35$ (kN/m²)	$3+0.35$ (kN/m²)	$3+2+2×0.35$ (kN/m²)	
二步三跨	1.05	1.50	2.0	1.5	1.5	1.5	50
		1.80	1.8	1.5	1.5	1.5	32
	1.30	1.50	1.8	1.5	1.5	1.5	50
		1.80	1.8	1.2	1.5	1.2	30
	1.55	1.50	1.8	1.5	1.5	1.5	38
		1.80	1.8	1.2	1.5	1.2	22
三步三跨	1.05	1.50	2.0	1.5	1.5	1.5	43
		1.80	1.8	1.2	1.5	1.2	24
	1.30	1.50	1.8	1.5	1.5	1.5	30
		1.80	1.8	1.2	1.5	1.2	17

注：1. 表中所示 2+2+2×0.35 (kN/m²)，包括下列荷载：2+2 (kN/m²) 为二层装修作业层施工荷载标准值；2×0.35 (kN/m²) 为二层作业层脚手板自重荷载标准值；

2. 作业层横向水平杆间距，应按不大于 $l_a/2$ 设置。

3. 地面粗糙度为 B 类，基本风压 $\omega = 0.4 kN/m^2$。

常用密目式安全立网全封闭式单排脚手架的设计尺寸（m）　　　表 6-2

连墙件设置	立杆横距 l_b	步距 h	下列荷载时的立杆纵距 l_a		脚手架允许搭设高度 $[H]$
			2+0.35 (kN/m²)	3+0.35 (kN/m²)	
二步三跨	1.20	1.50	2.0	1.8	24
		1.80	1.5	1.2	24
	1.40	1.50	1.8	1.5	24
		1.80	1.5	1.2	24
三步三跨	1.20	1.50	2.0	1.8	24
		1.80	1.2	1.2	24
	1.40	1.50	1.8	1.5	24
		1.80	1.2	1.2	24

单排脚手架搭设高度不应超过 24m；双排脚手架搭设高度不宜超过 50m，高度超过 50m 的双排脚手架，应采用分段搭设措施。

2. 纵向水平杆、横向水平杆、脚手板

（1）纵向水平杆的构造应符合下列规定：

1）纵向水平杆应设置在立杆内侧，单根杆长度不应小于 3 跨。

2）纵向水平杆接长应采用对接扣件连接或搭接，并应符合下列规定：

① 两根相邻纵向水平杆的接头不应设置在同步或同跨内；不同步或不同跨两个相邻接头在水平方向错开的距离不应小于 500mm；各接头中心至最近主节点的距离不应大于纵距的 1/3。

② 搭接长度不应小于 1m，应等间距设置 3 个旋转扣件固定，端部扣件盖板边缘至搭接纵向水平杆杆端的距离不应小于 100mm。

3）当使用冲压钢脚手板、木脚手板、竹串片脚手板时，纵向水平杆应作为横向水平杆的支座，用直角扣件固定在立杆上；当使用竹笆脚手板时，纵向水平杆应采用直角扣件固定在横向水平杆上，并应等间距设置，间距不应大于 400mm。

（2）横向水平杆的构造应符合下列规定：

1）作业层上非主节点处的横向不平杆，宜根据支承脚手板的需要等间距设置，最大间距不应大于纵距的 1/2。

2）当使用冲压钢脚手板、木脚手板、竹串片脚手板时，双排脚手架的横向水平杆两端均应采用直角扣件固定在纵向水平杆上；单排脚手架的横向水平杆的一端应用直角扣件固定在纵向水平杆上，另一端应插入墙内，插入长度不应小于 180mm。

3）当使用竹笆脚手板时，双排脚手架的横向水平杆两端，应用直角扣件固定在立杆上；单排脚手架的横向水平杆的一端，应用直角扣件固定在立杆上，另一端应插入墙内，插入长度亦不应小于 180mm。

（3）主节点处必须设置一根横向水平杆，用直角扣件扣接且严禁拆除。

（4）脚手板的设置应符合下列规定：

1）作业层脚手板应铺满、铺稳、铺实。

2）冲压钢脚手板、木脚手板、竹串片脚手板等，应设置在 3 根横向水平杆上。当脚手板长度小于 2m 时，可采用 2 根横向水平杆支承，但应将脚手板两端与其可靠固定，严防倾翻。脚手板的铺设应采用对接平铺或搭接铺设。脚手板对接平铺时，接头处必须设 2 根横向水平杆，脚手板外伸长应取 130～150mm，两块脚手板外伸长度的和不应大于 300mm。脚手板搭接铺设时，接头必须支在横向水平杆上，搭接长度不应小于 200mm，其伸出横向水平杆的长度不应小于 100mm。

3）竹笆脚手板应按其主竹筋垂直于纵向水平杆方向铺设，且采用对接平铺，四个角应用直径不小于 1.2mm 的镀锌钢丝固定在纵向水平杆上。

4）作业层端部脚手板探头长度应取 150mm，其板的两端均应固定于支承杆件上。

3. 立杆

（1）每根立杆底部应设置底座或垫板。

（2）脚手架必须设置纵、横向扫地杆。纵向扫地杆应采用直角扣件固定在距底座上皮不大于 200mm 处的立杆上。横向扫地杆应采用直角扣件固定在紧靠纵向扫地杆下方的立杆上。

（3）脚手架立杆基础不在同一高度上时，必须将高处的纵向扫地杆向低处延长两跨与立杆固定，高低差不应大于 1m。靠边坡上方的立杆轴线到边坡的距离不应小于 500mm。

（4）单、双排脚手架底层步距均不应大于 2m。

（5）单排、双排与满堂脚手架立杆接长除顶层顶步外，其余各层各步接头必须采用对接扣件连接。

（6）脚手架立杆对接、搭接应符合下列规定：

1）当立杆采用对接接长时，立杆的对接扣件应交错布置，两根相邻立杆的接头不应设置在同步内，同步内隔一根立杆的两个相隔接头在高度方向错开的距离不宜小于 500mm；各接头中心至主节点的距离不宜大于步距的 1/3。

2）当立杆采用搭接接长时，搭接长度不应小于 1m，并应采用不少于 2 个旋转扣件固定。端部扣件盖板的边缘至杆端距离不应小于 100mm。

（7）脚手架立杆顶端栏杆宜高出女儿墙上端 1m，宜高出檐口上端 1.5m。

4. 连墙件

（1）连墙件设置的位置、数量应按专项施工方案确定。

（2）脚手架连墙件数量的设置除应满足规范的计算要求外，还应符合表 6-3 的规定。

连墙件布置最大间距 表 6-3

搭设方法	高　度	竖向间距 h	水平间距 l_a	每根连墙件覆盖面积（m^2）
双排落地	≤50m	$3h$	$3l_a$	≤40
双排悬挑	>50m	$2h$	$3l_a$	≤27
单排	≤24m	$3h$	$3l_a$	≤40

注：h 为步距，l_a 为纵距。

（3）连墙件的布置应符合下列规定：

1）应靠近主节点设置，偏离主节点的距离不应大于300mm。

2）应从底层第一步纵向水平杆处开始设置，当该处设置有困难时，应采用其他可靠措施固定。

3）应优先采用菱形布置，或采用方形、矩形布置。

（4）开口型脚手架的两端必须设置连墙件，连墙件的垂直间距不应大于建筑物的层高，并不应大于4m。

（5）连墙件中的连墙杆应呈水平设置，当不能水平设置时，应向脚手架一端下斜连接。

（6）连墙件必须采用可承受拉力和压力的构造。对高24m以上的双排脚手架，应采用刚性连墙件与建筑物连接。

（7）当脚手架下部暂不能设连墙件时应采取防倾覆措施。当搭设抛撑时，抛撑应采用通长杆件，并用旋转扣件固定在脚手架上，与地面的倾角应在45°～60°之间；连接点中心至主节点的距离不应大于300mm。抛撑应在连墙件搭设后方可拆除。

（8）架高超过40m且有风涡流作用时，应采取抗上升翻流作用的连墙措施。

5. 门洞

（1）单、双排脚手架门洞宜采用上升斜杆、平行弦杆桁架结构形式，斜杆与地面的倾角α应在45°～60°之间。门洞桁架的形式宜按下列要求确定：

1）当步距（h）小于纵距（l_a）时，应采用A型。

2）当步距（h）大于纵距（l_a）时，应采用B型，并应符合下列规定：

① $h=1.8$m时，纵距不应大于1.5m。

② $h=2.0$m时，纵距不应大于1.2m。

（2）单、双排脚手架门洞桁架的构造应符合下列规定：

1）单排脚手架门洞处，应在平面桁架（图6-1）的每一节间设置一根斜腹杆；双排脚手架门洞处的空间桁架，除下弦平面外，应在其余5个平面内的图示节间设置一根斜腹杆（图6-1中1-1、2-2、3-3剖面）。

2）斜腹杆宜采用旋转扣件固定在与之相交的横向水平杆的伸出端上，旋转扣件中心线至主节点的距离不宜大于150mm。当斜腹杆在1跨内跨越2个步距时，宜在相交的纵向水平杆处，增设一根横向水平杆，将斜腹杆固定在其伸出端上。

3）斜腹杆宜采用通长杆件，当必须接长使用时，宜采用对接扣件连接，也可采用搭接，搭接构造应符合规范规定。

（3）单排脚手架过窗洞时应增设立杆或增设一根纵向水平杆，如图6-2所示。

（4）门洞桁架下的两侧立杆应为双管立杆，副立杆高度应高于门洞口1～2步。

（5）门洞桁架中伸出上下弦杆的杆件端头，均应增设一个防滑扣件，该扣件宜紧靠主节点处的扣件。

6. 剪刀撑与横向斜撑

（1）双排脚手架应设剪刀撑与横向斜撑，单排脚手架应设剪刀撑。

（2）单、双排脚手架剪刀撑的设置应符合下列规定：

1）每道剪刀撑跨越立杆的根数宜按表6-4的规定确定。每道剪刀撑宽度不应小于4跨，且不应小于6m，斜杆与地面的倾角宜在45°～60°之间。

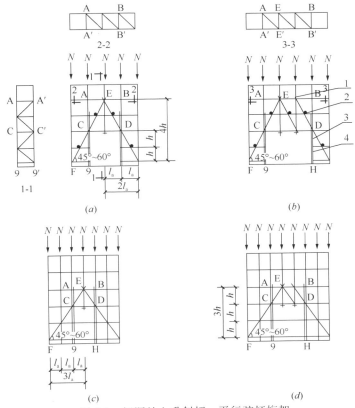

图 6-1 门洞处上升斜杆、平行弦杆桁架

（a）挑空一根立杆 A 型；（b）挑空二根立杆 A 型；（c）挑空一根立杆 B 型；（d）挑空二根立杆 B 型

1—防滑扣件；2—增设的横向水平杆；3—副立杆；4—主立杆

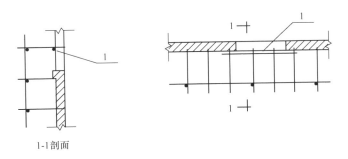

图 6-2 单排脚手架过窗洞构造

1—增设的纵向水平杆

剪刀撑跨越立杆的最多根数　　　　　　　表 6-4

剪刀撑斜杆与地面的倾角 α	45°	50°	60°
剪刀撑跨越立杆的最多根数 n	7	6	5

2）剪刀撑斜杆的接长应采用搭接或对接，搭接应符合规范规定。

3）剪刀撑斜杆应用旋转扣件固定在与之相交的横向水平杆的伸出端或立杆上，旋转扣件中心线至主节点的距离不宜大于 150mm。

（3）高度在 24m 及以上的双排脚手架应在外侧立面连续设置剪刀撑；高度在 24m 以下的单、双排脚手架，均必须在外侧立面两端、转角及中间间隔不超过 15m 的立面上，各设置一道剪刀撑，并应由底至顶连续设置。

（4）双排脚手架横向斜撑的设置应符合下列规定：

1）横向斜撑应在同一节间，由底至顶层呈之字形连续布置，斜撑的固定应符合规范规定。

2）高度在 24m 以下的封闭型双排脚手架可不设横向斜撑，高度在 24m 以上的封闭型脚手架，除拐角应设置横向斜撑外，中间应每隔 6 跨设置一道。

（5）开口型双排脚手架的两端均必须设置横向斜撑。

7. 斜道

（1）人行并兼作材料运输的斜道的形式宜按下列要求确定：

1）高度不大于 6m 的脚手架，宜采用一字形斜道。

2）高度大于 6m 的脚手架，宜采用之字形斜道。

（2）斜道的构造应符合下列规定：

1）斜道应附着外脚手架或建筑物设置。

2）运料斜道宽度不宜小于 1.5m，坡度不应大于 1：6，人行斜道宽度不宜小于 1m，坡度不应大于 1：3。

3）拐弯处应设置平台，其宽度不应小于斜道宽度。

4）斜道两侧及平台外围均应设置栏杆及挡脚板。栏杆高度应为 1.2m，挡脚板高度不应小于 180mm。

5）运料斜道两端、平台外围和端部均应按规范规定设置连墙件；每两步应加设水平斜杆；应按规范规定设置剪刀撑和横向斜撑。

（3）斜道脚手板构造应符合下列规定：

1）脚手板横铺时，应在横向水平杆下增设纵向支托杆，纵向支托杆间距不应大于 500mm。

2）脚手板顺铺时，接头宜采用搭接；下面的板头应压住上面的板头，板头的凸棱外宜采用三角木填顺；

3）人行斜道和运料斜道的脚手板上应每隔 250～300mm 设置一根防滑木条，木条厚度应为 20～30mm。

8. 满堂脚手架

（1）常用敞开式满堂脚手架结构的设计尺寸，可按表 6-5 采用。

常用敞开式满堂脚手架结构的设计尺寸　　　　　　　　　表 6-5

序号	步距 （m）	立杆间距 （m）	支架高宽比 不大于	下列施工荷载时最大允许高度（m）	
				2（kN/m²）	3（kN/m²）
1	1.7～1.8	1.2×1.2	2	17	9
2		1.0×1.0	2	30	24
3		0.9×0.9	2	36	36

序号	步距（m）	立杆间距（m）	支架高宽比不大于	下列施工荷载时最大允许高度（m）	
				2（kN/m²）	3（kN/m²）
4		1.3×1.3	2	18	9
5	1.5	1.2×1.2	2	23	16
6		1.0×1.0	2	36	31
7		0.9×0.9	2	36	36
8		1.3×1.3	2	20	13
9	1.2	1.2×1.2	2	24	19
10		1.0×1.0	2	36	32
11		0.9×0.9	2	36	36
12	0.9	1.0×1.0	2	36	33
13		0.9×0.9	2	36	36

（2）满堂脚手架搭设高度不宜超过36m；满堂脚手架施工层不超过1层。

（3）满堂脚手架立杆的构造应符合规范规定；立杆接长接头必须采用对接扣件连接。立杆对接扣件布置应符合规范规定。水平杆的连接应符合规范有关规定，水平杆长度不宜小于3跨。

（4）满堂脚手架应在架体外侧四周及内部纵、横向每6~8m由底至顶设置连续竖向剪刀撑。当架体搭设高度在8m以下时，应在架顶部设置连续水平剪刀撑；当架体搭设高度在8m及以上时，应在架体底部及竖向间隔不超过8m分别设置连续水平剪刀撑。水平剪刀撑宜在竖向剪刀撑斜相交平面设置。剪刀撑宽度应为6~8m。

（5）剪刀撑应用旋转扣件固定在与之相交的水平杆或立杆上，旋转扣件中心线至主节点的距离不宜大于150mm。

（6）满堂脚手架的高宽比不宜大于3，当高宽比大于2时，应在架体的外侧四周和内部水平间隔6~9m、竖向间隔4~6m设置连墙件与建筑结构拉结，当无法设置连墙件时，应采取设置钢丝绳张拉固定等措施。

（7）最少跨度为2、3跨的满堂脚手架，宜按规范规定设置连墙件。

（8）当满堂脚手架局部承受集中荷载时，应按实际荷载计算并应局部加固。

（9）满堂脚手架应设爬梯，爬梯踏步间距不得大于300mm。

（10）满堂脚手架操作层支撑脚手板的水平杆间距不应大于1/2跨距；脚手板的铺设应符合规范规定。

9. 满堂支撑架

（1）满堂支撑架步距与立杆间距不宜超过《建筑施工扣件式钢管脚手架安全技术规范》JGJ 130规定的上限值，立杆伸出顶层水平杆中心线至支撑点的长度不应超过0.5m，满堂支撑架搭设高度不宜超过30m。

（2）满堂支撑架立杆、水平杆的构造要求应符合规范规定。

（3）满堂支撑架应根据架体的类型设置剪刀撑，并应符合下列规定：

1）普通型

① 在架体外侧周边及内部纵、横向每 5～8m，应由底至顶设置连续竖向剪刀撑，剪刀撑宽度应为 5～8m。

② 在竖向剪刀撑顶部交点平面应设置连续水平剪刀撑。当支撑高度超过 8m，或施工总荷载大于 15kN/m²，或集中线荷载大于 20kN/m 的支撑架，扫地杆的设置层应设置水平剪刀撑。水平剪刀撑至架体底平面距离与水平剪刀撑间距不宜超过 8m。

2）加强型

① 当立杆纵、横间距为 0.9m×0.9m～1.2m×1.2m 时，在架体外侧周边及内部纵、横向每 4 跨（且不大于 5m），应由底至顶设置连续竖向剪刀撑，剪刀撑宽度应为 4 跨。

② 当立杆纵、横间距为 0.6m×0.6m～0.9m×0.9m（含 0.6m×0.6m，0.9m×0.9m）时，在架体外侧周边及内部纵、横向每 5 跨（且不小于 3m），应由底至顶设置连续竖向剪刀撑，剪刀撑宽度应为 5 跨。

③ 当立杆纵、横间距为 0.4m×0.4m～0.6m×0.6m（含 0.4m×0.4m）时，在架体外侧周边及内部纵、横向每 3.0～3.2m 应由底至顶设置连续竖向剪刀撑，剪刀撑宽度应为 3.0～3.2m。

④ 在竖向剪刀撑顶部交点平面应设置水平剪刀撑。扫地杆的设置层水平剪刀撑的设置应符合规定，水平剪刀撑至架体底平面距离与水平剪刀撑间距不宜超过 6m，剪刀撑宽度应为 3～5m。

（4）竖向剪刀撑斜杆与地面的倾角应为 45°～60°，水平剪刀撑与支架纵（或横）向夹角应为 45°～60°，剪刀撑斜杆的接长应符合规范规定。

（5）剪刀撑的固定应符合规范规定。

（6）满堂支撑架的可调底座、可调托撑螺杆伸出长度不宜超过 300mm，插入立杆内的长度不得小于 150mm。

（7）当满堂支撑架高宽比不满足《建筑施工扣件式钢管脚手架安全技术规范》JGJ 130 的规定（高宽比大于 2 或 2.5）时，满堂支撑架应在支架四周和中部与结构柱进行刚性连接，连墙件水平间距应为 6～9m，竖向间距应为 2～3m。在无结构柱部位应采取预埋钢管等措施与建筑结构进行刚性连接，在有空间部位，满堂支撑架宜超出顶部加载区投影范围向外延伸布置（2～3）跨。支撑架高宽比不应大于 3。

10. 型钢悬挑脚手架

（1）一次悬挑脚手架高度不宜超过 20m。

（2）型钢悬挑梁宜采用双轴对称截面的型钢。悬挑钢梁型号及锚固件应按设计确定，钢梁截面高度不应小于 160mm。悬挑梁尾端应在两处及以上固定于钢筋混凝土梁板结构上。锚固型钢悬挑梁的 U 形钢筋拉环或锚固螺栓直径不宜小于 16mm。

（3）用于锚固的 U 形钢筋拉环或螺栓应采用冷弯成型。U 形钢筋拉环、锚固螺栓与型钢间隙应用钢楔或硬木楔楔紧。

（4）每个型钢悬挑梁外端宜设置钢丝绳或钢拉杆与上一层建筑结构斜拉结。钢丝绳、钢拉杆不参与悬挑钢梁受力计算；钢丝绳与建筑结构拉结的吊环应使用 HPB300 级钢筋，其直径不宜小于 20mm，吊环预埋锚固长度应符合现行国家标准《混凝土结构设计规范》GB 50010 中钢筋锚固的规定。

（5）悬挑梁悬挑长度按设计确定。固定段长度不应小于悬挑段长度的 1.25 倍。型钢悬挑梁固定端应采用 2 个（对）及以上 U 形钢筋拉环或锚固螺栓与建筑结构梁板固定，U 形钢筋拉环或锚固螺栓应预埋至混凝土梁、板底层钢筋位置，并应与混凝土梁、板底层钢筋焊接或绑扎牢固，其锚固长度应符合现行国家标准《混凝土结构设计规范》GB 50010 中钢筋锚固的规定。

（6）当型钢悬挑梁与建筑结构采用螺栓钢压板连接固定时，钢压板尺寸不应小于 100mm×10mm（宽×厚）；当采用螺栓角钢压板连接时，角钢规格不应小于 63mm×63mm×6mm。

（7）型钢悬挑梁悬挑端应设置能使脚手架立杆与钢梁可靠固定的定位点，定位点离悬挑梁端部不应小于 100mm。

（8）锚固位置设置在楼板上时，楼板的厚度不宜小于 120mm。如果楼板的厚度小于 120mm 应采取加固措施。

（9）悬挑梁间距应按悬挑架架体立杆纵距设置，每一纵距设置一根。

（10）悬挑架的外立面剪刀撑应自下而上连续设置。剪刀撑、横向斜撑、连墙件设置应符合规范规定。

（11）锚固型钢的主体结构混凝土强度等级不得低于 C20。

6.2.3 搭设与拆除施工

1. 施工准备

（1）脚手架搭设前，应按专项施工方案向施工人员进行交底。

（2）应按规范规定和脚手架专项施工方案要求对钢管、扣件、脚手板、可调托撑等进行检查验收，不合格产品不得使用。

（3）经检验合格的构配件应按品种、规格分类，堆放整齐、平稳，堆放场地不得有积水。

（4）应清除搭设场地杂物，平整搭设场地，并使排水畅通。

2. 地基与基础

（1）脚手架地基与基础的施工，必须根据脚手架所受荷载、搭设高度、搭设场地土质情况与现行国家标准《建筑地基基础工程施工质量验收规范》GB 50202 的有关规定进行。

（2）压实填土地基应符合现行国家标准《建筑地基基础设计规范》GB 50007 的相关规定；灰土地基应符合现行国家标准《建筑地基基础工程施工质量验收规范》GB 50202 的相关规定。

（3）立杆垫板或底座底面标高宜高于自然地坪 50～100mm。

（4）脚手架基础经验收合格后，应按施工组织设计或专项施工方案的要求放线定位。

3. 搭设

（1）单、双排脚手架必须配合施工进度搭设，一次搭设高度不应超过相邻连墙件以上两步；如果超过相邻连墙件以上两步，无法设置连墙件时，应采取撑拉固定措施与建筑结构拉结。

（2）每搭完一步脚手架后，应按规范规定校正步距、纵距、横距及立杆的垂直度。

（3）底座安放应符合下列规定：

1）底座、垫板均应准确地放在定位线上。

2）垫板宜采用长度不少于 2 跨、厚度不小于 50mm、宽度不小于 200mm 的木垫板。

（4）立杆搭设应符合下列规定：

1）相邻立杆的对接连接应符合规范规定。

2）脚手架开始搭设立杆时，应每隔 6 跨设置一根抛撑，直至连墙件安装稳定后，方可根据情况拆除。

3）当架体搭设至有连墙件的主节点时，在搭设完该处的立杆、纵向水平杆、横向水平杆后，应立即设置连墙件。

（5）脚手架纵向水平杆的搭设应符合下列规定：

1）脚手架纵向水平杆应随立杆按步搭设，并应采用直角扣件与立杆固定。

2）纵向水平杆的搭设应符合规范规定。

3）在封闭型脚手架的同一步中，纵向水平杆应四周交圈设置，并应用直角扣件与内外角部立杆固定。

（6）脚手架横向水平杆搭设应符合下列规定：

1）搭设横向水平杆应符合规范规定。

2）双排脚手架横向水平杆的靠墙一端至墙装饰面的距离不应大于 100mm。

3）单排脚手架的横向水平杆不应设置在下列部位：

①设计上不允许留脚手眼的部位。

②过梁上与过梁两端成 60°角的三角形范围内及过梁净跨度 1/2 的高度范围内。

③宽度小于 1m 的窗间墙。

④梁或梁垫下及其两侧各 500mm 的范围内。

⑤砖砌体的门窗洞口两侧 200mm 和转角处 450mm 的范围内；其他砌体的门窗洞口两侧 300mm 和转角处 600mm 的范围内。

⑥墙体厚度小于或等于 180mm。

⑦独立或附墙砖柱，空斗砖墙、加气块墙等轻质墙体。

⑧砌筑砂浆强度等级小于或 M2.5 的砖墙。

（7）脚手架纵向、横向扫地杆搭设应符合规范规定。

（8）脚手架连墙件安装应符合下列规定：

1）连墙件的安装应随脚手架搭设同步进行，不得滞后安装。

2）当单、双排脚手架施工操作层高出相邻连墙件以上两步时，应采取确保脚手架稳定的临时拉结措施，直到上一层连墙件安装完毕后再根据情况拆除。

（9）脚手架剪刀撑与双排脚手架横向斜撑应随立杆、纵向和横向水平杆等同步搭设，不得滞后安装。

（10）扣件安装应符合下列规定：

1）扣件规格必须与钢管外径相同。

2）螺栓拧紧扭力矩不应小于 40N·m，且不应大于 65N·m。

3）在主节点处固定横向水平杆、纵向水平杆、剪刀撑、横向斜撑等用的直角扣件、旋转扣件的中心点的相互距离不应大于 150mm。

4）对接扣件开口应朝上或朝内。

5）各杆件端头伸出扣件盖板边缘长度不应小于 100mm。

（11）作业层、斜道的栏杆和挡脚板的搭设应符合下列规定：

1）栏杆和挡脚板均应搭设在外立杆的内侧。

2）上栏杆上皮高度应为 1.2m。

3）挡脚板高度不应小于 180mm。

4）中栏杆应居中设置。

（12）脚手板的铺设应符合下列规定。

1）脚手架应铺满、铺稳，离墙面的距离不应大于 150mm。

2）采用对接或搭接时均应符合规范规定；脚手板探头应用直径 3.2mm 镀锌铁丝固定在支承杆件上。

3）在拐角、斜道平台口处的脚手板，应用镀锌钢丝固定在横向水平杆上，防止滑动。

4. 拆除

（1）脚手架拆除应按专项方案施工，拆除前应做好下列准备工作：

1）应全面检查脚手架的扣件连接、连墙件、支撑体系等是否符合构造要求。

2）应根据检查结果补充完善施工脚手架专项方案中的拆除顺序和措施，经审批后方可实施。

3）拆除前应对施工人员进行交底。

4）应清除脚手架上杂物及地面障碍物。

（2）单、双排脚手架拆除作业必须由上而下逐层进行，严禁上下同时作业；连墙件必须随脚手架逐层拆除，严禁先将连墙件整层或数层拆除后再拆脚手架；分段拆除高差大于两步时，应增设连墙件加固。

（3）当脚手架拆至下部最后一根长立杆的高度（约 6.5m）时，应先在适当位置搭设临时抛撑加固后，再拆除连墙件。当单、双排脚手架采取分段、分立面拆除时，对不拆除的脚手架两端，应先按规范规定设置连墙件和横向斜撑加固。

（4）架体拆除作业应设专人指挥，当有多人同时操作时，应明确分工、统一行动，且应具有足够的操作面。

（5）卸料时各构配件严禁抛掷至地面。

（6）运至地面的构配件应按规范规定及时检查、整修与保养，并应按品种、规格分别存放。

6.2.4 检查与验收

（1）脚手架及其地基基础应在下列阶段进行检查与验收：

1）基础完工后及脚手架搭设前。

2）作业层上施加荷载前。

3）每搭设完 6～8m 高度后。

4）达到设计高度后。

5）遇有六级强风及以上风或大雨后，冻结地区解冻后。

6）停用超过一个月。

（2）脚手架使用中，应定期检查下列要求内容：

1）杆件的设置和连接，连墙件、支撑、门洞桁架等的构造应符合规范和专项施工方案的要求。

2）地基应无积水，底座应无松动，立杆应无悬空。

3）扣件螺栓应无松动。

4）高度在24m以上的双排、满堂脚手架，高度在20m以上的满堂支撑架，其立杆的沉降与垂直度的偏差应符合规定。

5）安全防护措施应符合规范要求。

6）应无超载使用。

6.2.5 安全管理

（1）扣件钢管脚手架安装与拆除人员必须是经考核合格的专业架子工。架子工应持证上岗。

（2）搭拆脚手架人员必须戴安全帽、系安全带、穿防滑鞋。

（3）脚手架的构配件质量与搭设质量，应按规范规定进行检查验收，并应确认合格后使用。

（4）钢管上严禁打孔。

（5）作业层上的施工荷载应符合设计要求，不得超载。不得将模板支架、缆风绳、泵送混凝土和砂浆的输送管等固定在架体上；严禁悬挂起重设备，严禁拆除或移动架体上安全防护设施。

（6）满堂支撑架在使用过程中，应设有专人监护施工，当出现异常情况时，应停止施工，并应迅速撤离作业面上人员。应在采取确保安全的措施后，查明原因、作出判断和处理。

（7）满堂支撑架顶部的实际荷载不得超过设计规定。

（8）当有六级风及以上强风、浓雾、雨或雪天气时应停止脚手架搭设与拆除作业。雨、雪后上架作业应有防滑措施，并应扫除积雪。

（9）夜间不宜进行脚手架搭设与拆除作业。

（10）脚手架的安全检查与维护，应按规范规定进行。

（11）脚手板应铺设牢靠、严实，并应用安全网双层兜底。施工层以下每隔10m应用安全网封闭。

（12）单、双排脚手架、悬挑式脚手架沿墙体外围应用密目式安全网全封闭，密目式安全网宜设置在脚手架外立杆的内侧，并应与架体结扎牢固。

（13）在脚手架使用期间，严禁拆除主节点处的纵、横向水平杆，纵、横向扫地杆，连墙件。

（14）当在脚手架使用过程中开挖脚手架基础下的设备或管沟时，必须对脚手架采取加固措施。

（15）满堂脚手架与满堂支撑架在安装过程中，应采取防倾覆的临时固定措施。

（16）临街搭设脚手架时，外侧应有防止坠物伤人的防护措施。

（17）在脚手架上进行电、气焊作业时，应有防火措施和专人看守。

（18）工地临时用电线路的架设及脚手架接地、避雷措施等，应按现行行业标准《施工现场临时用电安全技术规范》JGJ 46 的有关规定执行。

（19）搭拆脚手架时，地面应设围栏和警戒标志，并应派专人看守，严禁非操作人员入内。

6.3　碗扣式钢管脚手架

6.3.1　主要构配件

碗扣节点构成如图 6-3 所示。脚手架立杆碗扣节点应按 0.6m 模数设置，立杆上应设有接长用套管及连接销孔。

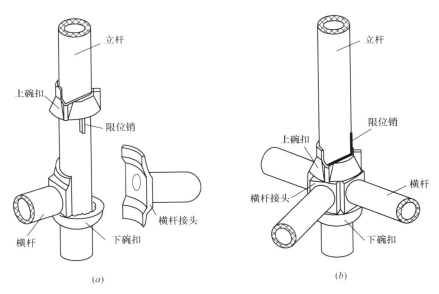

图 6-3　碗扣式钢管脚手架组成
（a）连接前；（b）连接后

6.3.2　构造要求

1. 双排脚手架

双排脚手架应根据使用条件及荷载要求选择结构设计尺寸，横杆步距宜选用 1.8m，廊道宽度（横距）宜选用 1.2m，立杆纵向间距可选择不同规格的系列尺寸。

曲线布置的双排外脚手架组架时，应按曲率要求使用不同长度的内外横杆组架，曲率半径应大于 2.4m。

双排外脚手架拐角为直角时，宜采用横杆直接组架；拐角为非直角时，可采用钢管扣件组架。

脚手架首层立杆应采用不同的长度交错布置，底部横杆（扫地杆）严禁拆除，立杆应配置可调底座。

脚手架专用斜杆设置应符合下列规定：

（1）斜杆应设置在有纵向及廊道横杆的碗扣节点上。

（2）脚手架拐角处及端部必须设置竖向通高斜杆。

（3）脚手架高度小于等于 20m 时，每隔 5 跨设置一组竖向通高斜杆；脚手架高度大于 20m 时，每隔 3 跨设置一组竖向通高斜杆；斜杆必须对称设置。

（4）斜杆临时拆除时，应调整斜杆位置，并严格控制同时拆除的根数。

当采用钢管扣件做斜杆时应符合下列规定：

（1）斜杆应每步与立杆扣接，扣接点距碗扣节点的距离宜小于等于 150mm；当出现不能与立杆扣接的情况时亦可采取与横杆扣接，扣接点应牢固。

（2）斜杆宜设置成八字形，斜杆水平倾角宜在 $45°\sim60°$ 之间，纵向斜杆间距可间隔 $1\sim2$ 跨。

（3）脚手架高度超过 20m 时，斜杆应在内外排对称设置。

连墙杆的设置应符合下列规定：

（1）连墙杆与脚手架立面及墙体应保持垂直，每层连墙杆应在同一平面，水平间距应不大于 4 跨。

（2）连墙杆应设置在有廊道横杆的碗扣节点处，采用钢管扣件做连墙杆时，连墙杆应采用直角扣件与立杆连接，连接点距碗扣节点距离应小于等于 150mm。

（3）连墙杆必须采用可承受拉、压荷载的刚性结构。

当连墙件竖向间距大于 4m 时，连墙件内外立杆之间必须设置廊道斜杆或十字撑。

当脚手架高度超过 20m 时，上部 20m 以下的连墙杆水平处必须设置水平斜杆。

脚手板设置应符合下列规定：

（1）钢脚手板的挂钩必须完全落在廊道横杆上，并带有自锁装置，严禁浮放。

（2）平放在横杆上的脚手板，必须与脚手架连接牢靠，可适当加设间横杆，脚手板探头长度应小于 150mm。

（3）作业层的脚手板框架外侧应设挡脚板及防护栏，护栏应采用二道横杆。

人行坡道坡度可为 1:3，并在坡道脚手板下增设横杆，坡道可折线上升。

人行梯架应设置在尺寸为 1.8m×1.8m 的脚手架框架内，梯子宽度为廊道宽度的 1/2；梯架可在一个框架高度内折线上升。梯架拐弯处应设置脚手板及扶手。

脚手架上的扩展作业平台挑梁宜设置在靠建筑物一侧，按脚手架离建筑物间距及荷载选用窄挑梁或宽挑梁。宽挑梁可铺设两块脚手板，宽挑梁上的立杆应通过横杆与脚手架连接。

2. 模板支撑架

模板支撑架应根据施工荷载组配横杆及选择步距，根据支撑高度选择组配立杆、可调托撑及可调底座。模板支撑架高度超过 4m 时，应在四周拐角处设置专用斜杆或四面设置八字斜杆，并在每排每列设置一组通高十字撑或专用斜杆。

模板支撑架高宽比不得超过 3，否则应扩大下部架体尺寸，或者按有关规定验算，采取设置缆风绳等加固措施。

房屋建筑模板支撑架可采用立杆支撑楼板、横杆支撑梁的梁板合支方法。当梁的荷载超过横杆的设计承载力时，可采取独立支撑的方法，并与楼板支撑连成一体。

人行通道应符合下列规定：

（1）双排脚手架人行通道设置时，应在通道上部架设专用梁，通道两侧脚手架应加设斜杆。

（2）模板支撑架人行通道设置时，应在通道上部架设专用横梁，横梁结构应经过设计计算确定。通道两侧支撑横梁的立杆根据计算应加密，通道周围脚手架应组成一体。通道宽度应小于等于4.8m。洞口顶部必须设置封闭的覆盖物，两侧设置安全网。通行机动车的洞口，必须设置防撞设施。

6.3.3 搭设与拆除

1. 施工准备

脚手架施工前必须制定施工设计或专项方案，保证其技术可靠和使用安全。经技术审查批准后方可实施。脚手架搭设前，工程技术负责人应按脚手架施工设计或专项方案的要求对搭设和使用人员进行技术交底。

对进入现场的脚手架构配件，使用前应对其质量进行复检。构配件应按品种、规格分类放置在堆料区内或码放在专用架上，清点好数量备用。脚手架堆放场地排水应畅通，不得有积水。连墙件如采用预埋方式，应提前与设计协商，并保证预埋件在混凝土浇筑前埋入。

2. 地基基础处理

脚手架搭设场地必须平整、坚实、排水措施得当。地基基础必须按施工设计进行施工，按地基承载力要求进行验收。地基高低差较大时，可利用立杆0.6m节点位差调节。土壤地基上的立杆必须采用可调底座。脚手架基础经验收合格后，应按施工设计或专项方案的要求放线定位。

3. 脚手架搭设

底座和垫板应准确地放置在定位线上；垫板宜采用长度不少于2跨，厚度不小于50mm的木垫板；底座的轴心线应与地面垂直。

脚手架搭设应按立杆、横杆、斜杆、连墙件的顺序逐层搭设，每次上升高度不大于3m。底层水平框架的纵向直线度应小于等于$L/200$；横杆间水平度应小于等于$L/400$。搭设应分阶段进行，第一阶段的摺底高度一般为6m，搭设后必须经检查验收后方可正式投入使用。脚手架的搭设应与建筑物的施工同步上升，每次搭设高度必须高于即将施工楼层1.5m。

脚手架全高的垂直度应小于$L/500$；最大允许偏差应小于100mm。

脚手架内外侧加挑梁时，挑梁范围内只允许承受人行荷载，严禁堆放物料。

连墙件必须随架子高度上升及时在规定位置处设置，严禁任意拆除。

作业层设置应符合下列要求：

（1）必须满铺脚手板，外侧应设挡脚板及护身栏杆。

（2）护身栏杆可用横杆在立杆的0.6m和1.2m的碗扣接头处搭设两道。

（3）作业层下的水平安全网应按规定设置。

采用钢管扣件作加固件、连墙件、斜撑时应符合《建筑施工扣件式钢管脚手架安全技术规范》JGJ 130 的有关规定。

脚手架搭设到顶时，应组织技术、安全、施工人员对整个架体结构进行全面的检查和验收，及时解决存在的结构缺陷。

4. 脚手架拆除

应全面检查脚手架的连接、支撑体系等是否符合构造要求，经技术管理程序批准后方可实施拆除作业。

拆除前，现场工程技术人员应对工人进行有针对性的安全技术交底，应清理脚手架上的器具及多余的材料和杂物。

拆除时必须划出安全区，设置警戒标志，派专人看管。拆除作业应从顶层开始，逐层向下进行，严禁上下层同时拆除。连墙件必须拆到该层时方可拆除，严禁提前拆除。拆除的构配件应成捆用起重设备吊运或人工传递到地面，严禁抛掷。

脚手架采取分段、分立面拆除时，必须事先确定分界处的技术处理方案，拆除的构配件应分类堆放，以便于运输、维护和保管。

5. 模板支撑架的搭设与拆除

模板支撑架搭设应与模板施工相配合，利用可调底座或可调托撑调整底模标高。按施工方案弹线定位，放置可调底座后分别按先立杆后横杆再斜杆的搭设顺序进行。建筑楼板多层连续施工时，应保证上下层支撑立杆在同一轴线上。搭设在结构的楼板、挑台上时，应对楼板或挑台等结构承载力进行验算。模板支撑架拆除应符合《混凝土结构工程施工质量验收规范》GB 50204 中混凝土强度的规定。架体拆除时应按施工方案设计的拆除顺序进行。

6.3.4 检查与验收

（1）进入现场的碗扣架构配件应具备以下证明资料：

1）主要构配件应有产品标识及产品质量合格证。

2）供应商应配套提供管材、零件、铸件、冲压件等材质、产品性能检验报告。

构配件进场质量检查的重点：钢管管壁厚度，焊接质量，外观质量；可调底座和可调托撑丝杆直径、与螺母配合间隙及材质。

（2）脚手架搭设质量应按阶段进行检验：

1）首段以高度为 6m 进行第一阶段（摺底阶段）的检查与验收。

2）架体应随施工进度定期进行检查，达到设计高度后进行全面的检查与验收。

3）遇 6 级以上大风、大雨、大雪后特殊情况的检查。

4）停工超过一个月恢复使用前。

（3）对整体脚手架应重点检查以下内容：

1）保证架体几何不变性的斜杆、连墙件、十字撑等设置是否完善。

2）基础是否有不均匀沉降，立杆底座与基础面的接触有无松动或悬空情况。

3）立杆上碗扣是否可靠锁紧。

4）立杆连接销是否安装、斜杆扣接点是否符合要求、扣件拧紧程度。

搭设高度在 20m 以下（含 20m）的脚手架，应由项目负责人组织技术、安全及监理人员进行验收；对于高度超过 20m 脚手架超高、超重、大跨度的模板支撑架，应由其上级安全生产主管部门负责人组织架体设计及监理等人员进行检查验收。

（4）脚手架验收时，应具备下列技术文件：

1）施工组织设计及变更文件。

2）高度超过 20m 的脚手架的专项施工设计方案。

3）周转使用的脚手架构配件使用前的复验合格记录。

4）搭设的施工记录和质量检查记录。

高度大于 8m 的模板支撑架的检查与验收要求与脚手架相同。

6.3.5 安全管理

作业层上的施工荷载应符合设计要求，不得超载，不得在脚手架上集中堆放模板、钢筋等物料。混凝土输送管、布料杆及塔架拉结缆风绳不得固定在脚手架上。大模板不得直接堆放在脚手架上。

遇 6 级及以上大风、雨雪、大雾天气时应停止脚手架的搭设与拆除作业。

脚手架使用期间，严禁擅自拆除架体结构杆件，如需拆除必须报请技术主管同意，确定补救措施后方可实施。

严禁在脚手架基础及邻近处进行挖掘作业。

脚手架应与架空输电线路保持安全距离，工地临时用电线路架设及脚手架接地防雷措施等应按现行行业标准《施工现场临时用电安全技术规范》JGJ 46 的有关规定执行。

使用后的脚手架构配件应清除表面粘结的灰渣，校正杆件变形，表面作防锈处理后待用。

6.4   门式钢管脚手架

6.4.1   组成

门式钢管脚手架是以门架、交叉支撑、连接棒、挂扣式脚手板、锁臂、底座等组成基本结构，再以水平加固杆、剪刀撑、扫地杆加固，并采用连墙件与建筑物主体结构相连的一种定型化钢管脚手架，又称门式脚手架，如图 6-4 所示。

6.4.2   构造要求

1. 门架

门架应能配套使用，在不同组合情况下，均应保证连接方便、可靠，且应具有良好的互换性。不同型号的门架与配件严禁混合使用。

上下榀门架立杆应在同一轴线位置上，门架立杆轴线的对接偏差不应大于 2mm。门式脚手架的内侧立杆离墙面净距不宜大于 150mm；当大于 150mm 时，应采取内设挑架板或其他隔离防护的安全措施。门式脚手架顶端栏杆宜高出女儿墙上端或檐口上端 1.5m。

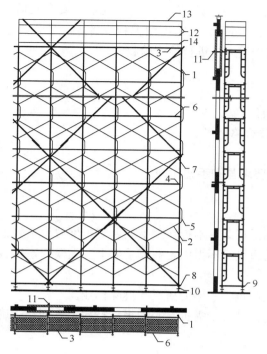

图 6-4　门式钢管脚手架的组成

1—门架；2—交叉支撑；3—挂扣式脚手板；4—连接棒；
5—锁臂；6—水平加固杆；7—剪刀撑；8—纵向扫地杆；
9—横向扫地杆；10—底座；11—连墙件；12—栏杆；
13—扶手；14—挡脚板

2. 配件

配件应与门架配套，并应与门架连接可靠。门架的两侧应设置交叉支撑，并应与门架立杆上的锁销锁牢。

上下榀门架的组装必须设置连接棒，连接棒与门架立杆配合间隙不应大于 2mm。门式脚手架或模板支架上下榀门架间应设置锁臂，当采用插销式或弹销式连接棒时，可不设锁臂。

门式脚手架作业层应连续满铺与门架配套的挂扣式脚手板，并应有防止脚手板松动或脱落的措施。当脚手板上有孔洞时，孔洞的内切圆直径不应大于 25mm。底部门架的立杆下端宜设置固定底座或可调底座。可调底座和可调托座的调节螺杆直径不应小于 35mm，可调底座的调节螺杆伸出长度不应大于 200mm。

3. 剪刀撑

（1）门式脚手架剪刀撑设置必须符合下列规定：

1）当门式脚手架搭设高度在 24m 及以下时，在脚手架的转角处、两端及中间间隔不超过 15m 的外侧立面必须设置一道剪刀撑，并应由底至顶连续设置。

2）当脚手架搭设高度超过 24m 时，在脚手架外侧立面上必须设置连续剪刀撑。

3）对于悬挑脚手架，在脚手架外侧立面上必须设置连续剪刀撑。

剪刀撑的构造应符合下列规定：

1）剪刀撑斜杆与地面的倾角宜为 45°～60°。

2）剪刀撑应采用旋转扣件与门架立杆扣紧。

3）剪刀撑斜杆应采用搭接接长，搭接长度不宜小于 1000mm，搭接处应采用 3 个及以上旋转扣件扣紧。

4）每道剪刀撑的宽度不应大于 6 个跨距，且不应大于 10m，也不应小于 4 个跨距，且不应小于 6m。设置连续剪刀撑的斜杆水平间距宜为 6～8m。

门式脚手架应在门架两侧的立杆上设置纵向水平加固杆，并应采用扣件与门架立杆扣紧。

（2）水平加固杆设置应符合下列要求：

1）在顶层、连墙件设置层必须设置。

2）当脚手架每步铺设挂扣式脚手板时，至少每 4 步应设置一道，并宜在有连墙件的水平层设置。

3）当脚手架搭设高度小于等于 40m 时，至少每两步门架应设置一道；当脚手架搭设高度大于 40m 时，每步门架应设置一道。

4）在脚手架的转角处、开口型脚手架端部的两个跨距内，每步门架应设置一道。

5）悬挑脚手架每步门架应设置一道。

6）在纵向水平加固杆设置层面上应连续设置。

门式脚手架的底层门架下端应设置纵、横向通长的扫地杆。纵向扫地杆应固定在距门架立杆底端不大于 200mm 处的门架立杆上，横向扫地杆宜固定在紧靠纵向扫地杆下方的门架立杆上。

4. 转角处门架连接

在建筑物的转角处，门式脚手架内外两侧立杆上应按步设置水平连接杆、斜撑杆，将转角处的两榀门架连成一体。

水平连接杆应采用钢管，其规格应与水平加固杆相同，并应采用扣件与门架立杆及水平加固杆扣紧。

5. 连墙件

连墙件设置的位置、数量应按专项施工方案确定，并应按确定的位置设置预埋件，其设置除应满足规范的计算要求外，尚应满足表 6-6 的要求。

连墙件最大间距或最大覆盖面积 表 6-6

序号	脚手架搭设方式	脚手架高度（m）	连墙件间距（m）		每根连墙件覆盖面积（m²）
			竖向	水平向	
1	落地、密目式安全网全封闭	≤40	3h	3z	≤40
2			2h	3l	≤27
3		>40			
4	悬挑、密目式安全网全封闭	≤40	3h	3l	≤40
5		40～60	2h	3l	≤27
6		>60	2h	2l	≤20

注：1. 序号 4～6 为架体位于地面上高度；

2. 按每根连墙件覆盖面积选择连墙件设置时，连墙件的竖向间距不应大于 6m；

3. 表中 h 为步距；l 为跨距。

在门式脚手架的转角处或开口脚手架的端部，必须增设连墙件，垂直间距不应大于建筑物的层高，且不应大于 4.0m。

连墙件应靠近门架的横杆设置，距门架横杆不宜大于 200mm。连墙件应固定在门架的立杆上。

连墙件宜水平设置，当不能水平设置时，与脚手架连接的一端，应低于与建筑结构连接的一端，连墙杆的坡度宜小于 1∶3。

6. 通道口

门式脚手架通道口高度不宜大于 2 个门架高度，宽度不宜大于 1 个门架跨距。

门式脚手架通道口应采取加固措施，并应符合下列规定：

（1）当通道口宽度为一个门架跨距时，在通道口上方的内外侧应设置水平加固杆，水平加固杆应延伸至通道口两侧各一个门架跨距，并应在两个上角内外侧加设斜撑杆所示。

（2）当通道口宽为两个及以上跨距时，在通道口上方应设置经专门设计和制作的托架梁，并应加强两侧的门架立杆所示。

7. 斜梯

作业人员上下脚手架的斜梯应采用挂扣式钢梯，并宜采用"之"字形设置，一个梯段宜跨越两步或三步门架再行转折。钢梯规格应与门架规格配套，并应与门架挂扣牢固。钢梯应设栏杆扶手、挡脚板。

8. 地基

门式脚手架与模板支架的地基承载力应根据规范规定经计算确定，在搭设时，根据不同地基土质和搭设高度条件，应符合表 6-7 的规定。

地 基 要 求　　　　　　　　　　　　　　　　　　　　表 6-7

搭设高度（m）	地基土质		
	中低压缩性且压缩性均匀	回填土	高压缩性或压缩性不均匀
≤24	夯实原土，干重力密度要求 15.5kN/m³。立杆底座置于面积不小于 0.075m² 的垫木上	土夹石或素土回填夯实，立杆底座置于面积不小于 0.10m² 的垫木上	夯实原土，铺设通长垫木
>24，≤40	垫木面积不小于 0.10m²，其余同上	砂夹石回填夯实，其余同上	夯实原土，在搭设地面满铺 C15 混凝土，厚度不小于 150mm
>40，≤50	垫木面积不小于 0.15m² 或铺通长垫木，其余同上	砂夹石回填夯实，垫木面积不小于 0.15m² 或铺通长垫木	夯实原土，在搭设地面满铺 C15 混凝土，厚度不小于 200mm

注：垫木厚度不小于 50mm，宽度不小于 200mm；通长垫木的长度不小于 1500mm。

门式脚手架与模本支架的搭设场地必须平整坚实，并应符合下列规定：

（1）回填土应分层回填，逐层夯实。

（2）场地排水应顺畅。不应有积水。

搭设门式脚手架的地面标高宜高于自然地坪标高 50～100mm，当门式脚手架与模板支架搭设在楼面等建筑结构上时，门架立杆下宜铺设垫板。

9. 悬挑脚手架

悬挑脚手架的悬挑支承结构应根据施工方案布设，其位置应与门架立杆位置对应，每一跨距宜设置一根型钢悬挑梁，并应按确定的位置设置预埋件。

型钢悬挑梁锚固段长度不应小于悬挑段长度的 1.25 倍，悬挑支承点应设置在建筑结构的梁板上，不得设置在外伸阳台或悬挑楼板上（有加固措施的除外）。

型钢悬挑梁宜采用双轴对称截面的型钢。型钢悬挑梁的锚固段压点应采用不少于 2 个（对）的预埋 U 形钢筋拉环或螺栓固定；锚固位置的楼板厚度不应小于 100mm，混凝土强度不应低于 20MPa。U 形钢筋拉环或螺栓应埋设在梁板下排钢筋的上边，并与结构钢筋焊接或绑扎牢固，锚固长度应符合现行国家标准《混凝土结构设计规范》GB 50010 中钢筋锚固的规定。

用于锚固的 U 形钢筋拉环或螺栓应采用冷弯成型，钢筋直径不应小于 16mm。

当型钢悬挑梁与建筑结构采用螺栓钢压板连接固定时，钢压板尺寸不应小于 100mm×10mm（宽×厚）；当采用螺栓角钢压板连接固定时，角钢的规格不应小于 63mm×63mm×6mm。

型钢悬挑梁与 U 形钢筋拉环或螺栓连接应紧固。当采用钢筋拉环连接时，应采用钢楔或硬木楔塞紧；当采用螺栓钢压板连接时，应采用双螺母拧紧。严禁型钢悬挑梁晃动。

悬挑脚手架底层门架立杆与型钢悬挑梁应可靠连接，不得滑动或窜动。型钢梁上应设置固定连接棒与门架立杆连接，连接棒的直径不应小于 25mm，长度不应小于 100mm，应与型钢梁焊接牢固。

悬挑脚手架的底层门架两侧立杆应设置纵向扫地杆，并应在脚手架的转角处、两端和中间间隔不超过 15m 的底层门架上各设置一道单跨距的水平剪刀撑，剪刀撑斜杆应与门架立杆底部扣紧。

在建筑平面转角处，型钢悬挑梁应经单独计算设置；架体应按步设置水平连接杆，并应与门架立杆或水平加固杆扣紧。每个型钢悬挑梁外端宜设置钢丝绳或钢拉杆与上一层建筑结构斜拉结，钢丝绳、钢拉杆不得作为悬挑支撑结构的受力构件。悬挑脚手架在底层应满铺脚手板，并应将脚手板与型钢梁连接牢固。

10. 满堂脚手架

满堂脚手架的门架跨距和间距应根据实际荷载计算确定，门架净间距不宜超过 1.2m。高宽比不应大于 4，搭设高度不宜超过 30m。

满堂脚手架的构造设计，在门架立杆上宜设置托座和托梁，使门架立杆直接传递荷载。门架立杆上设置的托梁应具有足够的抗弯强度和刚度。

满堂脚手架在每步门架两侧立杆上应设置纵向、横向水平加固杆，并应采用扣件与门架立杆扣紧。

满堂脚手架的剪刀撑设置除应符合第 3 条关于剪刀撑的规定外，尚应符合下列要求：

（1）搭设高度 12m 及以下时，在脚手架的周边应设置连续竖向剪刀撑；在脚手架的内部纵向、横向间隔不超过 8m 应设置一道竖向剪刀撑；在顶层应设置连续的水平剪刀撑。

（2）搭设高度超过 12m 时，在脚手架的周边和内部纵向、横向间隔不超过 8m 应设置连续竖向剪刀撑；在顶层和竖向每隔 4 步应设置连续的水平剪刀撑。

（3）竖向剪刀撑应由底至顶连续设置。

在满堂脚手架的底层门架立杆上应分别设置纵向、横向扫地杆，并应采用扣件与门架立杆扣紧。顶部作业区应满铺脚手板，并应采用可靠的连接方式与门架横杆固定。操作平台上的孔洞应按现行行业标准《建筑施工高处作业安全技术规范》JGJ 80 的规定设置防护。操作平台周边应设置栏杆和挡脚板。

对高宽比大于 2 的满堂脚手架，宜设置缆风绳或连墙件等有效措施防止架体倾覆，缆风绳或连墙件设置宜符合下列规定：

（1）在架体端部及外侧周边水平间距不宜超过 10m 设置；宜与竖向剪刀撑位置对应设置。

（2）竖向间距不宜超过 4 步设置。

满堂脚手架中间设置通道口时，通道底层门架可不设垂直通道方向的水平加固杆和扫地杆，通道口上部两侧应设置斜撑杆，并应按现行行业标准《建筑施工高处作业安全技术规范》JGJ 80 的规定在通道口上部设置防护层。

11. 模板支架

门架的跨距与间距应根据支架的高度、荷载由计算和构造要求确定，门架的跨距不宜超过 1.5m，门架的净间距不宜超过 1.2m。

模板支架的高宽比不应大于 4，搭设高度不宜超过 24m。宜按规范规定设置托座和托梁，宜采用调节架、可调托座调整高度，可调托座调节螺杆的高度不宜超过 300mm。底座和托座与门架立杆轴线的偏差不应大于 2.0mm。用于支承梁模板的门架，可采用平行或垂直于梁轴线的布置方式。当梁的模板支架高度较高或荷载较大时，门架可采用复式（重叠）的布置方式。

梁板类结构的模板支架，应分别设计。板支架跨距（或间距）宜是梁支架跨距（或间距）的倍数，梁下横向水平加固杆应伸入板支架内不少于 2 根门架立杆，并应与板下门架立杆扣紧。

当模本支架的高宽比大于 2 时，宜按规范规定设置缆风绳或连墙件。

模板支架在支架的四周和内部纵横向应按现行行业标准《建筑施工模板安全技术规范》JGJ 162 的规定与建筑结构柱、墙进行刚性连接，连接点应设在水平剪刀撑或水平加固杆设置层，并应与水平杆连接。

模板支架应按规范规定设置纵向、横向扫地杆。模板支架在每步门架两侧立杆上应设置纵向、横向水平加固杆，并应采用扣件与门架立杆扣紧。

模板支架应设置剪刀撑对架体进行加固，剪刀撑的设置除应符合第 3 条的规定外，尚应符合下列要求：

（1）在支架的外侧周边及内部纵横向每隔 6～8m，应由底至顶设置连续竖向剪刀撑。

（2）搭设高度 8m 及以下时，在顶层应设置连续的水平剪刀撑；搭设高度超过 8m 时，在顶层和竖向每隔 4 步及以下应设置连续的水平剪刀撑。

（3）水平剪刀撑宜在竖向剪刀撑斜杆交叉层设置。

6.4.3 搭设与拆除

1. 施工准备

门式脚手架与模板支架搭设与拆除前，应向搭拆和使用人员进行安全技术交底。

门式脚手架与模板支架搭拆施工的专项施工方案，应包括下列内容：

（1）工程概况、设计依据、搭设条件、搭设方案设计。

（2）搭设施工图，具体包括：

1）架体的平、立、剖面图；

2）脚手架连墙件的布置及构造图；

3）脚手架转角、通道口的构造图；

4）脚手架斜梯布置及构造图；

5）重要节点构造图。

（3）基础做法及要求。

（4）架体搭设及拆除的程序和方法。

（5）季节性施工措施。

（6）质量保证措施。

（7）架体搭设、使用、拆除的安全技术措施。

（8）设计计算书。

（9）悬挑脚手架搭设方案设计。

（10）应急预案。

门架与配件、加固杆等在使用前应进行检查和验收。经检验合格的构配件及材料应按品种、规格分类堆放整齐、平稳。对搭设场地应进行清理、平整，并应做好排水。

2. 地基基础

门式脚手架与模板支架的地基与基础施工，应符合规范规定和专项施工方案的要求。在搭设前，应先在基础上弹出门架立杆位置线，垫板、底座安放位置应准确，标高应一致。

3. 搭设

门式脚手架与模板支架的搭设程序应符合下列规定：

（1）门式脚手架的搭设应与施工进度同步，一次搭设高度不宜超过最上层连墙件两步，且自由高度不应大于4m。

（2）满堂脚手架和模板支架应采用逐列、逐排和逐层的方法搭设。

（3）门架的组装应自一端向另一端延伸，应自下而上按步架设，并应逐层改变搭设方向；不应自两端相向搭设或自中间向两端搭设。

（4）每搭设完两步门架后，应校验门架的水平度及立杆的垂直度。

搭设门架及配件除应符合构造要求规定外，尚应符合下列要求：

（1）交叉支撑、脚手板应与门架同时安装。

（2）连接门架的锁臂、挂钩必须处于锁住状态。

（3）钢梯的设置应符合专项施工方案组装布置图的要求，底层钢梯底部应加设钢管并应采用扣件扣紧在门架立杆上。

（4）在施工作业层外侧周边应设置180mm高的挡脚板和两道栏杆，上道栏杆高度应为1.2m，下道栏杆应居中设置。挡脚板和栏杆均应设置在门架立杆的内侧。

加固杆的搭设除应符合构造要求规定外，尚应符合下列要求：

（1）水平加固杆、剪刀撑等加固杆件必须与门架同步搭设。

（2）水平加固杆应设于门架立杆内侧，剪刀撑应设于门架立杆外侧。

门式脚手架连墙件的安装必须符合下列要求：

（1）连墙件的安装必须随脚手架的搭设同步进行，严禁滞后安装。

（2）当脚手架的操作层高出相邻连墙件两步以上时，在连墙件安装完毕前必须采用确保脚手架稳定的临时拉结措施。

加固杆、连墙件等杆件与门架采用扣件连接时，应符合下列规定：

（1）扣件规格应与所连接钢管的外径相匹配。

（2）扣件螺栓拧紧扭力矩值应为 $40\sim65N \cdot m$。

（3）杆件端头伸出扣件盖板边缘长度不应小于 100mm。

悬挑脚手架的搭设应符合规范要求，搭设前应检查预埋件和支承型钢悬挑梁的混凝土强度。

门式脚手架通道口的搭设应符合规范要求，斜撑杆、托架梁及通道口两侧的门架立杆加强杆件应与门架同步搭设，严禁滞后安装。

满堂脚手架与模本支架的可调底座、可调托座宜采取防止砂浆、水泥浆等污物填塞螺纹的措施。

4. 拆除

架体的拆除应按拆除方案施工，并应在拆除前做好下列准备工作：

（1）应对将拆除的架体进行拆除前的检查。

（2）根据拆除前的检查结果补充完善拆除方案。

（3）清除架体上的材料、杂物及作业面的障碍物。

拆除作业必须符合下列规定：

（1）架体的拆除应从上而下逐层进行，严禁上下同时作业。

（2）同一层的构配件和加固件必须按先上后下、先外后内的顺序进行拆除。

（3）连墙件必须随脚手架逐层拆除，严禁先将连墙件整层或数层拆除后再拆架体，拆除作业过程中，当架体的自有高度大于两步时，必须加设临时拉结。

（4）连接门架的剪刀撑等加固件必须在拆除该门架时拆除。

拆卸连接部件时，应先将止退装置旋转至开启位置，然后拆除，不得硬拉，严禁敲击，拆除作业中，严禁使用手锤等硬物击打、撬别。

当门式脚手架需分段拆除时，架体不拆除部分的两端应按规范规定采取加固措施后再拆除。

门架与配件应采用机械或人工运至地面，严禁抛投。拆卸的门架与配件、加固杆等不得集中堆放在未拆架体上，并应及时检查、整修与保养，并宜按品种、规格分别存放。

6.4.4 检查与验收

1. 搭设检查验收

搭设前，对门式脚手架或模板支架的地基与基础应进行检查，经验收合格后方可搭设。

门式脚手架搭设完毕或每搭设 2 个楼层高度，满堂脚手架、模板支架搭设完毕或每搭设 4 步高度，应对搭设质量及安全进行一次检查，经检验合格后方可交付使用或继续搭设。

在门式脚手架或模板支架搭设质量验收时，应具备下列文件：

（1）按规范要求编制的专项施工方案。

（2）构配件与材料质量的检验记录。

（3）安全技术交底及搭设质量检验记录。

（4）门式脚手架或模板支架分项工程的施工验收报告。

门式脚手架或模板支架分项工程的验收，除应检查验收外，还应对搭设质量进行现场核验，在对搭设质量进行全数检查的基础上，对下列项目应进行重点检验，并应记入施工验收报告：

（1）构配件和加固杆规格、品种应符合设计要求，应质量合格、设置齐全、连接和挂扣紧固可靠。

（2）基础应符合设计要求，应平整坚实，底座、支垫应符合规定。

（3）门架跨距、间距应符合设计要求，搭设方法应符合规范的规定。

（4）连墙件设置应符合设计要求，与建筑结构、架体应连接可靠。

（5）加固杆的设置应符合设计和规范的要求。

（6）门式脚手架的通道口、转角等部位搭设应符合构造要求。

（7）架体垂直度及水平度应合格。

（8）悬挑脚手架的悬挑支承结构及与建筑结构的连接固定应符合设计和规范的规定。

（9）安全网的张挂及防护栏杆的设置应齐全、牢固。

门式脚手架与模板支架扣件拧紧力矩的检查与验收，应符合现行行业标准《建筑施工扣件式钢管脚手架安全技术规范》JGJ 130 的规定。

2. 使用过程中的检查

门式脚手架与模板支架在使用过程中应进行日常检查，发现问题应及时处理。检查时，下列项目应进行检查：

（1）加固杆、连墙件应无松动，架体应无明显变形。

（2）地基应无积水，垫板及底座应无松动，门架立杆应无悬空。

（3）锁臂、挂扣件、扣件螺栓应无松动。

（4）安全防护设施应符合规范要求。

（5）应无超载使用。

门式脚手架与模板支架在使用过程中遇有下列情况时，应进行检查，确认安全后方可继续使用：

（1）遇有 8 级以上大风或大雨过后。

（2）冻结的地基土解冻后。

（3）停用超过 1 个月。

（4）架体遭受外力撞击等作用。

（5）架体部分拆除。

（6）其他特殊情况。

满堂脚手架与模板支架在施加荷载或浇筑混凝土时，应设专人看护检查，发现异常情况应及时处理。

3. 拆除前检查

门式脚手架在拆除前，应检查架体构造、连墙件设置、节点连接，当发现有连墙件、剪刀撑等加固杆件缺少、架体倾斜失稳或门架立杆悬空情况时，对架体应先行加固后再拆除。模板支架在拆除前，应检查架体各部位的连接构造、加固件的设置，应明确拆除顺序和拆除方法。在拆除作业前，对拆除作业场地及周围环境应进行检查，拆除作业区内应无障碍物，作业场地临近的输电线路等设施应采取防护措施。

6.4.5 安全管理

搭拆门式脚手架或模板支架应由专业架子工担任，并应按住房和城乡建设部特种作业人员考核管理规定考核合格，持证上岗。上岗人员应定期进行体检，凡不适合登高作业者，不得上架操作。

搭拆架体时，施工作业层应铺设脚手板，操作人员应站在临时设置的脚手板上进行作业，并应按规定使用安全防护用品，穿防滑鞋。脚手架与模板支架作业层严禁超载，严禁将模板支架、缆风绳、混凝土泵管、卸料平台等固定在门式脚手架上。

六级及以上大风天气应停止架上作业；雨、雪、雾天应停止脚手架的搭拆作业；雨、雪、霜后上架作业应采取有效的防滑措施，并应扫除积雪。门式脚手架与模板支架在使用期间，当预见可能有强风天气所产生的风压值超出设计的基本风压值时，对架体应采取临时加固措施。

在门式脚手架使用期间，脚手架基础附件严禁进行挖掘作业。满堂脚手架与模板支架的交叉支撑和加固杆，在施工期间禁止拆除。门式脚手架在使用期间，不应拆除加固杆、连墙件、转角处连接杆、通道口斜撑杆等加固杆件。如施工需要，脚手架的交叉支撑可在门架局部临时拆除，但在该门架单元上下应设置水平加固杆或挂扣式脚手板，在施工完成后应立即恢复安装交叉支撑。应避免装卸物料对门式脚手架或模板支架产生偏心、振动和冲击荷载。

门式脚手架外侧应设置密目式安全网，网间应严密，防止坠物伤人。脚手架与架空输电线路的安全距离、工地临时用电线路架设及脚手架接地、防雷措施，应按现行行业标准《施工现场临时用电安全技术规范》JGJ 46 的有关规定执行。在脚手架或模板支架上进行电气焊作业时，必须有防火措施和专人看护。不得攀爬脚手架。

拆除门式脚手架或模板支架作业时，必须设置警戒线、警戒标志，并应派专人看守，严禁非作业人员入内。

对门式脚手架与模板支架应进行日常性的检查和维护，架体上的建筑垃圾或杂物应及时清理。

6.5 高处作业吊篮

6.5.1 构造和安装

（1）高处作业吊篮应由悬挂机构、吊篮平台、提升机构、防坠落机构、电气控制系统、钢丝绳和配套附件、连接件构成。

（2）吊篮搭设构造、安装和拆除必须遵照专项施工方案进行，组装或拆除时，应 3 人配合操作，严格按搭设程序作业，任何人不允许改变方案。

（3）高处作业吊篮所用的构配件应是同一厂家的产品。组装前应确认结构件、紧固件已经配套且完好，其规格型号和质量应符合设计要求。

（4）在建筑物屋面上进行悬挂机构的组装时，作业人员应与屋面边缘保持 2m 以上的距离。组装场地狭小时应采取防坠落措施。

（5）吊篮悬挂机构宜采用刚性连接方式进行拉结固定。前后支架的间距，应能随建筑物外形变化进行调整。

（6）悬挂吊篮的支架支撑点处结构的承载能力，应大于所选择吊篮工况的荷载最大值。悬挂机构前支架应与支撑面保持垂直，脚轮不得受力。前支架严禁支撑在女儿墙上、女儿墙外或建筑物挑檐边缘。

（7）悬挑横梁前高后低，前后水平高差不应大于横梁长度的 2%。前梁外伸长度应符合高处作业吊篮使用说明书的规定。

（8）配重件应稳定可靠地安放在配重架上，并应有防止随意移动的措施。严禁使用破损的配重件或其他替代物。配重件的重量应符合设计规定。

（9）当使用两个以上的悬挂机构时，悬挂机构吊点水平间距与吊篮平台的吊点间距应相等，其误差不应大于 50mm。

（10）安装任何形式的悬挑结构，其施加于建筑物或构筑物支承处的作用力，均应符合建筑结构的承载能力，不得对建筑物和其他设施造成破坏和不良影响。

（11）提升机应具有良好的穿绳性能，使吊篮平台能通过提升机构沿动力钢丝绳升降。不得卡绳和堵绳。

（12）吊篮平台四周应装有固定式的安全护栏，护栏应设有腹杆，工作面的护栏高度不应低于 0.8m，其余部位则不应低于 1.1m，护栏应能承受 1000N 的水平集中载荷。平台内工作宽度不应小于 0.4m，并应设置防滑底板，底板排水孔直径最大为 10mm。平台底部四周应设有高度不小于 150mm 的挡板，挡板与底板间隙不大于 5mm。

（13）安装时钢丝绳应沿建筑物立面缓慢下放至地面，不得抛掷。

（14）高处作业吊篮安装和使用时，在 10m 范围内如有高压输电线路，应按照现行行业标准《施工现场临时施工用电安全技术规范》JGJ 46 的规定，采取隔离措施。

6.5.2　使用与检查

（1）高处作业吊篮应设置作业人员专用的，用以挂设安全带的，装有安全锁或其他安全装置的安全绳。安全绳应固定在建筑物可靠位置上，独立于工作钢丝绳另行悬挂，不得与吊篮上任何部位有连接。在正常运行时，安全钢丝绳应处于悬垂状态。宜选用与工作钢丝绳相同的型号、规格，并应符合下列规定：

1）安全绳应符合现行国家标准《安全带》GB 6095 的要求，其直径应与安全锁扣的规格相一致。

2）安全绳不得有松散、断股、打结现象。

3）安全锁扣的部件应完好、齐全，规格和方向标识应清晰可辨。

（2）吊篮正常工作时，人员应从地面进入吊篮，不得从建筑物顶部、窗口等处或其他孔洞处出入吊篮。吊篮内作业人员不应超过 2 个。应佩戴安全帽，系好安全带，佩戴工具袋，严格遵守操作规程，并应将安全锁扣正确挂置在独立设置的安全绳上。

（3）吊篮必须安装上行程限位装置和在断电时使悬吊平台平稳下降的手动滑降装置，宜安装下限位装置和超载保护装置。吊篮所有外露传动部分，应装有防护装置。

（4）吊篮制动器必须使带有动力试验载荷的悬吊平台，在不大于100mm制动距离内停止运行。

（5）对离心触发式安全锁，吊篮平台运行速度达到安全锁锁绳速度（≤30m/min）时，即能自动锁住安全钢丝绳，使吊篮平台在200mm范围内停住。对摆臂式防倾斜安全锁，悬吊平台工作时纵向倾斜角度大于8°时，能自动锁住并停止运行。在锁绳状态下安全锁应不能自动复位。

（6）安全锁必须在有效标定期限内使用，有效标定期限不大于一年。

（7）使用离心触发式安全锁的吊篮在空中停留作业时，应将安全锁锁定在安全绳上；空中启动吊篮时，应先将吊篮提升使安全绳松弛后再开启安全锁。不得在安全绳受力时强行扳动安全锁开启手柄；不得将安全锁开启手柄固定于开启位置。

（8）吊篮平台上应设有操纵用按钮开关，操纵系统应灵敏可靠。平台应设有靠墙轮、导向装置或缓冲装置。平台上应醒目地注明额定载重量及注意事项。手柄操作方向应有明显箭头指示。

（9）吊篮宜安装防护棚，防止高处坠物造成作业人员伤害。

（10）使用吊篮作业时，应排除影响吊篮正常运行的障碍。在吊篮下方可能造成坠落物伤害的范围，设置安全隔离区和警告标志，人员、车辆不得停留、通行。

（11）使用境外吊篮设备应有中文使用说明书；产品的安全性能应符合我国现行标准的规定。

（12）不得将吊篮作为垂直运输设备，不得采用吊篮运输物料。

（13）每天工作前应经过安全检查员核实配重和检查悬挂机构并应进行空载运行，以确认设备处于正常状态。

（14）吊篮的负载不得超过 $1kN/m^2$，吊篮平台内作业人员和材料要对称分布，不得集中在一头，保持吊篮荷载均衡。严禁超载运行或带故障使用。吊篮在正常使用时，严禁使用安全锁制动。

（15）吊篮作升降运行时，工作平台两端高差不得超过150mm。吊篮升降时不要碰撞建筑物，特别是阳台、窗户等部位，应有专人负责推动吊篮，防止吊篮挂碰建筑物。

（16）吊篮悬挂高度在60m及其以下的，宜选用长边不大于7.5m的吊篮平台；悬挂高度在100m及其以下的，宜选用长边不大于5.5m的吊篮平台；悬挂高度100m以上的，宜选用不大于2.5m的吊篮平台。

（17）进行喷涂作业或使用腐蚀性液体进行清洗作业时，应对吊篮的提升机、安全锁、电气控制柜采取防污染保护措施。

（18）悬挑结构平行移动时，应将吊篮平台降落至地面，并应使其钢丝绳处于松弛状态。

（19）在吊篮内进行电焊作业时，应对吊篮设备、钢丝绳、电缆采取保护措施。不得将电焊机放置在吊篮内；电焊缆线不得与吊篮任何部位接触；电焊钳不得搭挂在吊篮上。

（20）在高温、高湿等不良气候和环境条件下使用吊篮时，应采取相应的安全技术措施。

（21）当吊篮施工遇有雨雪、大雾、风沙及5级以上大风等恶劣天气时，应停止作业，并应将吊篮平台停放至地面，应对钢丝绳、电缆进行绑扎固定。

（22）吊篮投入运行后，应按照使用说明书要求定期进行全面检查，并作好记录。当施工中发现吊篮设备故障和安全隐患时，应及时排除，对可能危及人身安全时，必须停止作业，并应由专业人员进行维修。维修后的吊篮应重新进行验收检查，合格后方可使用。

（23）下班后不得将吊篮停留在半空中，应将吊篮放至地面。人员离开吊篮、进行吊篮维修或每日收工后应将主电源切断，并将电气柜中各开关置于断开位置并加锁。

6.5.3 拆除与维护

（1）拆除前应将吊篮平台下落至地面，并应将钢丝绳从提升机、安全锁中退出，切断总电源。

（2）拆除支承悬挂结构时，应对作业人员和设备采取相应的安全措施。

（3）拆卸分解后的零部件不得放置在建筑物边缘，应采取防止坠落的措施。零散物品应放置在容器中。不得将吊篮任何部件从屋顶处抛下。

（4）吊篮应存放在通风、无雨淋日晒和无腐蚀气体的环境中，并将随机工具、备件及需防锈的表面和各润滑点涂以防锈脂和注入润滑油。

（5）吊篮应按使用说明书要求进行检查、测试、维护保养。随行电缆损坏或有明显擦伤时，应立即维护和更换。

（6）控制线路和各种电器元件，动力线路的接触器应保持干燥、无灰尘污染。钢丝绳不得折弯，不得粘有砂浆杂物等。

（7）除非测试、检查和维修需要，任何人不得使安全装置或电器保护装置失效。在完成测试、检查和维修后，应立即将这些装置恢复到正常状态。

7　高处作业

本章要点：高处作业的含义、分级和基本安全要求，临边作业、洞口作业、攀登作业、悬空作业、操作平台和交叉作业的含义、范围和防护措施，以及高处作业安全防护设施的验收和安全帽、安全带、安全网的技术要求、使用与管理等内容。

7.1 高处作业概述

7.1.1 高处作业的含义及分级

1. 高处作业的定义

国家标准《高处作业分级》GB/T 3608 规定：在距坠落高度基准面 2m 或 2m 以上有可能坠落的高处进行的作业，称为高处作业。

2. 高处作业的分级

坠落高度越高，危险性也就越大，所以按不同的坠落高度，当不存在以上任何一种客观危险因素时，高处作业可按表 7-1 规定的 A 类法分级。当存在以上一种或一种以上的客观危险因素时，高处作业可按表 7-1 规定的 B 类法分级。即 B 类法比 A 类法等级提高了一级。

高处作业分级 表 7-1

分类法	高处作业高度（m）			
	$2 \leqslant h_w \leqslant 5$	$5 < h_w \leqslant 15$	$15 < h_w \leqslant 30$	$h_w > 30$
A	I	II	III	IV
B	II	III	IV	IV

7.1.2 建筑施工高处作业的基本安全要求

《建筑施工高处作业安全技术规范》JGJ 80 对建筑施工高处作业提出了明确的防护要求，规范了高处作业的安全技术措施，使其技术合理、经济适用，对预防各种伤害事故的发生发挥了积极的作用。现将该标准及高处作业的安全防护作如下介绍：

（1）每个工程项目中涉及的所有高处作业的安全技术措施必须列入工程的施工组织设计，并经公司上级主管部门审批后方可施工。

（2）施工前，应逐级进行安全技术教育及交底，落实所有安全技术措施和人身防护用品，未经落实时不得进行施工。

（3）高处作业中的安全标志、工具、仪表、电气设施和各种设备，必须在施工前加以检查，确认其完好，方能投入使用。

（4）攀登和悬空高处作业人员以及搭设高处作业安全设施的人员，必须经过专业技术培训及专业考试合格，持证上岗，并必须定期进行身体检查。

（5）高处作业人员的衣着要灵便，必须正确穿戴好个人防护用品。

（6）高处作业中所用的物料，均应堆放平稳，不妨碍通行和装卸。对有坠落可能的物件，应一律先行撤除或加以固定。

工具应随手放入工具袋；作业中的走道、通道板和登高用具，应随时清扫干净；拆卸下的物件及余料和废料均应及时清理运走，不得任意乱置或向下丢弃。传递物件禁止抛掷。

（7）雨天和雪天进行高处作业时，必须采取可靠的防滑、防寒和防冻措施。凡水、冰、霜、雪均应及时清除。

对进行高处作业的高耸建筑物，应事先设置避雷设施。遇有六级以上强风、浓雾等恶劣气候，不得进行露天攀登与悬空高处作业。暴风雪及台风暴雨后，应对高处作业安全设施逐一加以检查，发现有松动、变形、损坏或脱落等现象，应立即修理完善。

（8）用于高处作业的防护设施，不得擅自拆除。确因作业需要，临时拆除或变动安全防护设施时，必须经施工负责人同意，并采取相应的可靠措施，作业后应立即恢复。

（9）建筑物出入口应搭设长 6m、宽于出入通道两侧各 1m 的防护棚，棚顶满铺不小于 5cm 厚的脚手板，防护棚两侧必须封严。

（10）对人或物构成威胁的地方，必须支搭防护棚，保证人、物安全。

（11）高处作业的防护棚搭设与拆除时，应设置警戒区并应派专人监护。严禁上下同时拆除。

（12）施工中如果发现高处作业的安全设施有缺陷和隐患，必须及时解决；危及人身安全时，必须停止作业。

（13）高处作业安全设施的主要受力杆件，力学计算按一般结构力学公式，强度及挠度计算按现行有关规范进行，但钢受弯构件的强度计算不考虑塑性影响，构造上应符合现行规范的要求。

（14）高处作业应建立和落实各级安全生产责任制，对高处作业安全设施，应做到防护要求明确，技术合理，经济适用。

7.2　临　边　作　业

7.2.1　临边作业的含义

施工现场中，工作面边沿无围护设施或围护设施高度低于 80cm 时的高处作业。

7.2.2　临边作业的范围

基坑周边，尚未安装栏杆或栏板的阳台、料台与挑平台周边，雨篷与挑檐边，无外架防护的屋面与楼层周边，水箱与水塔周边，斜道两侧边，卸料平台外侧边，分层施工的楼梯口和梯段边，井架与施工用电梯和脚手架等与建筑物通道的两侧边等处。

7.2.3　临边作业防护措施

对临边高处作业，必须设置防护措施，并符合下列规定：

（1）基坑周边，尚未安装栏杆或栏板的阳台、料台与挑平台周边，雨篷与挑檐边，无外脚手的屋面与楼层周边及水箱与水塔周边等处，都必须设置防护栏杆。

（2）头层墙高度超过 3.2m 的二层楼面周边，以及无外脚手的高度超过 3.2m 的楼层周边，必须在外围架设安全平网一道。

（3）分层施工的楼梯口和梯段边，必须安装临时护栏。对于主体工程上升阶段的顶层楼梯口应随工程结构进度安装正式防护栏杆。回转式楼梯间应支设首层水平安全网，每隔 4 层设一道水平安全网。

（4）井架与施工用电梯和脚手架等与建筑物通道的两侧边，必须设防护栏杆。地面通道上部应装设安全防护棚。双笼井架通道中间，应予分隔封闭。

（5）各种垂直运输接料平台，除两侧设防护栏杆外，平台口还应设置安全门或活动防护栏杆。

（6）阳台栏板应随工程结构进度及时进行安装。

7.2.4 防护栏杆规格与连接要求

临边防护栏杆的杆件规格及连接要求，应符合下列规定：

（1）原木横杆上干梢径不应小于 70mm，下杆梢径不应小于 60mm，栏杆柱梢径不应小于 75mm。并须用相应长度的圆钉钉紧，或用不小于 12 号的镀锌铁丝绑扎，要求表面平顺和稳固无动摇。

（2）钢筋横杆上杆直径不应小于 16mm，下杆直径不应小于 14mm，栏杆柱直径不应小于 18mm，采用电焊或镀锌钢丝绑扎固定。

（3）钢管横杆及栏杆柱均采用 $\phi 48.3 \times 3.6$ 的管材，以扣件固定。

（4）以其他钢材如角钢等作防护栏杆杆件时，应选用强度相当的规格，以电焊固定。

7.2.5 防护栏杆搭设要求

（1）防护栏杆应由上、下两道横杆及栏杆柱组成，上杆离地高度为 1.0～1.2m，下杆离地高度为 0.5～0.6m。坡度大于 1：22 的屋面，防护栏杆高应为 1.5m，并加挂安全立网。除经设计计算外，横杆长度大于 2m 时，必须加设栏杆柱。

（2）栏杆柱的固定：

1）当在基坑四周固定时，可采用钢管并打入地面 50～70cm 深。钢管离边口的距离，不应小于 50cm。当基坑周边采用板桩时，钢管可打在板桩外侧。

2）当在混凝土楼面、屋面或墙面固定时，可用预埋件与钢管或钢筋焊牢。如采用竹、木栏杆时，可在预埋件上焊接 30cm 长的∟50×5 角钢，其上下各钻一孔，然后用 10mm 螺栓与竹、木杆件拴牢。

3）当在砖或砌块等砌体上固定时，可预先砌入规格相适应的 80×6 弯转扁钢作预埋铁的混凝土块，然后用与楼面、屋面相同的方法固定。

（3）栏杆柱的固定及其与横杆的连接，其整体构造应使防护栏杆在上杆任何处，能经受任何方向的 1000N 外力。当栏杆所处位置有发生人群拥挤、车辆冲击或物件碰撞等可能时，应加大横杆截面或加密柱距。

（4）防护栏杆必须自上而下用安全立网封闭，或在栏杆下边设置严密固定的高度不低于 180mm 的挡脚板或 400mm 的挡脚笆。挡脚板与挡脚笆上如有孔眼，不应大于 25mm。板与笆下边距离底面的空隙不应大于 10mm。但接料平台两侧的栏杆必须自上而下加挂安全立网。

（5）当临边的外侧面临街道时，除防护栏杆外，敞口立面必须采取挂满安全网或其他可靠措施作全封闭处理。

7.3 洞 口 作 业

7.3.1 洞口作业的含义

孔与洞边口旁的高处作业，包括施工现场及通道旁深度在 2m 及 2m 以上的桩孔、人孔、沟槽与管道、孔洞等边沿上的作业称为洞口作业。

楼板、屋面、平台等面上，短边尺寸小于 25cm 的；墙上高度小于 75cm 的孔洞，即为"孔"；楼板、屋面、平台等面上，短边尺寸等于或大于 25cm 的孔洞；墙上，高度等于或大于 75cm，宽度大于 45cm 的孔洞，即为"洞"。

施工现场常常会因工程和工序需要而产生洞口，常见的有楼梯口、电梯井口、预留洞口（坑、井）、井架通道口，这就是通常所说的"四口"。

7.3.2 洞口防护措施

进行洞口作业以及在因工程和工序需要而产生的、使人与物有坠落危险或危及人身安全的其他洞口进行高处作业时，必须按下列规定设置防护设施：

（1）板与墙的洞口必须设置牢固的盖板、防护栏杆、安全网或其他防坠落的防护设施。

（2）电梯井口必须设防护栏杆或固定栅门。

（3）钢管桩、钻孔桩等桩孔上口，杯形、条形基础上口，未填土的坑槽，以及人孔、天窗、地板门等处，均应按洞口防护设置稳固的盖件。

（4）施工现场通道附近的各类洞口与坑槽等处，除设置防护设施与安全标志外，夜间还应设红灯示警。

7.3.3 洞口防护要求

洞口根据具体情况采取设防护栏杆、加盖件、张挂安全网与装栅门等措施时，必须符合下列要求：

（1）楼板、屋面和平台等面上短边尺寸 2.5～25cm 的孔口，应设坚实盖板并能防止挪动移位。

（2）楼板面等处边长为 25～50cm 的洞口、安装预制构件时的洞口以及缺件临时形成的洞口，应设置固定盖板（如木盖板）。盖板须能保持周围搁置均衡，并有固定其位置的措施。

（3）边长为 50～150cm 的洞口，必须设置以扣件扣接钢管而成的网格，并在其上满铺脚手板，脚手板应绑扎固定，未经许可不得随意移动。也可采用预埋通长钢筋网片，纵横钢筋间距不得大于 20cm。

（4）边长在 150cm 以上的洞口，四周必须搭设围护架，并设双道防护栏杆，洞口下张设水平安全网，网的四周拴挂牢固、严密。

（5）垃圾井道和烟道，应随楼层的砌筑或安装而消除洞口，或参照预留洞口作防护。管道井施工时，除按上款办理外，还应加设明显的标志。如有临时性拆移，需经施工负责人核准，工作完毕后必须恢复防护设施。

（6）位于车辆行驶道旁的洞口、深沟与管道坑、槽，所加盖板应能承受不小于当地额定卡车后轮有效承载力 2 倍的荷载。

（7）墙面等处的竖向洞口，凡落地的洞口应设置开关式、工具式或固定式的防护门，门栅网格的间距不应大于 15cm。也可采用防护栏杆，下设挡脚板。

（8）下边沿至楼板或底面低于 80cm 的窗台等竖向洞口，如侧边落差大于 2m 时，应加设 1.2m 高的临时护栏。

（9）对邻近的人与物有坠落危险性的其他竖向的孔、洞口。均应予以盖设或加以防护，并有固定其位置的措施。

（10）电梯井口必须设不低于 1.2m 的金属防护门，安装时离楼地面 5cm，上下必须固定。电梯井内应每隔两层并最多隔 10m 设一道水平安全网，安全网应封闭严密。未经上级主管技术部门批准，电梯井不得用作垂直运输通道和垃圾通道。

（11）洞口防护栏杆的杆件及其搭设应符合规范。

（12）洞口应按规定设置照明装置的安全标识。

7.4 攀 登 作 业

7.4.1 攀登作业的含义

借助登高用具或登高设施，在攀登条件下进行的高处作业。

7.4.2 攀登作业的防护要求

（1）攀登作业可以利用梯子或者借助建筑结构或脚手架上的登高设施以及载人垂直运输设备，因此在施工组织设计中应确定用于现场施工的登高和攀登设施。

（2）柱、梁和行车梁等构件吊装所需的直爬梯及其他登高用拉攀件，应在构件施工图或说明内作出规定。

（3）攀登的用具，结构构造上必须牢固可靠。供人上下的踏板的使用荷载不应大于 1100N。当梯面上有特殊作业，重量超过上述荷载时，应按实际情况加以验算。

（4）使用梯子攀登作业时，梯脚底部应坚定，不得垫高使用，并采取加包扎、钉胶皮、锚固或夹牢等防滑措施。梯子的种类和形式不同，其安全防护措施也不同。

1）立梯：工作角度以 $75°±5°$ 为宜，梯子的上端应用有固定措施，踏板上下间距以 30cm 为宜，不得有缺档。

2）折梯：使用时上部夹角以 $35°\sim45°$ 为宜，上部铰链必须牢固，下部两单梯之间应有可靠的拉撑措施。

3）固定式直爬梯：应用金属材料制成。梯宽不应大于 50cm，支撑应采用不小于 $\llcorner70×6$ 的角钢，埋设与焊接均必须牢固。梯子顶端的踏棍应与攀登的顶而齐平，并加设 $1\sim1.5m$ 高的扶手。使用直爬梯进行攀登作业时，攀登高度以 5m 为宜。超过 2m 时，宜加设护笼，超过 8m 时，必须设置梯间平台。

4）移动式梯子，应按现行的国家标准验收其质量，合格后方可使用。

梯子如需接长使用，必须有可靠的连接措施，应对连接处进行检查，且接头不得超过

l 处。连接后梯梁的强度，不应低于单梯梯梁的强度。

上下梯子时．必须面向梯子，且不得手持器物。

5）作业人员应从规定的通道上下，不得在阳台之间等非规定通道进行攀登，也不得任意利用吊车臂架等施工设备进行攀登。

6）钢柱安装登高时，应使用钢挂梯或设置在钢柱上的爬梯。

钢柱的接柱应使用梯子或操作台。操作台横杆高度，当无电焊防风要求时，其高度不宜小于 1m；有电焊防风要求时，其高度不宜小于 1.8m。

7）登高安装钢梁时，应视钢梁高度，在两端设置挂梯或搭设钢管脚手架。梁面上需行走时，其一侧的临时护栏横杆可采用钢索；当改用扶手绳时，绳的自然下垂度不应大于 1/20，并应控制在 100mm 以内。

8）钢屋架的安装，应遵守下列规定：

① 在屋架上下弦登高操作时，对于三角形屋架应在屋脊处，梯形屋架应在两端，设置攀登时上下的梯架。材料可选用原木，踏步间距不应大于 40cm。

② 屋架吊装以前，应在上弦设置防护栏杆。

③ 屋架吊装以前，应预先在下弦挂设安全网；吊装完毕后，即将安全网铺设固定。

7.5　悬　空　作　业

7.5.1　悬空作业的含义

在周边临空状态下进行的高处作业。

7.5.2　悬空作业的防护要求

（1）悬空作业处应有牢靠的立足处并必须视具体情况配置防护栏网、栏杆或其他安全设施。

（2）悬空作业所用的索具、脚手板、吊篮、吊笼、平台等设备，均需经过技术鉴定或验证方可使用。

（3）构件吊装和管道安装时的悬空作业，必须遵守下列规定：

1）钢结构的吊装，构件应尽可能在地面组装，并应搭设进行临时固定、电焊、高强螺栓连接等工序的高空安全设施，随构件同时上吊就位。拆卸时的安全措施，也应一并考虑和落实。高空吊装预应力钢筋混凝土屋架、桁架等大型构件前，也应搭设悬空作业中所需的安全设施。

2）悬空安装大模板、吊装第一块预制构件、吊装单独的大中型预制构件时，必须站在操作平台上操作。吊装中的大模板和预制构件以及石棉水泥板等屋面板上，严禁站人和行走。

3）安装管道时必须有已完结构或操作平台为立足点，严禁在安装的管道上站立和行走。

（4）模板支撑和拆卸时的悬空作业，必须遵守下列规定：

1）支撑应按规定的作业程序进行，模板未固定前不得进行下一道工序。严禁在连接件和支撑件上攀登上下，并严禁在上下同一垂直面上装、拆模板。结构复杂的模板，装、拆应严格按照施工组织设计的措施进行。

2）支设高度在 3m 以上的柱模板，四周应设斜撑，并应设立操作平台。低于 3m 的可使用马凳操作。

3）支设悬挑形式的模板时，应有稳固的立足点。支设临空构筑物模板时，应搭设支架或脚手架。模板上有预留洞时，应在安装后将洞盖没。混凝土板上拆模后形成的临边或洞口，应按规范规定进行防护。拆模高处作业，应配置登高用具或搭设支架。

（5）钢筋绑扎时的悬空作业，必须遵守下列规定：

1）绑扎钢筋和安装钢筋骨架时，必须搭设脚手架和马道。

2）绑扎圈梁、挑梁、挑檐、外墙和边柱等钢筋时，应搭设操作台和张挂安全网。悬空大梁钢筋的绑扎，必须在满铺脚手板的支架或操作平台上操作。

3）绑扎立柱和墙体钢筋时，不得站在钢筋骨架上或攀登骨架上下。3m 以内的柱钢筋，可在地面或楼面上绑扎，整体竖立。绑扎 3m 以上的柱钢筋，必须搭设操作平台。

（6）混凝土浇筑时的悬空作业，必须遵守下列规定：

1）浇筑离地 2m 以上框架、过梁、雨篷和小平台混凝土时，应设操作平台，不得直接站在模板或支撑件上操作。

2）浇筑拱形结构，应自两边拱脚对称地相向进行。浇筑储仓，下口应先行封闭，并搭设脚手架以防人员坠落。

3）特殊情况下如无可靠的安全设施，必须系好安全带并扣好保险钩，或架设安全网。

（7）进行预应力张拉的悬空作业时，必须遵守下列规定：

1）进行预应力张拉时，应搭设站立操作人员和设置张拉设备用的牢固可靠的脚手架或操作平台。雨天张拉时，还应架设防雨棚。

2）预应力张拉区域应标示明显的安全标志，禁止非操作人员进入。张拉钢筋的两端必须设置挡板，挡板应距所张拉钢筋的端部 1.5～2m，且应高出最上一组张拉钢筋 0.5m，其宽度应距张拉钢筋两外侧各不小于 1m。

3）孔道灌浆应按预应力张拉安全设施的有关规定进行。

（8）悬空进行门窗作业时，必须遵守下列规定：

1）安装门、窗、油漆及安装玻璃时，严禁操作人员站在橕子、阳台栏板上操作。门、窗临时固定，封填材料未达到强度，以及电焊时，严禁手拉门、窗进行攀登。

2）在高处外墙安装门、窗，无脚手时，应张挂安全网。无安全网时，操作人员应系好安全带，其保险钩应挂在操作人员上方的可靠物件上。

3）进行各项窗口作业时，操作人员的重心应位于室内，不得在窗台上站立，必要时应系好安全带进行操作。

7.6 操 作 平 台

7.6.1 操作平台的含义

操作平台是指施工现场中用以站人、载料并可进行操作的平台。

7.6.2 操作平台的防护要求

（1）移动式操作平台

移动式操作平台是指可以搬移的用于结构施工、室内装饰和水电安装等的操作平台。使用时必须符合下列规定：

1）操作平台应由专业技术人员按现行的相应规范进行设计，计算书及图纸应编入施工组织设计。

2）操作平台的面积不应超过 10m²，高度不应超过 5m；还应进行稳定验算，并采取措施减少立柱的长细比。

3）装设轮子的移动式操作平台，轮子与平台的接合处应牢固可靠，立柱底端离地面不得超过 80mm。

4）操作平台可采用 φ48.3×3.6 钢管以扣件连接，亦可采用门架式或承插式钢管脚手架部件，按产品使用要求进行组装。平台的次梁，间距不应大于 40cm。

5）操作平台台面应满铺脚手板。四周必须按临边作业要求设置防护栏杆，并应布置登高扶梯。

（2）悬挑式钢平台

悬挑式钢平台是指可以吊运和搁支于楼层边的用于接送物料和转运模板等的悬挑形式的操作平台，通常采用钢构件制作。必须符合下列规定：

1）悬挑式钢平台应按现行规范进行设计及安装，其结构构造应能防止左右晃动，计算书及图纸应编入施工组织设计。

2）悬挑式钢平台的搁支点与上部拉结点必须位于建筑物上，不得设置在脚手架等施工设备上。

3）斜拉杆或钢丝绳，构造上宜两边各设前后两道，两道中的每一道均应作单道受力计算。

4）应设置 4 个经过验算的吊环。吊运平台时应使用卡环，不得使吊钩直接钩挂吊环。吊环应用甲类 3 号沸腾钢（不得使用螺纹钢）制作。

5）钢平台安装时，钢丝绳应采用专用的挂钩挂牢，采取其他方式时卡头的卡子不得少于 3 个。钢丝绳与建筑物（柱、梁）锐角利口处应加衬软垫物。

6）钢平台外口应略高于内口，左右两侧必须装置固定的防护栏杆。

7）钢平台吊装，需待横梁支撑点电焊固定，接好钢丝绳调整完毕，经过检查验收后，方可松卸起重吊钩，上下操作。

8）钢平台使用时，应有专人进行检查，发现钢丝绳有锈蚀损坏应及时调换，焊缝脱焊应及时修复。

9）操作平台上应显著地标明容许荷载值。操作平台上人员和物料的总重量，严禁超过设计的允许荷载，并配备专人加以监督。

7.7 交 叉 作 业

7.7.1 交叉作业的含义

在施工现场的上下不同层次，于空间贯通状态下同时进行的高处作业。

7.7.2 交叉作业的防护要求

（1）支模、粉刷、砌墙等各工种进行上下立体交叉作业时，不得在同一垂直方向上操作。下层作业的位置，必须处于依上层高度确定的可能坠落范围半径之外。不符合以上条件时，必须采取隔离封闭措施后，方可施工。

（2）钢模板、脚手架等拆除时，下方不得有其他操作人员。

（3）钢模板部件拆除后，临时堆放处离楼层边沿不得超过 1m，堆放高度不得超过 1m。楼层边口、通道口、脚手架边缘严禁堆放任何拆下的物件。

（4）结构施工自二层起，凡人员进出的通道口（包括井架、施工用电梯的进出通道口）均应搭设安全防护棚。高度超过 24m 的层次上的交叉作业，应设双层防护棚。

（5）由于上方施工可能坠落物件或处于起重机把杆回转范围之内的通道，在其受影响的范围内，必须搭设顶部能防止穿透的双层防护棚。防护棚的宽度，根据建筑物与围墙的距离而定，如果超过 6m 的搭设宽度为 6m，不满 6m 的应搭满。

7.8 高处作业安全防护设施的验收

建筑施工进行高处作业之前，应进行安全防护设施的逐项检查和验收。验收合格后，方可进行高处作业。验收也可分层进行或分阶段进行。

安全防护设施，应由单位工程负责人验收，并组织有关人员参加。

安全防护设施的验收，应具备下列资料：

（1）施工组织设计及有关验算数据。

（2）安全防护设施验收记录。

（3）安全防护设施变更记录及签证。

安全防护设施的验收，主要包括以下内容：

（1）所有临边、洞口等各类技术措施的设置状况。

（2）技术措施所用的配件、材料和工具的规格和材质。

（3）技术措施的节点构造及其与建筑物的固定情况。

（4）扣件和连接件的紧固程度。

（5）安全防护设施的用品及设备的性能与质量是否合格的验证。

安全防护设施的验收应按类别逐项查验，并作出验收记录。凡不符合规定者，必须整改合格后再行查验。施工工期内还应定期进行抽查。

7.9 "三宝" 技术要求、 使用与管理

7.9.1 安全帽

1. 安全帽的技术性能要求

现行国家标准《安全帽》GB 2811 中对安全帽的各项性能指标均有明确技术要求。主要有：

（1）质量要求：普通安全帽不超过 430g，防寒安全帽不超过 600g。

（2）尺寸要求项目：帽壳内部尺寸、帽舌、帽檐、垂直间距、水平间距、佩戴高度、突出物和透气孔。其中垂直间距和佩戴高度是安全帽的两个重要尺寸要求。

（3）安全性能要求：安全性能指的是安全帽防护性能，是判定安全帽产品合格与否的重要指标，包括基本技术性能要求（冲击吸收性能、耐穿刺性能和下颌带强度）和特殊技术性能要求（抗静电性能、电绝缘性能、侧向刚性、阻燃性能和耐低温性能）。《安全帽》GB 2811 中明确规定了安全帽产品应达到的要求。

（4）合格标志：国家对安全帽实行了生产许可证管理和安全标识管理。每顶安全帽的标识由永久标识和产品说明组成。永久标识应采用刻印、缝制、铆固标牌、模压或注塑在帽壳上。永久性标识包括：现行安全帽标准编号、制造厂名、生产日期（年、月）、产品名称、产品特殊技术性能（如果有）。产品说明包括必要的几条说明，适用和不适用场所，适用头围的大小，安全帽的报废判别条件和保持期限等，选购时应注意检查。目前，产品说明多以耐磨不干胶的形式贴在安全帽内壁，便于检查和使用。

2. 安全帽的选择

使用者在选择安全帽时，应注意选择符合国家相关管理规定、标志齐全、经检验合格的安全帽，并应检查其近期检验报告，并且要根据不同的防护目的选择不同的品种，如带电作业场所的使用人员，应选择具有电绝缘性能并检查合格的安全帽。检查方法如下：

（1）检查"三证"，即生产许可证、产品合格证、安全鉴定证。

（2）检查标识，检查永久性标识和产品说明是否齐全、准确，以及"安全防护"的盾牌标识。

（3）检查产品做工，合格的产品做工较细，不会有毛边且质地均匀。

（4）目测佩戴高度、垂直距离、水平距离等指标，用手感觉一下重量。

3. 使用与保管注意事项

安全帽的佩戴要符合标准，使用要符合规定。如果佩戴和使用不正确，就起不到充分的防护作用。一般应注意下列事项：

（1）凡进入施工现场的所有人员，都必须佩戴安全帽。作业中不得将安全帽脱下，搁置一旁，或当坐垫使用。

（2）佩戴安全帽前，应检查安全帽各配件有无损坏，装配是否牢固，外观是否完好，帽衬调节部分是否卡紧，绳带是否系紧等，确信各部件齐全完好后方可使用。

（3）按自己头围将安全帽后箍调整带调整到适合的位置，将帽内弹性带系牢。缓冲衬垫的松紧由带子调节，垂直间距一般在 25～50mm 之间，至少不要小于 32mm 为好。这样才能保证当遭受到冲击时，帽体有足够的空间可供缓冲，平时也有利于头和帽体间的通风。

（4）佩戴时一定要将安全帽戴正、戴牢，不能晃动，下颌带必须扣在颌下，并系牢，松紧要适度。调节好后箍以防安全帽脱落。

（5）使用者不能随意调节帽衬的尺寸，不能随意在安全帽上拆卸或添加附件，不能私自在安全帽上打孔，不要随意碰撞安全帽，以免影响其原有的防护性能。

（6）经受过一次冲击或做过试验的安全帽应作废，不能再次使用。

（7）安全帽不能在有酸、碱或化学试剂污染的环境中存放，不能放置在高温、日晒或潮湿的场所中，以免其老化变质。

（8）要定期检查安全帽，检查有没有龟裂、下凹、裂痕和磨损等情况，如存在影响其性能的明显缺陷就及时报废。

（9）严格执行有关安全帽使用期限的规定，不得使用报废的安全帽。植物枝条编织的安全帽有效期为 2 年，塑料安全帽的有效期限为 2 年半，玻璃钢（包括维纶钢）和胶质安全帽的有效期限为 3 年半，超过有效期的安全帽应报废。

7.9.2 安全带

1. 安全带的分类与标记

安全带是防止高处作业人员发生坠落时将作业人员安全悬挂的个体防护装备，由带子、绳子和各种零部件组成。安全带按作业类别分为围杆作业安全带、区域限制安全带和坠落悬挂安全带三类。

安全带的标记由作业类别、产品性能两部分组成。

作业类别：以字母 W 代表围杆作业安全带，以字母 Q 代表区域限制安全带，以字母 Z 代表坠落悬挂安全带。

产品性能：以字母 Y 代表一般性能，以字母 J 代表抗静电性能，以字母 R 代表抗阻燃性能，以字母 F 代表抗腐蚀性能，以字母 T 代表适合特殊环境（各性能可组合）。

示例：围杆作业、一般安全带表示为"W-Y"；区域限制、抗静电、抗腐蚀安全带表示为"Q-JF"。

2. 安全带的一般技术要求

安全带不应使用回料或再生料，使用皮革不应有接缝。安全带与身体接触的一面不应有突出物，结构应平滑。腋下、大腿内侧不应有绳、带以外的物品，不应有任何部件压迫喉部、外生殖器。坠落悬挂安全带的安全绳同主带的连接点应固定于佩戴者的后背、后腰或胸前，不应位于腋下、腰侧或腹部，并应带有一个足以装下连接器及安全绳的口袋。

主带应是整根，不能有接头。宽度不应小于 40mm，辅带宽度不应小于 20mm。主带扎紧扣应可靠，不能意外开启。

腰带应和护腰带同时使用。护腰带整体硬挺度不应小于腰带的硬挺度，宽度不应小于 80mm，长度不应小于 600mm，接触腰的一面应有柔软、吸汗、透气的材料。

安全绳（包括未展开的缓冲器）有效长度不应大于 2m，有两根安全绳（包括未展开的缓冲器）的安全带，其单根有效长度不应大于 1.2m。禁止将安全绳用作悬吊绳。悬吊绳与安全绳禁止共用连接器。

用于焊接、炉前、高粉尘浓度、强烈摩擦、割伤危害、静电危害、化学品伤害等场所的安全绳应加相应护套。使用的材料不应同绳的材料产生化学反应，应尽可能透明。

绳、织带和钢丝绳形成的环眼内应有塑料或金属支架。钢丝绳的端头在形成环眼前应使用铜焊或加金属帽（套）将散头收拢。

所有绳在构造上和使用过程中不应打结。每个可拍（飘）动的带头应有相应的带箍。

所有零部件应顺滑，无材料或制造缺陷，无尖角或锋利边缘。8 字环、品字环不应有尖角、倒角，几何面之间应采用 R4 以上圆角过渡。调节扣不应划伤带子，可以使用滚花的零部件。

金属零件应浸塑或电镀以防锈蚀。金属环类零件不应使用焊接件，不应留有开口。在爆炸危险场所使用的安全带，应对其金属件进行防爆处理。

连接器的活门应有保险功能，应在两个明确的动作下才能打开。

3. 安全带的标识

安全带的标识由永久标识和产品说明组成。永久性标志应缝制在主带上，内容包括：产品名称、执行标准号、产品类别、制造厂名、生产日期（年、月）、伸展长度、产品的特殊技术性能（如果有）、可更换的零部件标识应符合相应标准的规定。

可以更换的系带应有下列永久标记：产品名称及型号、相应标准号、产品类别、制造厂名、生产日期（年、月）。

每条安全带应配有一份产品说明书，随安全带到达佩戴者手中。内容包括：安全带的适用和不适用对象，整体报废或更换零部件的条件或要求，清洁、维护、储存的方法，穿戴方法，日常检查的方法和部位，首次破坏负荷测试时间及以后的检查频次、安全带同挂点装置的连接方法等。

4. 安全带的选择

选购安全带时，应注意选择符合国家相关管理规定、标志齐全、经检验合格的产品。

（1）根据使用场所条件确定型号。

（2）检查"三证"，即生产许可证，产品合格证，安全鉴定证。

（3）检查特种劳动防护用品标志标识，检查安全标志证书和安全标志标识。

（4）检查产品的外观、做工，合格的产品做工较细，带子和绳子不应留有散丝。

（5）细节检查，检查金属配件上是否有制造厂的代号，安全带的带体上是否有永久性标识，合格证和检验证明，产品说明是否齐全、准确。合格证是否注明产品名称、生产年月、拉力试验、冲击试验、制造厂名、检验员姓名等情况。

5. 安全带的使用和维护

（1）为了防止作业者在某个高度和位置上可能出现的坠落，作业者在登高和高处作业时，必须按规定要求佩戴安全带。

（2）在使用安全带前，应检查安全带的部件是否完整，有无损伤，绳带有无变质，卡环是否有裂纹，卡簧弹跳性是否良好。金属配件的各种环不得是焊接件，边缘光滑。

（3）使用时要高挂低用。要拴挂在牢固的构件或物体上，防止摆动或碰撞，绳子不能打结，钩子要挂在连接环上。当发现有异常时要立即更换，换新绳时要加绳套。

（4）高处作业如安全带无固定挂处，应采用适当强度的钢丝绳或采取其他方法。禁止把安全带挂在移动或带尖锐棱角或不牢固的物件上。

（5）安全带、绳保护套要保持完好，不允许在地面上随意拖着绳走，以免损伤绳套，影响主绳。若发现保护套损坏或脱落，必须加上新套后再使用。

（6）安全带严禁擅自接长使用。使用3m及以上的长绳必须要加缓冲器，各部件不得任意拆除。

（7）安全带在使用后，要注意维护和保管。要经常检查安全带缝制部分和挂钩部分，必须详细检查捻线是否发生裂断和残损等。

（8）安全带不使用时要妥善保管，不可接触高温、明火、强酸、强碱或尖锐物体。不得在潮湿的仓库中保管。

（9）安全带在使用两年后应抽验一次，使用频繁的绳要经常进行外观检查，发现异常必须立即更换。定期或抽样试验用过的安全带，不准再继续使用。

7.9.3 安全网

用来防止人、物坠落，或用来避免、减轻坠落及物击伤害的网具，称为安全网。安全网按功能分为安全平网、安全立网及密目式安全立网。

1. 安全网的分类标记

（1）平（立）网的分类标记由产品材料、产品分类及产品规格尺寸三部分组成。产品分类以字母 P 代表平网、字母 L 代表立网；产品规格尺寸以宽度×长度表示，单位为米；阻燃型网应在分类标记后加注"阻燃"字样。例如：宽度为 3m，长度为 6m，材料为锦纶的平网表示为"锦纶 P-3×6"；宽度为 1.5m，长度为 6m，材料为维纶的阻燃型立网表示为"维纶 L-1.5×6 阻燃"。

（2）密目网的分类标记由产品分类、产品规格尺寸和产品级别三部分组成。产品分类以字母 ML 代表密目网；产品规格尺寸以宽度×长度表示，单位为米；产品级别分为 A 级和 B 级。例如宽度为 1.8m，长度为 10m 的 A 级密目网表示为"ML-1.8×10A 级"。

2. 安全网的技术要求

（1）平网宽度不应小于 3m，立网宽（高）度不应小于 1.2m。平（立）网的规格尺寸与其标称规格尺寸的允许偏差为±4%。平（立）网的网目形状应为菱形或方形，边长不应大于 8cm。

（2）单张平（立）网质量不宜超过 15kg。

（3）平（立）网可采用锦纶、维纶、涤纶或其他材料制成，所有节点应固定。其物理性能、耐候性应符合《安全网》GB 5725 的相关规定。

（4）平（立）网上所用的网绳、边绳、系绳、筋绳均应由不小于 3 股单绳制成。绳头部分应经过编花、燎烫等处理，不应散开。

（5）平（立）网的系绳与网体应牢固连接，各系绳沿网边均匀分布，相邻两系绳间距不应大于 75cm，系绳长度不小于 80cm。平（立）网如有筋绳，则筋绳分布应合理，两根相邻筋绳的距离不应小于 30cm。当筋绳加长用作系绳时，其系绳部分必须加长，且与边绳系紧后，再折回边绳系紧，至少形成双根。

（6）密目网的宽度应介于 1.2～2m。长度最低不应小于 2m。网眼孔径不应大于 12mm。网目、网宽度的允许偏差为±5%。

（7）密目网各边缘部位的开眼环扣应牢固可靠。开眼环扣孔径不应小于 8mm。

（8）网体上不应有断纱、破洞、变形及有碍使用的编织缺陷。缝线不应有跳针、漏缝、缝边应均匀。

（9）每张密目网允许有一个接缝，接缝部位应端正牢固。

3. 安全网的标识

（1）安全网的永久标识包括：执行标准号、产品合格证、产品名称及分类标记、制造商名称、地址、生产日期、其他国家有关法律法规所规定必须具备的标记或标志。

（2）制造商应在产品的最小包装内提供产品说明书，应包括但不限于以下内容。

平（立）网的产品说明：平（立）网安装、使用及拆除的注意事项，储存、维护及检查，使用期限，在何种情况下应停止使用。

密目网的产品说明：密目网的适用和不适用场所，使用期限，整体报废条件或要求，清洁、维护、储存的方法，拴挂方法，日常检查的方法和部位，使用注意事项，警示"不得作为平网使用"，警示"B级产品必须配合立网或护栏使用才能起到坠落防护作用"以及本品为合格品的声明。

4. 安全网的使用和维护

（1）安全网的检查内容包括：网内不得存留建筑垃圾，网下不能堆积物品，网身不能出现严重变形和磨损，以及是否会受化学品与酸、碱烟雾的污染及电焊火花的烧灼等。

（2）支撑架不得出现严重变形和磨损。其连接部位不得有松脱现象，网与网之间及网与支撑架之间的连接点亦不允许出现松脱，所有绑拉的绳都不能使其受严重的磨损或有变形。

（3）网内的坠落物要经常清理，保持网体洁净。还要避免大量焊接或火星落入网内，并避免高温或蒸汽环境。当网体受到化学品的污染、网绳嵌入粗砂粒或其他可能引起磨损的异物时，应须进行清洗，洗后使其自然干燥。

（4）安全网在搬运中不可使用铁钩或带尖刺的工具，以防损伤网绳。

（5）安全网应由专人保管发放。如暂不使用，应存放在通风、避光、隔热、防潮、无化学品污染的仓库或专用场所，并将其分类、分批存放在架子上，不允许随意乱堆。在存放过程中，亦要求对网体作定期检验，发现问题，立即处理，以确保安全。

（6）如安全网的储存期超过 2 年，应按 0.2％ 抽样，不足 1000 张时抽样 2 张进行耐冲击性能测试，测试合格后方可销售使用。

8　临时用电

　　本章要点：电气安全的基本常识，施工临时用电的安全要求，临时用电的施工组织设计，档案和人员管理以及外电线路及电气设备防护，接地与防雷，配电室及自备电源，配电线路，配电箱及开关箱，电气装置，施工照明，用电设备等临时用电的相关知识。

8.1 临时用电概述

8.1.1 电气安全基本常识

1. 安全电压

安全电压是指为防止触电事故而采用的 50V 以下特定电源供电的电压系列，分为 42V、36V、24V、12V 和 6V 五个等级，根据不同的作业条件，可以选用不同的安全电压等级。

下列特殊场所应使用安全特低电压照明器：

（1）隧道、人防工程、高温、有导电灰尘、比较潮湿或灯具离地面高度低于 2.5m 等场所的照明，电源电压不应大于 36V。

（2）潮湿和易触及带电体场所的照明，电源电压不应大于 24V。

（3）特别潮湿场所、导电良好的地面、锅炉或金属容器内的照明，电源电压不得大于 12V。

2. 电线的相色

电源线路可分工作相线（火线）、工作零线和专用保护零线，一般情况下，工作相线（火线）带电危险，工作零线和专用保护零线不带电（但在不正常情况下，工作零线也可以带电）。

一般相线（火线）分为 A、B、C 三相，分别为黄色、绿色、红色；工作零线为黑色；专用保护零线为黄绿双色线。

3. 插座的使用

（1）插座的分类

常用的插座分为单相双孔、单相三孔、三相三孔和三相四孔等。

（2）正确选用与安装接线

1）三孔插座应选用"品字形"结构，不应选用等边三角形排列的结构，因为后者容易发生三孔互换而造成触电事故。

2）插座在电箱中安装时，必须首先固定安装在安装板上，接地极与箱体一起作可靠的 PE 保护。

3）三孔或四孔插座的接地孔（较粗的一个孔），必须置在顶部位置，不可倒置，两孔插座应水平并列安装，不准垂直并列安装。

4）插座接线要求

① 对于两孔插座，左孔接零线，右孔接相线。

② 对于三孔插座，左孔接零线，右孔接相线，上孔接保护零线。

③ 对于四孔插座，上孔接保护零线，其他三孔分别接 A、B、C 三根相线。

④ 关于接线可以记为"左零右火上接地"。

4. 触电事故

当人体接触电气设备或电气线路的带电部分，并有电流流经人体时，人体将会因电流刺激而危及生命，这种现象称为人体触电。施工现场的触电事故主要分为电击和电伤两大类，也可分为低压触电事故和高压触电事故。

人们常称电击伤为触电。电击伤是由电流通过人体所引起的损伤，大多数是人体直接接触带电体所引起的，在电压较高或雷电击中时则为电弧放电而至损伤。

8.1.2 施工临时用电安全要求

根据现行行业标准《施工现场临时用电安全技术规范》JGJ 46 的规定，一般施工现场工作人员必须了解以下安全用电要求。

（1）项目经理部应制定安全用电管理制度。

（2）项目经理应明确施工用电管理人员、电气工程技术人员和各分包单位的电气负责人。

（3）施工现场临时用电设备在 5 台及以上或设备总容量在 50kW 及以上者，应编制临时用电工程施工组织设计；临时用电设备在 5 台以下和设备总容量在 50kW 以下者，应制定安全用电技术措施和电气防火措施。

（4）地下工程使用 220V 以上电气设备和灯具时，应制定强电进入措施。

（5）工程项目每周应对临时用电工程至少进行一次安全检查，对检查中发现的问题及时整改。

（6）建筑施工现场的电工属于特殊作业工种，必须经有关部门技能培训考核合格后，持操作证上岗，无证人员不得从事电气设备及电气线路的安装、维修和拆除。

（7）电工作业应持有效证件，电工等级应与工程的难易度和技术复杂性相适应。电工作业由二人以上配合进行，并按规定穿绝缘鞋、戴绝缘手套、使用绝缘工具，严禁带电接线和带负荷插拔插头等。

（8）在建工程与外电线路的安全距离应符合《施工现场临时用电安全技术规范》JGJ 46 的规定。

（9）施工现场的机动车道与外电架空线路交叉时，架空线路的最低点与路面的垂直距离应符合《施工现场临时用电安全技术规范》JGJ 46 的规定。

（10）当达不到规范规定的最小距离时，必须采取防护措施，增设屏障、遮拦或停电后作业，并悬挂醒目的警告标识牌。

（11）不准在高压线下方搭设临建、堆放材料和进行施工作业。在高压线一侧作业时，必须保持 6m 以上的水平距离，达不到上述距离时，必须采取隔离防护措施。

（12）起重机不得在架空输电线下面工作，在通过架空输电线路时，应将起重臂落下，以免碰撞。

（13）在临近输电线路的建筑物上作业时，不能随便往下扔金属类杂物，更不能触摸、拉动电线或电线接触钢丝和电杆的拉线。

（14）移动金属梯子和操作平台时，要观察高处输电线路与移动物体的距离，确认有足够的安全距离，再进行作业。

（15）搬扛较长的金属物体，如钢筋、钢管等材料时，不要碰触到电线。

（16）在地面或楼面上运送材料时，不要踏在电线上。停放手推车、堆放钢模板、跳板、钢筋时不要压在电线上。

（17）在移动有电源线的机械设备时，如移动电焊机、水泵、小型木工机械等，必须先切断电源，不能带电搬动。

（18）当发现电线坠地或设备漏电，切不可随意跑动或触摸金属物体，并保持 10m 以上距离。

（19）不准在宿舍工棚、仓库、办公室内用电饭锅、电水壶、电炉、电热杯等电器，如需使用应由管理部门指定地点，严禁使用电炉。

（20）不准在宿舍内乱拉乱接电源。只有专职电工可以接线、换保险丝，其他人不准私自进行，不准用其他金属丝代替熔丝（保险丝）。

（21）不准在潮湿的地上摆弄电器，不得用湿手接触电器，严禁将电线的金属丝直接插入插座，以防触电。

（22）严禁在电线上晾晒衣服或挂其他东西。

（23）如果发现有损坏的电线、插头、插座，要马上报告。专职安全员应贴上警告标识，以免其他人员使用。

8.2 施工现场临时用电管理

8.2.1 临时用电施工组织设计

施工现场临时用电施工组织设计是施工现场临时用电安装、架设、使用、维修和管理的重要依据，可指导和帮助供、用电人员准确按照用电施工组织设计的具体要求和措施执行，确保施工现场临时用电的安全性和科学性。

《施工现场临时用电安全技术规范》JGJ 46（以下简称《临电规范》）规定："施工现场临时用电设备在 5 台及以上或设备总容量在 50kW 及以上者，应编制用电组织设计"。"临时用电设备在 5 台以下和设备总容量在 50kW 以下者，应制定安全用电措施和电气防火措施"。

1. 施工现场临时用电施工组织设计应包括：

（1）现场勘测。

（2）确定电源进线、变电所或配电室、配电装置、用电设备位置及线路走向。

（3）进行负荷计算。

（4）选择变压器。

（5）设计配电系统：

1）设计配电线路，选择导线或电缆。

2）设计配电装置，选择电器。

3）设计接地装置。

4）绘制临时用电工程图纸，主要包括用电工程总平面图、配电装置布置图、配电系统接线图、接地装置设计图。

（6）设计防雷装置。

（7）确定防护措施。

（8）制定安全用电措施和电气防火措施。

2. 临时用电组织设计及变更时，必须履行"编制、审核、批准"程序，由电气工程技术人员组织编制，经相关部门审核及其临时用电管理织编制，经相关部门审核及具有法人资格企业的技术负责人批准后实施。变更用电施工组织设计应补充有关图纸资料。

3. 临时用电工程必须经编制、审核批准部门和使用单位共同验收，合格后方可投入使用。

8.2.2　临时用电的档案管理

《临电规范》规定："施工现场临时用电必须建立安全技术档案"，其内容包括：

（1）用电组织设计的安全资料。

（2）修改用电组织设计的资料。

（3）用电技术交底资料。

电气工程技术人员向安装、维修电工和各种用电设备人员分别贯彻交底的文字资料。包括总体意图、具体技术要求、安全用电技术措施和电气防火措施等文字资料。交底内容应具有针对性和完整性，并有交底人员的签名及日期。

（4）用电工程检查验收表。

（5）电气设备的试、检验凭单和调试记录。

电气设备的调试、测试和检验资料，主要是设备绝缘和性能完好情况。

（6）接地电阻、绝缘电阻和漏电保护器漏电动作参数测定记录表。

接地电阻测定记录应包括电源变压器投入运行前其工作接地阻值和重复接地阻值。

（7）定期检（复）查表。

定期检查复查接地电阻值和绝缘电阻值的测定记录等。

（8）电工安装、巡检、维修、拆除工作记录。

电工维修等工作记录是反映电工日常电气维修工作情况的资料，应尽可能记载详细，包括时间、地点、设备、部位、维修内容、技术措施、处理结果等。对于事故维修还要作出分析提出改进意见。

安全技术档案应由主管该现场的电气技术人员负责建立与管理。其中"电工安装、巡检、维修、拆除工作记录"可指定电工代管，每周由项目经理审核认可，并应在临时用电工程拆除后统一归档。

8.2.3　人员管理

1. 对现场电工的要求

（1）现场电工必须经过培训，经有关部门按国家现行标准考核合格后，方能持证上岗。

（2）安装、巡检、维修或拆除临时用电设备和线路，必须由现场电工完成，并应有人监护。

（3）现场电工的等级应同工程的难易程度和技术复杂性相适应。

2. 对各类用电人员的要求

（1）必须通过相关教育培训和技术交底，考核合格后方可上岗工作。

（2）掌握安全用电的基本知识和所用设备的性能。

（3）使用电气设备前必须按规定穿戴和配备好相应的劳动防护用品，并应检查电气安全装置和保护设施是否完好，严禁设备带"缺陷"运转。

（4）保管和维护所用设备，发现问题及时报告解决。

（5）暂时停用设备的开关箱必须分断电源隔离开关，并应关门上锁。

（6）移动电气设备时，必须经电工切断电源并作妥善处理后进行。

8.3 外电线路及电气设备防护

8.3.1 外电线路防护

外电线路主要指不为施工现场专用的、原来已经存在的高压或低压配电线路。外电线路一般为架空线路，个别现场是地下电缆。由于外电线路位置已经固定，所以施工过程中必须与外电线路保持一定安全距离，当因受现场作业条件限制达不到安全距离时，必须采取防护措施，防止发生因碰触造成的触电事故。

1.《临电规范》规定：在建工程不得在外电架空线路正下方施工、搭设作业棚、建造生活设施或堆放构件、架具、材料及其他杂物等。

2. 当在架空线路一侧作业时，必须保持安全操作距离。

《临电规范》规定了各种情况下的最小安全操作距离，即与外电架空线路的边线之间必须保持的距离。

（1）在建工程（含脚手架）的周边与架空线路的边线之间的最小安全操作距离应符合表 8-1 的规定。

在建工程（含脚手架）的周边与架空线路的边线之间的最小安全操作距离　　表 8-1

外电线路电压等级（kV）	<1	1～10	35～110	220	330～500
最小安全操作距离（m）	4.0	6.0	8.0	10	15

注：上、下脚手架的斜道不宜设在有外电线路的一侧。

（2）施工现场的机动车道与外电架空线路交叉时，架空线路的最低点与路面的最小垂直距离应符合表 8-2 的规定。

施工现场的机动车道与架空线路交叉时的最小安全距离　　表 8-2

外电线路电压等级（kV）	<1	1～10	35
最小垂直距离（m）	6.0	7.0	7.0

（3）起重机的任何部位或被吊物边缘在最大偏斜时与架空线路边线的最小安全距离应符合表 8-3 的规定。

起重机与架空线路边线的最小安全距离　　表 8-3

电压（kV） 方向	<1	10	35	110	220	330	500
沿垂直方向（m）	1.5	3.0	4.0	5.0	6.0	7.0	8.5
沿水平方向（m）	1.5	2.0	3.5	4.0	6.0	7.0	8.5

（4）施工现场开挖沟槽边缘与外电埋地电缆沟槽边缘之间的距离不得小于 0.5m。

3. 防护措施

当达不到规范规定的最小距离时，必须采取绝缘隔离防护措施。

（1）增设屏障、遮栏或保护网，并悬挂醒目的警告标志。

（2）防护设施必须使用非导电材料，并考虑防护棚本身的安全（防风、防大雨、防雪等）。

（3）特殊情况下无法采用防护设施，则应与有关部门协商，采取停电、迁移外电线路或改变工程位置等措施，未采取上述措施的严禁施工。

防护设施与外电线路之间的安全距离不应小于表 8-4 所列数值。

防护设施与外电线路之间的最小安全距离　　　表 8-4

外电线路电压（kV）	≤10	35	110	220	330	500
最小安全距离（m）	1.7	2.0	2.5	4.0	5.0	6.0

架设防护设施时，必须经有关部门批准，采用线路暂时停电或其他可靠的安全技术措施，并应有电气工程技术人员和专职安全人员监护。

8.3.2 电气设备防护

1. 电气设备现场周围不得存放易燃易爆物、污源和腐蚀介质，否则应予清除或作防护处置，其防护等级必须与环境条件相适应。

2. 电气设备设置场所应能避免物体打击和机械损伤，否则应作防护处置。

8.4 接 地 与 防 雷

8.4.1 接地与接零保护系统

为了防止意外带电体上的触电事故，根据不同情况应采取保护措施。保护接地和保护接零是防止电气设备意外带电造成触电事故的基本安全保障措施。

1. 接地与接零的概念

所谓接地，即将电气设备的某一可导电部分与大地之间用导体作电气连接，简单地说，是设备与大地作金属性连接。

接地主要分四类：

（1）工作接地：在电力系统中，某些设备因运行的需要，直接或通过消弧线圈、电抗器、电阻等与大地金属连接，称为工作接地（例如三相供电系统中，电源中性点的接地）。阻值应不大于 4Ω。

（2）保护接地：因漏电保护需要，将电气设备正常运行情况下不带电的金属外壳和机械设备的金属构架（件）接地，称为保护接地。阻值不应大于 4Ω。

（3）重复接地：在中性点直接接地的电力系统中，为了保证接地的作用和效果，除在中性点处直接接地外，在中性线上的一处或多处再作接地，称为重复接地。其阻值不应大于 10Ω。在一个施工现场中，重复接地不能少于 3 处（始端、中间、末端）。

在设备比较集中地方如搅拌机棚、钢筋作业区等应作一组重复接地；在高大设备处如塔机、外用电梯、物料提升机等也要作重复接地。

（4）防雷接地：防雷装置（避雷针、避雷器等）的接地，称为防雷接地。作防雷接地的电气设备，必须同时作重复接地。阻值应不大于 30Ω。

接零即电气设备与零线连接。接零分为：

（1）工作接零：电气设备因运行需要而与工作零线连接，称为工作接零。

（2）保护接零：电气设备正常情况不带电的金属外壳和机械设备的金属构架与保护零线连接，称为保护接零。

城防、人防、隧道等潮湿或条件特别恶劣施工现场的电气设备必须采用保护接零。

当施工现场与外电线路共用同一供电系统时，不得一部分设备作保护接零，另一部分作保护接地。

2. "TT"与"TN"符号的含义

TT：第一个字母 T，表示工作接地；第二个字母 T，表示采用保护接地。

TN：第一个字母 T，表示工作接地；第二个字母 N，表示采用保护接零。

TN-C：保护零线 PE 与工作零线 N 合一设置接零保护系统（三相四线）。

TN-S：保护零线 PE 与工作零线 N 分开设置的接零保护系统（三相五线）。

TN-C-S：在同一电网内，一部分采用 TN-C，另一部分采用 TN-S。

3. 施工现场临时用电必须采用 TN-S 系统，不要采用 TN-C 系统

《临电规范》规定：建筑施工现场临时用电工程专用的电源中性点直接接地的 220/380V 三相四线制低压电力系统，必须符合下列规定：

（1）采用三级配电系统。

（2）采用 TN-S 接零保护系统。

（3）采用二级漏电保护系统。

电气设备的金属外壳必须与专用保护零线连接。专用保护零线应由工作接地线、配电室的零线或第一级漏电保护器电源侧的零线引出。

4. 采用 TN 系统还是采用 TT 系统，依现场的电源情况而定

在低压电网已作了工作接地时，应采用保护接零，不应采用保护接地。因为用电设备发生碰壳故障时，第一，采用保护接地时，故障点电流太小，对 1.5kW 以上的动力设备不能使熔断器快速熔断，设备外壳将长时间带有 110V 的危险电压；而保护接零能获取大的短路电流，保证熔断器快速熔断，避免触电事故。第二，每台用电设备采用保护接地，其阻值达 4Ω，需要将一定数量的钢材打入地下，费工费材料；而采用保护接零敷设的零线可以多次周转使用，从经济上是比较合理的。

在同一个电网内，不允许一部分用电设备采用保护接地，而另外一部分设备采用保护接零，这样是相当危险的，如果采用保护接地的设备发生漏电时，将会导致采用保护接零的设备外壳同时带电。

《临电规范》规定："当施工现场与外电线路共用同一供电系统时，电气设备的接地、接零保护应与原系统保护一致。不得一部分设备做保护接零，另一部分设备做保护接地"。

（1）当施工现场采用电业部门高压侧供电，自己设置变压器形成独立电网时，应作工作接地，必须采用 TN-S 系统。

（2）当施工现场有自备发电机组时，接地系统应独立设置，应采用 TN-S 系统。

（3）当施工现场采用电业部门低压侧供电，与外电线路同一电网时，应按照当地供电部门的规定采用 TT 系统或采用 TN 系统。

（4）当分包单位与总包单位共用同一供电系统时，分包单位应与总包单位的保护方式一致，不允许一个单位采用 TT 系统而另外一个单位采用 TN 系统。

5. 施工现场的电力系统严禁利用大地作相线或零线

6. 工作零线与保护零线必须严格分设。在采用了 TN-S 系统后，如果发生工作零线与保护零线错接，将导致设备外壳带电

（1）保护零线应由工作接地线处引出，或由配电室（或总配电箱）电源侧的零线处引出。

（2）保护零线严禁穿过漏电保护器，工作零线必须穿过漏电保护器。

（3）电箱中应设两块端子板（工作零线 N 与保护零线 PE），保护零线端子板与金属电箱相连，工作零线端子板与金属电箱绝缘。

（4）保护零线必须作重复接地，工作零线禁止作重复接地。

7. 保护零线（PE）的设置要求

（1）保护零线必须采用绝缘导线。

配电装置和电动机械相连接的 PE 线应为截面不小于 2.5mm^2 的绝缘多股铜线。手持式电动工具的 PE 线应为截面不小于 1.5mm^2 的绝缘多股铜线。

（2）PE 线上严禁装设开关或熔断器，严禁通过工作电流，且严禁断线。

（3）保护零线作为接零保护的专用线，必须独用，电缆要用五芯电缆。

（4）保护零线除了从工作接地线（变压器）或总配电箱电源侧从零线引出外，在任何地方不得与工作零线有电气连接，特别注意在电箱中应防止经过铁质箱壳形成电气连接。

（5）保护零线的统一标志为绿/黄双色线；相线 L_1（A）、L_2（B）、L_3（C）相序的绝缘颜色依次为黄、绿、红色；N 线的绝缘颜色为淡蓝色；任何情况下上述颜色标记严禁混用和互相代用。

（6）保护零线除必须在配电室或总配电箱处作重复接地外，还必须在配电线路的中间处及末端作重复接地，配电线路越长，重复接地的作用越明显，为使接地电阻更小，可适当多做重复接地。

（7）保护零线的截面积不应小于工作零线的截面积，同时必须满足机械强度的要求。

8.4.2 防雷

（1）防雷接地的电气设备，必须同时作重复接地。施工现场的电气设备和避雷装置可利用自然接地体接地，但应保证电气连接并校验自然接地体的热稳定。

（2）施工现场内的起重机、井字架、龙门架等机械设备，以及钢脚手架和正在施工的在建工程等的金属结构，应安装防雷设备，若在相邻建筑物、构筑物等设施的防雷装置接闪器的保护范围以外，则应安装防雷装置。

当最高机械设备上避雷针（接闪器）的保护范围能覆盖其他设备，且又最后退出于现场时，其他设备可不设防雷装置。

（3）施工现场内所有防雷装置的冲击接地电阻值不得大于 30Ω。

（4）塔式起重机的防雷装置应单独设置，不应借用架子或建筑物的防雷装置。

（5）各机械设备或设施的防雷引下线可利用该设备或设施的金属结构体，但应保证电气连接。

（6）机械设备上的避雷针（接闪器）长度应为 1～2m。

（7）安装避雷针（接闪器）的机械设备，所有固定的动力、控制、照明、信号及通信线路，宜采用钢管敷设。钢管与该机械设备的金属结构体应作电气连接。

8.5　配电室及自备电源

（1）配电室应靠近电源，并应设在灰尘少、潮气少、振动小、无腐蚀介质、无易燃易爆物及道路畅通的地方。

（2）配电室和控制室应能自然通风，并应采取防雨雪和防止动物出入的措施。

（3）成列的配电柜和控制柜两端应与重复接地线及保护零线做电气连接。

（4）配电柜应装设电源隔离开关及短路、过载、漏电保护电器。电源隔离开关分断时应有明显可见分断点。

（5）配电室应设值班人员，值班人员必须熟悉本岗位电气设备的性能及运行方式，并持操作证上岗值班。

（6）配电室内必须保持规定的操作和维修通道宽度。

（7）配电室的建筑物和构筑物的耐火等级不应低于 3 级，室内应配置砂箱和可用于扑灭电气火灾的灭火器。

（8）配电室内设置值班或检修室时，该室边缘距配电柜的水平距离大于 1m，并采取屏障隔离。

（9）配电室的门应向外开，并配锁。

（10）配电室的照明分别设置正常照明和事故照明。

（11）配电室应保持整洁，不得堆放任何妨碍操作、维修的杂物。

（12）配电柜应装设电度表，并应装设电流、电压表。电流表与计费电度表不得共用一组电流互感器。

（13）配电柜应编号，并应有用途标记。

（14）配电柜或配电线路停电维修时，应挂接地线，并应悬挂"禁止合闸、有人工作"停电标志牌。停送电必须由专人负责。

（15）配电室内的母线涂刷有色油漆，以标志相序；以柜正面方向为基准，其涂色应符合表 8-5 的规定。

母线涂色　　　　　　　　　　　　　　　　　　　　　　　　　　　表 8-5

相别	颜色	垂直排列	水平排列	引下排列
L_1（A）	黄	上	后	左
L_2（B）	绿	中	中	中
L_3（C）	红	下	前	右
N	淡蓝	—	—	—

（16）发电机组电源必须与外电线路电源连锁，严禁并列运行。

（17）发电机组应采用电源中性点直接接地的三相四线制供电系统和独立设置 TN-S 接零保护系统，其工作接地电阻值应符合规范要求。

（18）发电机供电系统应设置电源隔离开关及短路、过载、漏电保护电器。电源隔离开关分断时应有明显可见分断点。

（19）发电机组并列运行时，必须装设同期装置，并在机组同步运行后再向负载供电。

（20）发电机组的排烟管道必须伸出室外。发电机组及其控制、配电室内必须配置可用于扑灭电气火灾的灭火器，严禁存放储油桶。

（21）室外地上变压器应设围栏，悬挂警示牌，内设操作平台。变压器围栏内不得堆放任何杂物。

8.6 配 电 线 路

施工现场的配电线路一般可分为室外和室内配电线路，室外配电线路又可分为架空配电线路和电缆配电线路。

《临电规范》规定："架空线路必须采用绝缘导线"，"室内配线必须采绝缘导线或电缆"。施工现场严禁使用裸线。导线和电缆是配电线路的主体，绝缘必须良好，不允许有老化、破损现象，接头和包扎都必须符合规定。

8.6.1 导线和电缆

（1）架空线导线截面的选择应符合下列要求：

1）导线中的计算负荷电流不大于其长期连续负荷允许载流量。

2）线路末端电压偏移不大于其额定电压的 5%。

3）三相四线制线路的 N 线和 PE 线截面积不小于相线截面的 50%，单相线路的零线截面与相线截面相同。

4）按机械强度要求，绝缘铜线截面积不小于 10mm²，绝缘铝线截面积不小于 16mm²；在跨越铁路、公路、河流、电力线路档距内，绝缘铜线截面积不小于 16mm²，绝缘铝线截面积不小于 25 mm²。

（2）电缆中必须包含全部工作芯线和用作保护零线或保护线的芯线。需要三相四线制配电的电线路必须采用五芯电缆。

五芯电缆必须包含淡蓝、绿/黄色绝缘芯线。淡蓝色芯线必须用作 N 线；绿/黄双色芯线必须用作 PE 线，严禁混用。

（3）电缆类型应根据敷设方式、环境条件选择。埋地敷设宜选用铠装电缆；当选用无铠装电缆时，应能防水、防腐。架空敷设宜选用无铠装电缆。

（4）电缆截面的选择应符合前（1）～（3）款的规定，根据其长期连续负荷允许载流量和允许电压偏移确定。

（5）室内配线所用导线或电缆的截面应根据用电设备或线路的计算负荷确定，但铜线截面积不应小于 1.5 mm²，铝线截面积不应小于 2.5mm²。

（6）长期连续负荷的电线电缆的截面应按电力负荷的计算电流及国家有关规定条件

选择。

（7）应满足长期运行温升的要求。

8.6.2 架空线路的敷设

（1）施工现场运电杆时及人工立电杆时，应由专人指挥。

（2）电杆就位移动时，坑内不得有人。电杆立起后，必须先架好叉木，才能撤去吊钩。电杆坑填土夯实后才允许撤掉叉木、溜绳或横绳。

（3）架空线必须架设在专用电杆上，严禁架设在树木、脚手架及其他设施上。宜采用钢筋混凝土杆或木杆。钢筋混凝土杆不得有露筋、宽度大于0.4mm的裂纹和扭曲；木杆不得腐朽，其梢径不应小于14mm。电杆的埋设深度为杆长的1/10加0.6m，回填土应分层夯实。在松软土质处宜加大埋入深度或采用卡盘等加固。

（4）杆上作业时，禁止上下投掷料具。料具应放在工具袋内，上下传递料具的小绳应牢固可靠。递完料具后，要离开电杆3m以外。

（5）架空线路的档距不得大于35m，线间距不得小于0.3m，靠近电杆的两导线的间距不得小于0.5m。

（6）架空线路横担间的最小垂直距离，横担选材、选型，绝缘子类型选择，拉线、撑杆的设置等均应符合规范要求。

（7）架空线路与邻近线路或固定物的距离应符合表8-6的规定。

架空线路与邻近线路或固定物的距离 表8-6

项目	距离类别					
最小净空距离（m）	架空线路的过引线、接下线下邻线		架空线与架空线电杆外缘		架空线与摆动最大时树梢	
	0.13		0.05		0.50	
最小垂直距离（m）	架空线同杆架设下方的通信、广播线路	架空线最大弧垂与地面			架空线最大弧垂与暂设工程顶端	架空线与邻近电力线路交叉
		施工现场	机动车道	铁路轨道		1kV以下 / 1～10kV
	1.0	4.0	6.0	7.5	2.5	1.2 / 2.5
最小水平距离（m）	架空线电杆与路基边缘		架空线电杆与铁路轨道边缘		架空线边线与建筑物凸出部分	
	1.0		杆高（m）+3.0		1.0	

除此之外，还应考虑施工各方面情况，如场地的变化，建筑物的变化，防止先架设好的架空线，与后施工的外脚手架、结构挑檐、外墙装饰等距离太近而达不到要求。

（8）架空线路必须有短路保护和过载保护。

（9）大雨、大雪及六级以上强风天，停止蹬杆作业。

8.6.3 电缆线路的敷设

电缆干线应采用埋地或架空敷设，严禁沿地面明敷设，并应避免机械损伤和介质腐蚀。埋地电缆路径应设方位标志。

（1）埋地敷设

1）电缆在室外直接埋地敷设时，必须按电缆埋设图敷设，埋地敷设的深度不应小于0.7m，并应在电缆紧邻上、下、左、右侧均匀敷设不小50mm厚的细砂，然后覆盖砖或混凝土板等硬质保护层。

2）埋地电缆在穿越建筑物、构筑物、道路、易受机械损伤、介质腐蚀场所及引出地面从2.0m高到地下0.2m处，必须加设防护套管，防护套管内径不应小于电缆外径的1.5倍。

3）埋地电缆与其附近外电电缆和管沟的平行间距不得小于2m，交叉间距不得小于lm。

4）埋地电缆的接头应设在地面上的接线盒内，接线盒应能防水、防尘、防机械损伤，并应远离易燃、易爆、易腐蚀场所。

5）施工现场埋设电缆时，应尽量避免碰到下列场地：经常积水的地方，地下埋设物较复杂的地方，时常挖掘的地方，预定建设建筑物的地方，散发腐蚀性气体或溶液的地方，制造和储存易燃易爆或燃烧的危险物质场所。

6）应有专人负责管理埋设电缆的标志，不得将物料堆放在电缆埋设的上方。

（2）架空敷设

1）架空电缆应沿电杆、支架或墙壁敷设，并采用绝缘子固定，绑扎线必须采用绝缘线，固定点间距应保证电缆能承受自重所带来的荷载，敷设高度应符合架空线路敷设高度的要求，但沿墙壁敷设时最大弧垂距地不得小于2.0m。

2）架空电缆严禁沿脚手架、树木或其他设施敷设。

（3）在建工程内的电缆线路必须采用电缆埋地引入，严禁穿越脚手架引入。电缆垂直敷设应充分利用在建工程的竖井、垂直洞等，并宜靠近用电负荷中心，固定点楼层不得少于一处。电缆水平敷设宜沿墙或门口刚性固定，最大弧垂距地不得小于2.0m。

（4）装饰装修工程或其他特殊阶段，应补充编制单项施工用电方案。电源线可沿墙角、地面敷设，但应采取防机械损伤和防电火的措施。

（5）电缆线路必须有短路保护和过载保护，短路保护和过载保护电器与电缆的选配应符合规范要求。

8.6.4 室内配电线路

（1）室内配线应根据配线类型采用瓷瓶、瓷（塑料）夹、嵌绝缘槽、穿管或钢索敷设。明敷主干线距地面高度不得小于2.5m。

（2）潮湿场所或埋地非电缆配线必须穿管敷设，管口和管接头应密封；当采用金属管敷设时，金属管必须做等电位联结，且必须与PE线相连接。

（3）架空进户线的室外端应采用绝缘子固定，过墙处应穿管保护，距地面高度不得小于2.5m，并应采取防雨措施。

（4）钢索配线的吊架间距不宜大于12m。采用瓷夹固定导线时，导线间距不应小于35mm，瓷夹间距不应大于800mm；采用瓷瓶固定导线时，导线间距不应小于100mm，瓷瓶间距不应大于1.5m；采用护套绝缘导线或电缆时，可直接敷设于钢索上。

（5）室内配线必须有短路保护和过载保护，短路保护和过载保护电器与绝缘导线、电缆的选配应符合规范要求。对穿管敷设的绝缘导线线路，其短路保护熔断器的熔体额定电流不应大于穿管绝缘导线长期连续负荷允许载流量的 2.5 倍。

8.7 配电箱及开关箱

施工现场的配电箱是电源与用电设备之间的中枢环节，而开关箱是配电系统的末端，是用电设备的直接控制装置，它们的设置和运用直接影响着施工现场的用电安全。

8.7.1 三级配电、两级保护

《临电规范》规定："配电系统应设置配电柜或总配电箱、分配电箱、开关箱，实行三级配电"。这样，配电层次清楚，既便于管理又便于查找故障。"总配电箱以下可设若干分配电箱；分配电箱以下可设若干开关箱"。

同时要求，"动力配电箱与照明配电箱宜分别设置。当合并设置为同一配电箱时，动力和照明应分路配电；动力开关箱与照明开关箱必须分设。"使动力和照明自成独立系统，不致因动力停电影响照明。

"两级保护"主要指采用漏电保护措施，除在末级开关箱内加装漏电保护器外，还要在上一级分配电箱或总配电箱中再加装一级漏电保护器，即将电网的干线与分支线路作为第一级，线路末端作为第二级。总体上形成两级保护。

8.7.2 一机一闸一漏一箱

《临电规范》规定："每台用电设备必须有各自专用的开关箱"，这就是"一箱"，不允许将两台用电设备的电气控制装置合并在一个开关箱内，避免发生误操作等事故。

《临电规范》规定："开关箱必须装设隔离开关、断路器或熔断器以及漏电保护器"，这就是"一漏"。因为每台用电设备都应加装漏电保护器，所以不能有一个漏电保护器保护二台或多台用电设备的情况，否则容易发生误动作，影响保护效果。另外还应避免直接用漏电保护器兼作电器控制开关，由于漏电保护器频繁动作，将导致损坏或影响灵敏度失去保护功能（漏电保护器与空气开关组装在一起的电器装置除外）。

《临电规范》规定："严禁用同一个开关箱直接控制 2 台及 2 台以上用电设备（含插座）"，这就是通常所说的"一机一闸"，不允许一闸多机或一闸控制多个插座的情况，主要也是防止误操作等事故发生。

8.7.3 配电箱及开关箱的电气技术要求

1. 材质要求

（1）配电箱、开关箱应采用冷轧钢板或阻燃绝缘材料制作，钢板厚度应为 1.2～2.0mm，其中开关箱箱体钢板厚度不得小于 1.2mm，配电箱箱体板厚度不得小于 1.5mm，箱体表面应作防腐处理。

（2）不得采用木质配电箱、开关箱、配电板。

2. 制作要求

（1）配电箱、开关箱外形结构应能防雨、防尘，箱体应端正、牢固。箱门开、关松紧适当，便于开关。

（2）必须有门锁。

（3）配电箱、开关箱的箱体尺寸应与箱内电器的数量和尺寸相适应。

3. 安装位置要求

（1）总配电箱应设在靠近电源的区域，分配电箱应设在用电设备或负荷相对集中的区域，分配电箱与开关箱的距离不得超过30m，开关箱与其控制的固定式用电设备的水平距离不宜超过3m。分配电箱与开关箱的距离与手持电动工具的距离不宜大于5m。

（2）动力配电箱与照明配电箱宜分别设置。当合并设置为同一配电箱时，动力和照明应分路配电；动力开关箱与照明开关箱必须分设。

（3）配电箱、开关箱应装设在干燥、通风及常温场所，不得装设在有严重损伤作用的瓦斯、烟气、潮气及其他有害介质中，亦不得装设在易受外来固体物撞击、强烈振动、液体浸溅及热源烘烤场所。否则，应予清除或作防护处理。

（4）配电箱、开关箱周围应有足够2人同时工作的空间和通道，不得堆放任何妨碍操作、维修的物品，不得有灌木、杂草。

（5）固定式配电箱、开关箱的中心点与地面的垂直距离应为1.4～1.6m。移动式配电箱、开关箱应装设在坚固、稳定的支架上，其中心点与地面的垂直距离宜为0.8～1.6m。携带式开关箱应有100～200mm的箱腿。配电柜下方应砌台或立于固定支架上。

（6）开关箱必须立放，禁止倒放，箱门不得采用上下开启式，并防止碰触箱内电器。

4. 内部开关电器安装要求

（1）箱内电器安装常规是左大右小，大容量的控制开关，熔断器在左面，右面安装小容量的开关电器。

（2）箱内所有的开关电器应安装端正、牢固，不得有任何的松动、歪斜。

（3）配电箱、开关箱内的电器（含插座）应按其规定位置先紧固安装在金属或非木质阻燃绝缘电器安装板上，然后整体紧固在配电箱、开关箱箱体内。

（4）配电箱的电器安装板上必须分设并标明N线端子板和PE线端子板，一般放在箱内配电板下部或箱内底侧边。N线端子板必须与金属电安装板绝缘；PE线端子板必须与金属电器安装板作电气连接。

进出线中的N线必须通过N线端子板连接，PE线必须通过PE线端子板连接。

（5）箱内电器安装板板面电器元件之间的距离和与箱体之间的距离可按照表8-7确定。

（6）配电箱、开关箱的金属箱体、金属电器安装板以及内部开关电器正常不带电的金属底座、外壳等必须通过PE线端子板与PE线做电气连接，金属箱门与金属箱必须通过采用编织软铜线作电气连接。

5. 配电箱、开关箱内连接导线要求

（1）配电箱、开关箱内的连接线必须采用铜芯绝缘导线。铝线接头万一松动，可能造成接触不良，产生电火花和高温，使接头绝缘烧毁，导致对地短路故障。因此为了保证可靠的电气连接，保护零线应采用绝缘铜线。

配电箱、开关箱内电器安装尺寸（mm）

表 8-7

间距名称	最小净距
并列电器（含单极熔断器）间	30
电器进、出现瓷管（塑料管）孔与电器边沿间	15A，30
	20～30A，50
	60A 及以上，80
上、下排电器进出线瓷管（塑料管）孔间	25
电器进、出现瓷管（塑料管）孔至板边	40
电器至板边	40

（2）导线绝缘的颜色配置正确并排列整齐。

（3）配电箱、开关箱内导线分支接头不得采用螺栓压接，应采用焊接并作绝缘包扎，不得有外露带电部分。

6. 配电箱、开关箱导线进出口处要求

（1）配电箱、开关箱中导线的进线口和出线口应设在箱体的下底面，即"下进下出"，不能设在上面、后面、侧面，更不应当从箱门缝隙中引进和引出导线。

（2）配电箱、开关箱的进、出线口应配置固定线卡、进出线应加绝缘护套并成束卡在箱体上，不得与箱体直接接触。

移动式配电箱、开关箱的进、出线应采用橡皮护套绝缘电缆，不得有接头。

8.7.4　配电箱、开关箱的使用和维护

（1）配电箱、开关箱应有名称、用途、分路标记及系统接线图，并有专人管理。

（2）配电箱、开关箱必须按照下列顺序操作：

1）送电操作顺序为：总配电箱→分配电箱→开关箱。

2）停电操作顺序为：开关箱→分配电箱→总配电箱。

出现电气故障的紧急情况可除外。

（3）开关箱的操作人员必须按《临电规范》规定操作。

（4）施工现场停止作业 1h 以上时，应将动力开关箱断电上锁。

（5）配电箱、开关箱应定期检查、维修。检查、维修人员必须是专业电工。检查、维修时必须按规定穿戴绝缘鞋、手套，必须使用电工绝缘工具，并应作检查、维修工作记录。

（6）对配电箱、开关箱进行定期维修、检查时，必须将其前一级相应的电源隔离开关分闸断电，并悬挂"禁止合闸、有人工作"停电标志牌，严禁带电作业。

（7）配电箱、开关箱内不得放置任何杂物，不得随意挂接其他用电设备，并应保持整洁。

（8）配电箱、开关箱内的电器配置和接线严禁随意改动。

（9）配电箱、开关箱的进线和出线严禁承受外力，严禁与金属尖锐断口、强腐蚀介质和易燃易爆物接触。

（10）配电箱、开关箱箱体应外涂安全色标、级别标志和统一编号。

8.8 电 气 装 置

配电箱、开关箱内常用的电气装置有隔离开关、断路器或熔断器以及漏电保护器，它们都是开闭电路的开关设备。

8.8.1 常用电气装置介绍

1. 隔离开关

隔离开关一般多用于高压变配电装置中，是一种没有灭弧装置的开关设备。隔离开关的主要作用是在设备或线路检修时隔离电压，以保证安全。

隔离开关一般可采用刀开关（刀闸）、刀形转换开关以及熔断器。刀开关和刀形转换开关可用于空载接通和分断电路的电源隔离开关，也可用于直接控制照明和不大于3.0kW的动力电路。

当施工现场的某台用电设备或某配电支路发生故障，需要检修时，在不影响其他设备或配电支路正常运行的情况下，为保障检修人员的安全，必须使开关箱或配电箱内的开关电器在任何情况下可以使用电设备实行电源隔离。为此，《临电规范》规定了配电箱及开关箱内必须装设隔离开关。

要注意空气开关不能用作隔离开关。自动空气断路器简称空气开关或自动开关，是一种自动切断线路故障用的保护电器，可用在电动机主电路上提供短路、过载和欠压保护，但不能用作电源隔离开关。它必须与隔离开关配合才能用于控制3.0kW以上的动力电路。

隔离开关分为户内用和户外用两类。隔离开关按结构形式有单柱式、双柱式和三柱式三种；按运动方式可分为瓷柱转动、瓷柱摆动和瓷柱移动；按闸刀的合闸方式又可分为闸刀垂直运动和闸刀水平运动。

隔离开关的主要技术参数有：

（1）额定电压：指隔离开关正常工作时，允许施加的电压。

（2）最高工作电压：由于输电线路存在电压损失，电源端的实际电压总是高于额定电压，因此要求隔离开关能够在高于额定电压的情况下长期工作，在设计制造时就给隔离开关确定了一个最高工作电压。

（3）额定电流：指隔离开关可以长期通过的最大工作电流。隔离开关长期通过额定电流时，其各部分的发热温度不超过允许值。

（4）动稳定电流：指隔离开关承受冲击短路电流所产生电动力的能力。是生产厂家在设计制造时确定的，一般以额定电流幅值的倍数表示。

（5）热稳定电流：指隔离开关承受短路电流热效应的能力。是由制造厂家给定的某规定时间（1s或4s）内，使隔离开关各部件的温度不超过短时最高允许温度的最大短路电流。

（6）接线端子额定静拉力：指绝缘子承受机械载荷的能力，分为纵向和横向。

2. 低压断路器

低压断路器（又称自动空气开关）可以接通和分断正常负荷电流和过负荷电流，还可以接通和分断短路电流。低压断路器在电路中除起控制作用外，还具有一定的保护功能，如过负荷、短路、欠压和漏电保护等。低压断路器可以手动直接操作或电动操作，也可以遥控操作。断路器和熔断器在使用时一般只需选择一个即可。

低压断路器容量范围很大，最小为 4A，最大可达 5000A。低压断路器广泛应用于低压配电系统各级馈出线，各种机械设备的电源控制和用电终端的控制和保护。

（1）低压断路器分类

按使用类别：选择型（保护装置参数可调）、非选择型（保护装置参数不可调）。

按结构形式：万能式（又称框架式）、塑壳式（又称装置式）。

按灭弧介质：空气式、真空式（目前国产多为空气式）。

按操作方式：手动操作、电动操作、弹簧储能机械操作。

按极数单极式、二极式、三极式、四极式。

按安装方式：有固定式、插入式、抽屉式、嵌入式等。

（2）低压断路器的结构

低压断路器的主要结构元件有：触头系统、灭弧系统、操作机构和保护装置。触头系统的作用是实现电路的接通和分断。灭弧系统的作用是熄灭触头在断电路时产生的电弧。操作机构是用来操纵触头闭合与断开。保护装置的作用是当电路出现故障时，使触头断开，分断电路。

（3）常用低压断路器

常用的低压断路器有万能式断路器（标准形式为 DW 系列）和塑壳式断路器（标准形式为 DZ 系列）两大类。

（4）低压断路器的主要特性及技术参数

我国低压电器标准规定低压断路器应有下列特性参数：

1）形式

断路器形式包括相数、极数、额定频率、灭弧介质、闭合方式和分断方式。

2）主电路额定值

主电路额定值有、额定工作电压、额定电流、额定短时接通能力、额定短时受电流。万能式断路器的额定电流还分主电路的额定电流和框架等级的额定电流。

3）额定工作制

断路器的额定工作制可分为 8h 工作制和长期工作制两种。

4）辅助电路参数

断路器辅助电路参数主要为辅助接点特性参数。万能式断路器一般具有常开接点、常闭接点各 3 对，供信号装置及控制回路用；塑壳式断路器一般不具备辅助接点。

5）其他

断路器特性参数除上述各项外，还包括脱扣器形式、特性、使用类别等。

（5）断路器的选用

额定电流在 600A 以下，且短路电流不大时，可选用塑壳断路器；额定电流较大，短路电流亦较大时，应选用万能式断路器。

一般选用原则为：

1）断路器额定电流≥负载工作电流。

2）断路器额定电压≥电源和负载的额定电压。

3）断路器脱扣器额定电流≥负载工作电流。

4）断路器极限通断能力≥电路最大短路电流。

5）线路末端单相对地短路电流/断路器瞬时（或短路时）脱扣器整定电流≥1.25。

6）断路器欠电压脱扣器额定电压＝线路额定电压。

3. 高压断路器

高压断路器在高压开关设备中是一种非常复杂、重要的电器，是一种能够实现控制与保护双重作用的高压电器。

（1）作用

1）控制作用：在规定的使用条件下，根据电力系统运行的需要，将部分或全部电气设备以及线路投入或退出运行。

2）保护作用：当电力系统某一部分发生故障时，在继电保护装置的作用下，自动地将该故障部分从系统中迅速切除，防止事故扩大，保护系统中各类电气设备不受损坏，保证系统安全运行。

（2）种类

高压断路器的种类很多，按照其安装场所不同，可分为户内式和户外式。按照其灭弧介质的不同，主要有以下几类：

1）油断路器：分为多油断路器和少油断路器，指触头在变压器油中开断，利用变压器油为灭弧介质的断路器。

2）压缩空气断路器：利用高压力的空气来吹弧的断路器。

3）真空断路器：触头在真空中开断，以真空为灭弧介质和绝缘介质的断路器。

4）六氟化硫（SF6）断路器：利用高压力的SF6来吹弧的断路器。

5）磁吹断路器：在空气中由磁场将电弧吹入灭弧栅中使之拉长、冷却而熄灭的断路器。

6）固体产气断路器：利用固体产气物质在电弧高温作用下分解出的气体来熄灭电弧的断路器。

高压断路器的主要技术参数有：额定电压、额定电流、额定开断电流、额定遮断容量、动稳定电流、热稳定电流、合闸时间和分闸时间等。

4. 熔断器

熔断器（俗称保险丝）是一种简单的保护电器，当电气设备和电路发生短路和过载时，能自动切断电路，避免电气设备损坏，防止事故蔓延，从而对电气设备和电路起到安全保护作用。熔断器熔断时间和通过的电流大小有关，通常是电流越大，熔断时间越短。熔断器主要用作电路的短路保护，也可作为电源隔离开关使用。

熔断器由绝缘底座（或支持件）、触头、熔体等组成。熔体是熔断器的主要工作部分，熔体相当于串联在电路中的一段特殊的导线，当电路发生短路或过载时，电流过大，熔体因过热而熔化，从而切断电路。熔体常做成丝状、栅状或片状。熔体材料具有相对熔点低、特性稳定、易于熔断的特点，一般采用铅锡合金、镀银铜片、锌、银等金属。

在熔体熔断切断电路的过程中会产生电弧，为了安全有效地熄灭电弧，一般均将熔体安装在熔断器壳体内，采取措施，快速熄灭电弧。

熔断器选择的主要内容是：熔断器的形式、熔体的额定电流、熔体动作选择性配合，确定熔断器额定电压和额定电流的等级。

（1）熔断器的类型

熔断器分为高压熔断器、低压熔断器。高压熔断器又分户外式、户内式；低压熔断器又分填料式、密闭式、螺旋式、瓷插式等。

1）按结构分：开启式、半封闭式和封闭式

2）按安装方式分：瓷插式熔断器、螺旋式熔断器、管式熔断器。

3）管式熔断器按有无填料分：有填料密封管式、无填料管式。

施工现场中配电箱常选用瓷插式熔断器 RC 型和无填料管式熔断器 RM 型。RC1 系列瓷插式熔断器已淘汰，目前以 RC1A 系列代替。RC1A 型熔断器注意必须上进下出，垂直安装，不准水平安装，更不准下进上出。RL1 螺旋式熔断器安装应注意由底座中心进，边缘螺旋出。

（2）熔断器熔体额定电流的确定

熔体额定电流不等于熔断器额定电流，熔体额定电流按被保护设备的负荷电流选择，熔断器额定电流应大于熔体额定电流，与主电器配合确定。

由于各种电气设备都具有一定的过载能力，允许在一定条件下较长时间运行；而当负载超过允许值时，就要求保护熔体在一定时间内熔断。还有一些设备启动电流很大，但启动时间很短，所以要求这些设备的保护特性要适应设备运行的需要，要求熔断器在电机启动时不熔断，在短路电流作用下和超过允许过负荷电流时，能可靠熔断，起到保护作用。熔体额定电流选择偏大，负载在短路或长期过负荷时不能及时熔断；选择过小，可能在正常负载电流作用下就会熔断，影响正常运行，为保证设备正常运行，必须根据负载性质合理地选择熔体额定电流，不宜过大，够用即可。既要能够在线路过负荷时或短路时起到保护作用（熔断），又要在线路正常工作状态（包括正常的尖峰电流）下不动作（不熔断）。

1）熔体额定电流不应小于线路计算电流，以使熔体在线路正常运行时不致熔断。

2）熔体额定电流还应躲过线路的尖峰电流，以使熔体在线路出现正常的尖峰电流时也不致熔断。

对于照明和电热设备电路，电路上总熔体的额定电流，等于电度表额定电流的 0.9～1 倍；支路上熔体的额定电流，等于支路上所有电气设备额定电流总和的 1～1.1 倍。

对于交流电动机电路：单台电动机电路中熔体的额定电流，等于该电动机额定电流的 1.5～2.5 倍，这是因为考虑电动机的启动电流是电动机额定电流的 5～8 倍，熔断器在电动机启动时不应熔断；多台电动机电路上总熔体的额定电流，等于电路中功率最大一台电动机额定电流的 1.5～2.5 倍，再加上其他电动机额定电流的总和。

系数 1.5～2.5 可以这样选取，若电动机是空载或轻载启动，或不经常启动且启动时间不长，则系数取小些，反之则取大些。

（3）熔断器熔体熔断时间与启动设备动作时间的配合

为了可靠地分断短路电流，特别是当短路电流超过启动设备的极限遮断电流时，要求熔断器熔断时间小于启动设备的释放动作时间。

1）熔断器与熔断器之间的配合。为保证前、后级熔断器动作的选择性，一般要求前级熔断器的熔体额定电流为后级的额定电流的 2～3 倍。

2）熔断器与电缆、导线截面的配合。为保证熔断器对线路的保护作用，熔断器熔体的额定电流应小于电缆、导线的安全载流量。

（4）熔断器额定电压与额定电流等级的确定

1）熔断器的额定电压，应按线路的额定电压选择，即熔断器的额定电压大于线路的额定电压。

2）熔断器的额定电流等级应按熔体的额定电流确定，在确定熔断器的额定电流等级时，还应考虑到熔断器的最大分断电流，熔断器的最大分断电流应大于线路上的冲击电流有效值。

5. 漏电保护器

漏电电流动作保护器，简称漏电保护器，也叫漏电保护开关，包括漏电开关和漏电继电器，是一种新型的电气安全装置，当用电设备（或线路）发生漏电故障，并达到限定值时，能够自动切断电源，以免伤及人身和烧毁设备。

当漏电保护装置与空气开关组装在一起时，则具备短路保护、过载保护、漏电保护和欠压保护的效能。

（1）作用

1）当人员触电时尚未达到受伤害的电流和时间即跳闸断电，防止由于电气设备和电气线路漏电引起的触电事故。

2）设备线路漏电故障发生时，人虽未触及即先跳闸，避免设备长期存在带电隐患，以便及时发现并排除故障（因未排除故障无法合闸送电）。

3）及时切断电气设备运行中的单相接地故障，可以防止因漏电而引起的火灾或损坏设备等事故。

4）防止用电过程中的单相触电事故。

（2）漏电保护器的类型

1）按工作原理分：电压型漏电保护开关、电流型漏电保护开关（有电磁式、电子式及中性点接地式之分）、电流型漏电继电器。

2）按极数和线数分：单极二线、二极二线、三极三线、三极四线、四极四线等。

3）按脱扣器方式分：电磁型、电子型。

4）按漏电动作的电流值分：高灵敏度型漏电开关（额定漏电动作电流为 $5 \sim 30\text{mA}$）、中灵敏度型漏电开关（额定漏电动作电流为 $30 \sim 1000\text{mA}$）、低灵敏度型漏电开关（额定漏电动作电流为 1000mA 以上）。

5）按动作时间分为：高速型、延时型、反时限型。

（3）漏电保护器的基本结构

漏电保护器分电流动作型和电压动作型，由于电压动作型漏电保护器性能不够稳定，已很少使用。

电流动作型漏电保护器的基本结构组成主要包括三个部分：检测元件、中间环节、执行机构。其中检测元件为零序互感器。用以检测漏电电流，并发出信号；中间环节包括比较器、放大器，用以交换和比较信号；执行机构为一带有脱扣机构的主开关，由中间环节发出指令动作，用以切断电源。

（4）漏电保护器的主要参数

漏电保护器的主要动作性能参数有：额定漏电动作电流、额定漏电不动作电流、额定漏电动作时间等。其他参数还有电源频率、额定电压、额定电流等。

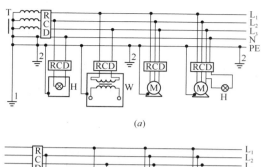

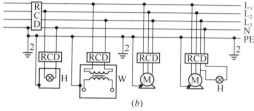

图 8-1　漏电保护器使用接线方法示意

（a）专用变压器供电 TN-S 系统；

（b）三相四线制供电局部 TN-S 系统

L₁、L₂、L₃—相线；N—工作零线；PE—保持零线、保护线；

1—工作接地；2—重复接地；

T—变压器；RCD—漏电保护器；H—照明器；

W—电焊机；M—电动机

（5）漏电保护器的连接方法

漏电保护器的正确使用接线方法应按图 8-1 选用。

（6）漏电保护器的选用

漏电保护器是按照动作特性来选择的，按照用于干线、支线和线路末端，应选用不同灵敏度和动作时间的漏电保护器，以达到协调配合。一般在线路的末级（开关箱内），应安装高灵敏度，快速型的漏电保护器；在干线（总配电箱内）或分支线（分配电箱内），应安装中灵敏度、快速型或延时型（总配电箱）漏电保护器，以形成分级保护。

按《临电规范》规定，施工现场漏电保护器的选用应遵循：

1）开关箱中漏电保护器的额定漏电动作电流不应大于 30mA，额定漏电动作时间不应大于 0.1s。

2）使用于潮湿或有腐蚀介质场所的漏电保护器应采用防溅型产品，防溅型漏电保护器的额定漏电动作电流不应大于 15mA，额定漏电动作时间不应大于 0.1s。

3）Ⅱ类手持电动工具应装设防溅型漏电保护器。

装设漏电保护电器只能作为防止人身触电伤亡事故的一种有效的安全技术措施，绝不宜过分夸大其作用，必须有供电线路的维护及其他安全措施的紧密配合。

（7）两级漏电保护器要匹配

当采用二级保护时，可将干线与分支线路作为第一级，线路末端作为第二级。

第一级漏电保护区域较大，停电后影响也大，漏电保护器灵敏度不要求太高，其漏电动作电流和动作时间应大于后面的第二级保护，这一级保护主要提供间接保护和防止漏电火灾，如果选用参数过小就会导致误动作影响正常生产。

在电路末端安装漏电动作电流小于 30mA 的高速动作型漏电保护器，这样形成分级分段保护，使每台用电设备均有两级保护措施。

分级保护时，各级保护范围之间应相互配合，应在末端发生事故时，保护器不会越级动作。当下级漏电保护器发生故障时，上级漏电保护器动作。

1）第一级漏电保护

①总配电箱设置漏电保护器

设置在总配电箱内对干线也能保护，漏电保护范围大，但跳闸后影响范围也大。总配电箱一般不宜采用漏电掉闸型，总电箱电源一经切断将影响整个低压电网用电，使生产和生活遭受影响，所以保护器灵敏度不能太高，这一级主要提供间接接触保护和防止漏电火灾。漏电动作电流应按干线实测泄漏电流 2 倍选用，一般可选择漏电动作电流 0.2～0.5A

（照明线路小，动力线路大）的中灵敏度漏电报警和延时型（≥0.2s）的漏电保护器。

②分配电箱设置漏电保护器

将第一级漏电保护器设置在分配电箱内，虽然较设在总配电箱内保护范围小，但停电范围影响也小，一般都可满足现场安全运行需要。分配电箱装设漏电保护器不但对线路和用电设备有监视作用，同时还可以对开关箱起补充保护作用。分配电箱漏电保护器主要提供间接保护，参数选择不能过于接近开关箱，应形成分级分段保护。选择参数太大会影响保护效果，选择参数太小会形成越级跳闸，分配电箱先于开关箱跳闸。

人体对电击的承受能力，除了和电流大小有关外，还与电流在人体中持续的时间有关。根据这一理论，国际上把设计漏电保护器的安全限值定为 30mA·s，即使电流达到 100mA，只要漏电保护器在 0.3s 之内动作切断电源，对人体尚不会致命，这个值也是提供间接接触保护的依据。

漏电保护器按支线上实测泄漏电流值的 2.5 倍选用，一般可选漏电动作电流值为 100～200 mA、漏电动作时间 0.1s（不应超过 30 mA·s 限值）。

2）第二级（末级）漏电保护

开关箱是分级配电的末级，使用频繁危险性大，应提供间接接触防护和直接接触防护，保护区域小，主要用来对有致命危险的人身触电事故防护。这一级是将漏电保护器设置在线路末端用电设备的电源进线处（开关箱内），要求设置高灵敏度、快速型的漏电保护器。应按作业条件和《临电规范》规定选择漏电保护器，当用电设备容量较大时（如钢筋对焊机等），为避免保护器的误动作，可选择 50mA×0.1s 的漏电保护器。

当人体和相线直接接触时，通过人体的触电电流与所选择的漏电保护器的动作电流无关，它完全由人体的触电电压和人体在触电时的人体电阻所决定（人体阻抗随接触电压的变化而变化），由于这种触电的危险程度往往比间接触电的情况严重，所以临电规范及国标都从动作电流和动作时间两个方面进行限制，由此用于直接接触防护漏电保护器的参数选择即为 30mA×0.1s＝3mA·s，这是在发生直接接触触电事故时，从电流值考虑应不大于摆脱电流；从通过人体电流的持续时间上，小于一个心搏周期，不会导致心室颤动。在潮湿条件下，由于人体电阻的降低，所以规定了漏电动作电流不应大于 15mA。

8.8.2　电器装置选择的一般规定

（1）配电箱、开关箱内的电器必须可靠、完好，严禁使用破损、不合格的电器。

（2）总配电箱的电器应具备电源隔离，正常接通、分断电路以及短路、过载、漏电保护功能。电器设置应符合下列原则：

1）当总路设置总漏电保护器时，还应装设总隔离开关、分路隔离开关以及总断路器、分路断路器或总熔断器、分路熔断器。当所设总漏电保护器是同时具备短路、过载、漏电保护功能的漏电断路器时，可不设总断路器或总熔断器。

2）当各分路设置分路漏电保护器时，还应装设总隔离开关、分路隔离开关以及总断路器、分路断路器或总熔断器、分路熔断器。当分路所设漏电保护器是同时具备短路、过载、漏电保护功能的漏电断路器时，可不设分路断路器或分路熔断器。

3）隔离开关应设置于电源进线端，应采用分断时具有可见分断点，并能同时断开电源所有极的隔离电器。如采用分断时具有可见分断点的断路器，可不另设隔离开关。

4）熔断器应选用具有可靠灭弧分断功能的产品。

5）总开关电器的额定值、动作整定值应与分路开关电器的额定值、动作整定值相适应。

（3）总配电箱应装设电压表、总电流表、电度表及其他需要的仪表。专用电能计量仪表的装设应符合当地供用电管理部门的要求。

装设电流互感器时，其二次回路必须与保护零线有一个连接点，且严禁断开电路。

（4）分配电箱应装设总隔离开关、分路隔离开关以及总断路器、分路断路器或总熔断器、分路熔断器。其设置和选择应符合《临电规范》的要求。

（5）开关箱必须装设隔离开关、断路器或熔断器以及漏电保护器。当漏电保护器是同时具有短路、过载、漏电保护功能的漏电断路器时，可不装设断路器或熔断器。隔离开关应采用分断时具有可见分断点，能同时断开电源所有极的隔离电器，并应设置于电源进线端。当断路器是具有可见分断点时，可不另设隔离开关。

（6）开关箱中的隔离开关只可直接控制照明电路和容量不大于 3.0kW 的动力电路，但不应频繁操作。容量大于 3.0kW 的动力电路应采用断路器控制，操作频繁时还应附设接触器或其他启动控制装置。

（7）开关箱中各种开关电器的额定值和动作整定值应与其控制用电设备的额定值和特性相适应。通用电动机开关箱中电器的规格可按《临电规范》选配。

（8）漏电保护器应装设在总配电箱、开关箱靠近负荷的一侧，且不得用于启动电气设备的操作。

（9）总配电箱中漏电保护器的额定漏电动作电流应大于 30mA，额定漏电动作时间应大于 0.1s，但其额定漏电动作电流与额定漏电动作时间的乘积不应大于 30mA·0.1s。

（10）总配电箱和开关箱中漏电保护器的极数和线数必须与其负荷侧负荷的相数和线数一致。

（11）配电箱、开关箱中的漏电保护器宜选用无辅助电源型（电磁式）产品，或选用辅助电源故障时能自动断开的辅助电源型（电子式）产品。当选用辅助电源故障中不能自动断开的辅助电源型（电子式）产品时，应同时设置缺相保护。

（12）漏电保护器应按产品说明书安装、使用。对搁置已久重新使用或连续使用的漏电保护器应逐月检测其特性，发现问题应及时修理或更换。

（13）配电箱、开关箱的电源进线端严禁采用插头和插座做活动连接。

8.9 施 工 照 明

（1）施工现场的一般场所宜选用额定电压为 220V 的照明器。施工现场照明应采用高光效、长寿命的照明光源。为便于作业和活动，在一个工作场所内，不得只装设局部照明。停电时，必须有自备电源的应急照明。

（2）照明器使用的环境条件

1）正常湿度的一般场所，选用开启式照明器。

2）潮湿或特别潮湿场所，选用密闭型防水照明器或配有防水灯头的开启式照明器。

3）含有大量尘埃但无爆炸和火灾危险的场所，应选用防尘型照明器。

4）对有爆炸和火灾危险的场所，按危险场所等级选用相应的防爆型照明器。

5）存在较强振动的场所，应选用防振型照明器。

6）有酸碱等强腐蚀介质场所，选用耐酸碱型照明器。

（3）特殊场所应使用安全特低电压照明器

1）隧道、人防工程、高温、有导电灰尘、比较潮湿或灯具离地面高度低于 2.5m 等场所的照明，电源电压不应大于 36V。

2）潮湿和易触及带电体场所的照明，电源电压不得大于 24V。

3）特别潮湿场所、导电良好的地面、锅炉或金属容器内的照明，电源电压不得大于 12V。

（4）行灯使用的要求

1）电源电压不大于 36V。

2）灯体与手柄应坚固、绝缘良好并耐热耐潮湿。

3）灯头与灯体结合牢固，灯头无开关。

4）灯泡外部有金属保护网。

5）金属网、反光罩、悬吊挂钩固定在灯具的绝缘部位上。

（5）施工现场照明线路的引出处，一般从总配电箱处单独设置照明配电箱。为了保证三相负荷平衡，照明干线应采用三相线与工作零线同时引出的方式。或者根据当地供电部门的要求以及施工现场具体情况，照明线路也可从配电箱内引出，但必须装设照明分路开关，并注意各分配电箱引出的单相照明应分相接设，尽量做到三相负荷平衡。

（6）照明变压器必须使用双绕组型安全隔离变压器，严禁使用自耦变压器。二次线圈、铁芯、金属外壳必须有可靠保护接零，并必须有防雨、防砸措施。携带式变压器的一次侧电源线应采用橡皮护套或塑料护套铜芯软电缆，中间不得有接头，长度不宜超过 3m，电源插销应有保护触头。

（7）照明线路不得拴在金属脚手架、龙门架上，严禁在地面上乱拉、乱拖。灯具需要安装在金属脚手架、龙门架上时，线路和灯具必须用绝缘物与其隔离开，且距离工作面高度在 3m 以上。控制刀闸应配有熔断器和防雨措施。

（8）每路照明支线上，灯具和插座数量不宜超过 25 个，负荷电流不宜超过 15A。

（9）对夜间影响飞机或车辆通行的在建工程及机械设备，必须设置醒目的红色信号灯，其电源应设在施工现场总电源开关的前侧，并应设置外电线路停止供电时的应急自备电源。

（10）照明装置

1）照明灯具的金属外壳必须与 PE 线相连接，照明开关箱内必须装设隔离开关、短路与过载保护电器和漏电保护器。

2）对于需要大面积照明的场所，应采用高压汞灯、高压钠灯或混光用的卤钨灯。流动性碘钨灯采用金属支架安装时，支架应稳固，灯具与金属支架之间必须用不小于 0.2m 的绝缘材料隔离。

3）室外 220V 灯具距地面不得低于 3m，室内 220V 灯具距地面不得低于 2.5m。普通灯具与易燃物距离不宜小于 300mm；聚光灯、碘钨灯等高热灯具与易燃物距离不宜小于 500mm，且不得直接照射易燃物。达不到规定安全距离时，应采取隔热措施。

4）任何灯具的相线必须经过开关控制，不得将相线直接引入灯具。灯具内的接线必须牢固，灯具外的接线必须做可靠的防水绝缘包扎。

5）施工照明灯具露天装设时，应采用防水式灯具，距地面高度不得低于 3m。

6）碘钨灯及钠、铊、铟等金属卤化物灯具的安装高度宜在 3m 以上，灯线应固定在接线柱上，不得靠近灯具表面。

7）投光灯的底座应安装牢固，应按需要的光轴方向将枢轴拧紧固定。

8）路灯的每个灯具应单独装设熔断器保护。灯头线应做防水弯。

9）荧光灯管应采用管座固定或用吊链悬挂，荧光灯的镇流器不得安装在易燃的结构物上。

10）一般施工场所不得使用带开关的灯头，应选用螺口灯头。相线接在与中心触头相连的一端，零线接在与螺纹口相连的一端。灯头的绝缘外壳不得有损伤和漏电。

11）暂设工程的照明灯具宜采用拉线开关控制，开关安装位置宜符合下列要求：

① 拉线开关距地面高度为 2～3m，与出入口的水平距离为 0.15～0.2m，拉线的出口向下。

② 其他开关距地面高度为 1.3m，与出入口的水平距离为 0.15～0.2m。

12）施工现场的照明灯具应采用分组控制或单灯控制。

8.10 用 电 设 备

施工现场的电动建筑机械和手持电动工具主要有起重机械、施工电梯、混凝土搅拌机、蛙式打夯机、焊机、手电钻等，这些用电设备在使用过程中容易发生导致人体触电的事故。如碰触电力线路，造成断路、线路漏电；设备绝缘老化、破损、受潮造成设备金属外壳漏电等，因此必须加强施工现场用电设备的用电安全管理，消除触电事故隐患。

8.10.1 基本安全要求

（1）施工现场的电动建筑机械、手持电动工具及其用电安全装置必须符合相应的国家现行标准的规定，并应有产品合格证和使用说明书。

（2）所有电动建筑机械、手持电动工具均应实行专人专机负责制，并定期检查和维修保养，确保设备可靠运行。

（3）所有电气设备的外露导电部分，均应作保护接零。对产生振动的设备其保护零线的连接点不少于两处。

（4）各类电气设备均必须装设漏电保护器并应符合规范要求。

（5）塔式起重机、外用电梯、滑升模板的金属操作平台和需要设置避雷装置的物料提升机等，除应连接 PE 线外，还应作重复接地。设备的金属结构构件之间应保证电气连接。

（6）塔式起重机、外用电梯等设备由于制造原因无法采用 TN-S 保护系统时，其电源应引自总配电柜，其配电线路应按规定单独敷设，专用配电箱不得与其他设备混用。

（7）电动建筑机械和手持式电动工具的负荷线应按其计算负荷选用无接头的橡皮护套铜芯软电缆，其性能应符合现行国家标准《额定电压 450/750V 及以下橡皮绝缘电缆　第

1 部分：一般要求》GB/T 5013.1、《额定电压 450/750V 及以下橡皮绝缘电缆　第 4 部分：软线和软电缆》GB/T 5013.4 的要求，截面按《临电规范》选配。

（8）使用Ⅰ类手持电动工具以及打夯机、磨石机、无齿锯等移动式电气设备时必须戴绝缘手套。

（9）手持式电动工具中的塑料外壳Ⅱ类工具和一般场所手持式电动工具中的Ⅲ类工具可不连接 PE 线。

（10）所有用电设备拆、修或挪动时必须断电后方可进行。

8.10.2　起重机械

（1）塔式起重机的电气设备应符合现行国家标准《塔式起重机安全规程》GB 5144 中的要求。

（2）塔式起重机与外电线路的安全距离，应符合《临电规范》要求。

（3）塔式起重机应按《临电规范》要求做重复接地和防雷接地。轨道式塔式起重机应在轨道两端各设一组接地装置，两条轨道应作环形电气连接，轨道的接头处应作电气连接。对较长的轨道，每隔不大于 30m 加一组接地装置，并符合规范要求。

（4）塔式起重机的供电电缆垂直敷设时应设固定点，距离不得超过 10m，并避免机械损伤。轨道式塔式起重机的电缆不得拖地行走。

（5）需要夜间工作的塔式起重机，应设置正对工作面的投光灯。塔身高于 30m 时，应在塔顶和臂架端部装设红色信号灯。

（6）在强电磁波源附近工作的塔式起重机，操作人员应戴绝缘手套和穿绝缘鞋，并应在吊钩与机体间采取绝缘隔离措施，或在吊钩吊装地面物体时，在吊钩上挂接临时接地装置。

（7）外用电梯的电源控制开关应用空气自动开关，不得使用铁壳开关或胶盖闸。空气自动开关必须装入箱内，停用时上锁。

（8）外用电梯梯笼内、外均应安装紧急停止开关。

（9）外用电梯和物料提升机的上、下极限位置应设置限位开关。

（10）外用电梯和物料提升机在每日工作前必须对行程开关、限位开关、紧急停止开关、驱动机构和制动器等进行空载检查，正常后方可使用。检查时必须有防坠落措施。

8.10.3　桩工机械

（1）潜水式钻孔机电机的密封性能应符合现行国家标准《外壳防护等级（IP 代码）》GB4208 中的 IP68 级的规定。

（2）潜水电机的负荷线应采用防水橡皮护套铜芯软电缆，长度不应小于 1.5m，且不得承受外力。

（3）潜水式钻孔机开关箱应装设防溅型漏电保护器，其额定漏电动作电流不应大于 15mA，额定漏电动作时间不应大于 0.1s。

8.10.4　夯土机械

（1）夯土机械必须装设防溅型漏电保护器，其额定漏电动作电流不应大于 15mA，额定漏电动作时间应不小于 0.1s。

（2）夯土机械 PE 线的连接点不得少于 2 处。

（3）夯土机械的负荷线应采用耐气候型的橡皮护套铜芯软电缆，中间不得有接头。

（4）使用夯土机械必须按规定穿戴绝缘用品，使用过程应有专人调整电缆。电缆线长度不应大于 50m，严禁电缆缠绕、扭结和被夯土机械跨越。

（5）夯土机械的操作手柄必须绝缘。

（6）多台夯土机械并列工作时，其间距不得小于 5m；前后工作时，其间距不得小于 10m。

8.10.5　焊接机械

（1）电焊机应放置在防雨、防砸、干燥和通风良好的地点，下方不得有堆土和积水。周围不得堆放易燃易爆物品及其他杂物。

（2）电焊机应单独设开关，装设漏电保护装置并符合《临电规范》的规定。交流电焊机械应配装防二次侧触电保护器。

（3）交流电焊机一次线长度不应大于 5m，二次线长度不应大于 30m，两侧接线应压接牢固，并安装可靠防护罩，焊机二次线应采用防水型橡皮护套铜芯软电缆，中间不得超过一处接头，接头及破皮处应用绝缘胶布包扎严密。

（4）发电机式直流电焊机的换向器应经常检查和维护，应消除可能产生的异常电火花。

（5）焊机把线和回路零线必须双线到位，不得借用金属管道、金属脚手架、轨道、钢盘等作回路地线。二次线不得泡在水中，不得压在物料下方。

（6）焊工必须按规定穿戴防护用品，持证上岗。

8.10.6　手持式电动工具

（1）空气湿度小于 75% 的一般场所可选用 I 类或 II 类手持式电动工具，其金属外壳与 PE 线的连接点不得少于 2 处。除塑料外壳 II 类工具外，相关开关箱中漏电保护器的额定漏电动作电流不应大于 15mA，额定漏电动作时间不应大于 0.1s，其负荷线插头应具备专用的保护触头。所用插座和插头在结构上应保持一致，避免导电触头和保护触头混用。

（2）在潮湿场所和金属构架上操作时，严禁使用 I 类手持式电动工具，必须选用 II 类或由安全隔离变压器供电的 III 类手持工电动工具。金属外壳 II 类手持式电动工具使用时，必须符合上一条要求。开关箱和控制箱应设置在作业场所外面。

（3）在锅炉、金属容器、地沟或管道中等狭窄场所必须选用由安全隔离变压器供电的 III 类手持式电动工具，其开关箱和安全隔离变压器均应设置在狭窄场所外面，并连接 PE 线。开关箱应装设防溅型漏电保护器，并符合规范要求。操作过程中，应有人在外面监护。

（4）手持式电动工具的负荷线应采用耐气候型的橡皮护套铜芯软电缆，并不得有接头。

（5）手持式电动工具的外壳、手柄、插头、开关、负荷线等必须完好无损，使用前必须做绝缘检查和空载检查，在绝缘合格、空载运转正常后方可使用。绝缘电阻不应小于表

8-8 规定的数值。

手持式电动工具绝缘电阻限值 表 8-8

测量部位	绝缘电阻（MΩ）		
	Ⅰ类	Ⅱ类	Ⅲ类
带电零件与外壳之间	2	7	1

注：绝缘电阻用 500V 兆欧表测量。

（6）使用手持式电动工具时，必须按规定穿、戴绝缘防护用品。

8.10.7 其他电动建筑机械

（1）施工现场消防泵的电源，必须引自现场电源总闸的外侧，其电源线宜暗敷设。

（2）混凝土搅拌机、插入式振动器、平板振动器、地面抹光机、水磨石机、钢筋加工机械、木工机械、盾构机构、水泵等设备的漏电保护应符合《临电规范》的要求。

（3）混凝土搅拌机、插入式振动器、平板振动器、地面抹光机、水磨石机、钢筋加工机械、木工机械、盾构机械的负荷线必须采用耐气候型橡皮护套铜芯软电缆，并不得有任何破损和接头。

水泵的负荷线必须采用防水橡皮护套铜芯软电缆，严禁有任何破损和接头，并不得承受任何外力。

盾构机械的负荷线必须固定牢固，距地高度不得小于 2.5m。

（4）对混凝土搅拌机、钢筋加工机械、木工机械、盾构机械等设备进行清理、检查、维修时，必须首先将其开关箱分闸断电，呈现可见电源分断点，并关门上锁。

（5）施工现场使用的鼓风机外壳必须作保护接零。鼓风机应采用胶盖闸控制，并应装设漏电保护器和熔断器，其电源线应防止受损伤和火烤。禁止使用拉线开关控制鼓风机。

（6）移动式电气设备和手持式电动工具应配好插头，插头和插座应完好无损，并不得带负荷插接。

9 焊接工程

　　本章要点：焊接与切割的分类、焊接工艺基础等知识，焊接作业安全要求，电焊机使用常识及安全要点，气焊与气割的原理、应用及安全，登高焊割作业安全技术等相关内容。

9.1 焊接与切割基础

9.1.1 焊接的分类

焊接是通过加热或加压或两者并用，使工件达到接合的一种加工工艺方法。在焊接过程中，对焊件进行加热、加压，使原子间相互扩散和接近，实现原子间的相互结合，利用原子结合力把被焊接的两个工件连接固定为一个整体。

按照金属在焊接过程中所处的状态及工艺特点不同，可以把金属焊接方法分为熔焊、压焊和钎焊。

1. 熔焊

熔焊是利用局部加热使连接处的母材金属熔化，再加入（或不加入）填充金属形成焊缝而结合的方法。当被焊金属加热至熔化状态形成液态熔池时，原子之间可以充分扩散和紧密接触，因此，冷却凝固后，即可形成牢固的焊接接头。如焊条电弧焊、气焊、氩弧焊、电渣焊等。

2. 压焊

压焊是在焊接过程中，对焊件施加一定的压力（加热或不加热）以完成焊接的方法。这类焊接有两种形式。一是将被焊金属接触部分加热至塑性状态或局部熔化状态，然后施加一定的压力，以使金属原子间相互结合而形成牢固的焊接接头，如电阻焊、闪光焊等就是这类的压焊方法。二是不进行加热，仅在被焊金属的接触面上施加足够大的压力，借助压力所引起的塑性变形，以使原子间相互接近而获得牢固的压挤接头，这种压焊的方法有冷压焊、爆炸焊等。

3. 钎焊

钎焊是利用某些熔点低于母材熔点的金属材料作钎料，将焊件和钎料加热到高于钎料熔点，但低于母材熔点的温度，利用液态钎料润湿母材，填充接头间隙并与母材相互扩散实现连接焊件的焊接工艺方法。如烙铁钎焊、火焰钎焊（如铜焊、银焊）等。

4. 焊接在建筑业的应用

焊接广泛应用于建筑业中，例如建筑钢结构的焊接、建筑钢筋的焊接、建筑安装工程中各类钢结构的焊接、维修焊补等。由于焊接直接关系建筑产品的安全、质量、使用寿命等方面，所以是安全生产中重要的一个方面。

9.1.2 切割的分类

1. 热切割

利用热能使金属材料分离的工艺称热切割。热切割主要有以下两种方法：

（1）将金属材料加热到尚处于固相状态时进行的切割，目前此方法应用最为广泛。

气割是利用气体燃烧的火焰将钢材切割处加热到着火点（此时金属尚处于固态），然后切割处的金属在氧气射流中剧烈燃烧，从而将切割材料分离的加工工艺。常用氧-乙炔火焰作为气体火焰，也称为氧-乙炔气割。可燃气体亦可采用液化石油气、雾化汽油等。

（2）将金属材料加热到熔化状态时进行的切割，亦称熔割。这类热切割的方法很多，目前广泛应用的是电弧切割、等离子切割、激光切割等。

2. 冷切割

冷切割是在分离金属材料过程中不对材料加热的切割方法。目前应用较多的是高压水射流切割。其原理是将水增压到超高压（100～400MPa）后，经节流小孔（$\phi 0.15\sim0.4$）流出，使水压势能转变为射流动能（流速高达 900m/s）。用这种高速高密集度的水射流进行切割。磨料水流切割则是再往水射流中加入磨料粒子，其射流动能更大，切割效果更好。

9.1.3　焊接工艺基础

1. 焊接工艺参数

焊接工艺参数是指焊接时为保证焊接质量而选定的各个物理量。选择合适的焊接工艺参数对提高焊接质量和生产率是十分重要的。

焊接的工艺参数主要有：焊接电源的种类和极性、焊条直径、焊接电流、焊接层次、电弧电压、焊接速度。

2. 焊接接头和坡口形式

（1）焊接接头

焊接接头包括焊缝区、熔合区和热影响区。

焊接接头的分类：对接接头、T 形接头、十字接头、搭接接头、角接接头、端接接头、套管接头、斜对接接头、卷边接头和锁底对接接头等应用最广泛的是对接接头、T 形接头、角接接头和搭接接头。

（2）坡口形式

根据设计或工艺需要，在焊件的待焊部位加工成一定几何形状的沟槽叫坡口。

坡口的作用是保证焊缝根部焊透，使焊接电弧能深入接头根部；在保证接头质量的同时，还能起到调节基体金属与填充金属比例的作用。常见坡口形式如下：

1）V 形坡口：最常用的坡口形式。这种坡口便于加工，焊接时为单面焊，不用翻转焊件，但焊后焊件容易产生较大变形。

2）X 形坡口：是在 V 形坡口基础上发展起来的。采用 X 形坡口后，在同样厚度下能减少焊缝金属量约 1/2，并且是对称焊接，所以焊后焊件的残余变形较小。焊接时需要翻转焊件。

3）U 形坡口：在焊件厚度相同的条件下，U 形坡口的截面积比 V 形坡口小得多，所以当焊件厚度较大、只能单面焊接时，为提高生产率可采用 U 形坡口。但这种坡口根部有圆弧，加工比较复杂。

另外，还有双 U 形、单边 V 形、J 形、I 形等坡口形式。

3. 焊接变形和应力

焊接过程中焊件局部不均匀加热、冷却，金属熔化、凝固，焊缝由高温到常温金属组织的变化等是焊件产生变形和内部产生应力的原因。

（1）焊接变形

1）焊接变形的类型

① 收缩变形：沿焊缝长度方向的缩短叫纵向缩短；垂直焊缝长度方向的缩短叫横向

缩短。

② 弯曲变形：由结构上焊缝布置的不对称或断面形状不对称，焊缝的纵向收缩或横向收缩引起。

③ 角变形：由于焊接区沿板材厚度方向不均匀的横向收缩引起。

④ 波浪变形：薄板焊接，因不均匀加热，焊后产生的变形，或由几条平行的角焊缝横向收缩引起的波浪状变形，也有称翘曲变形。

⑤ 扭曲变形：与构件焊缝角变形沿长度方向的不均匀性及工件纵向错边有关。

2）影响焊接变形的主要因素

① 焊缝在结构中的位置。

② 焊缝长度和坡口形式。

③ 焊件或焊接结构的刚性。

④ 焊接工艺参数的影响。

⑤ 焊接材料的膨胀系数越大，焊后变形越大。

3）减小焊接变形的措施

① 反变形法。在焊接前对焊件施加具有大小相同、方向相反的变形，以抵消焊后发生的变形的方法。主要用来减小板的角变形和梁的弯曲变形。

② 刚性固定法。当焊件刚性较小时，利用外加刚性约束来减小焊件焊后变形的方法。刚性固定法焊后应力大，不适用于容易裂的金属材料和结构的焊接。

③ 选择合理的装焊顺序。尽量采用整体装配后再进行焊接的方法，合理的焊接方向和顺序。当结构具有对称布置的焊缝时，应尽量采用对称焊接，采用相同的工艺参数同时施焊。

④ 选择合理的焊接方法和焊接参数。例如采用 CO_2 气体保护焊、等离子弧代替气焊和焊条电弧焊，再如采用较小的焊接电流、较快的焊接速度来施焊。

（2）减小焊接残余应力的措施

1）采用合理的焊接顺序和方向。尽量使焊缝的收缩比较自由，不受较大约束；先焊结构中收缩量最大的焊缝等。

2）小的焊接电流、快的焊接速度，减小能量的输入。

3）采用整体预热法。减小由于焊接加热引起的温差。

4）锤击法。焊接每条焊道后，用小锤迅速均匀地敲击焊缝金属，使其横向有一定的展宽，可以减小焊接变形和残余应力。

5）焊后热处理。采取缓冷、退火等方法。

（3）焊接变形的矫正方法

1）机械矫正法。利用机械力来矫正变形，如锤击或用压力机、拉紧螺旋、千斤顶等。

2）火焰矫正法。将变形构件局部加热到 $600\sim800℃$，然后让其自然冷却或强制冷却。有点状加热矫正、线状加热矫正和三角形加热矫正等。

（4）焊接缺陷及预防措施

焊接缺陷是指焊接过程中在焊接接头中产生的金属不连续、不致密或连接不良的现象。

焊条电弧焊常见的焊接缺陷有：裂纹、气孔、夹渣、咬边、未熔合和未焊透、烧穿、焊瘤等。

（5）焊接缺陷的危害

焊接缺陷的存在对于焊接结构来说是很危险的，它直接影响着构件的安全运行和使用寿命，严重的会导致结构的开裂或脆断。

破坏事故的现场分析表明，焊接缺陷中危害最大的是裂纹、未焊透、未熔合、咬边等。

1）开裂

在焊接接头中，凡是结构截面有突然变化的部位，其应力的分布就特别不均匀，某点的应力值可能比平均应力值大许多倍，这种现象称为应力集中。在焊缝中存在的焊接缺陷是产生应力集中的主要原因。如焊缝中的裂纹、咬边、未焊透、气孔、夹渣等不仅减小了有效承载面积，削弱焊缝强度，更严重的是在焊缝或焊缝附近造成缺口，由此而产生很大的应力集中。当应力值超过缺陷前端部位金属材料的断裂强度时材料就开裂，接着新开裂的端部又产生应力集中，使原缺陷不断扩展，直至产品断裂。

2）脆断

根据国内外大量脆断事故的分析发现，脆断总是从焊接接头中的缺陷开始。脆断是一种很危险的破坏形式。因为脆性断裂是一种低应力断裂，是结构在没有塑性变形情况下产生的快速突发性断裂，其危害性很大。防止结构脆断的重要措施之一是尽量避免和控制焊接缺陷。

（6）焊接缺陷产生的原因和预防措施

1）裂纹

根据产生裂纹的温度及原因，焊接裂纹可分为热裂纹、冷裂纹等。

① 裂纹。热裂纹是指焊缝和热影响区金属冷却到凝固温度附近的高温区所产生的裂纹。热裂纹是由于焊接材料中有害杂质硫的存在和焊接应力等造成的。预防措施主要是采用碱性焊条（药皮成分有脱硫作用）、选择合适的焊接材料（限制硫、磷和碳的含量）减小焊接应力等。

② 冷裂纹和延时裂纹。冷裂纹是指焊缝冷却到较低温度（钢材温度在 $200 \sim 300\,^{\circ}\!C$ 以下）时产生的焊接裂纹，这种裂纹有时会延迟到几小时或几天、一两个月才出现。焊缝冷却到室温，并在一定时间后才出现的裂纹称为延迟裂纹。冷裂纹和延时裂纹是由于焊缝金属生成有淬硬组织、氢的析出和焊接应力等原因造成的。预防措施主要有：采用碱性焊条（低氢），按规定严格烘干，仔细清除坡口两侧油污、锈、水，焊件的焊前预热、焊后缓冷和热处理，采取措施减小焊接应力等。

2）气孔。焊接时，熔池中的气泡在凝固时未能及时溢出而残留下来所形成的孔穴叫作气孔。预防措施主要有：焊前将焊条和坡口及其两侧 $20 \sim 30\text{mm}$ 范围内的焊件表面清理干净；焊条按规定进行烘干，不得使用药皮开裂、剥落、变质偏心或焊芯锈蚀的焊条；焊接电流适当、焊接速度不宜过快；碱性焊条施焊时应采用短弧焊等。

3）夹渣。焊后残留在焊缝中的焊渣称为夹渣。夹渣是由于焊接电流太小、焊接速度过快或冷却速度过快熔渣来不及上浮、除锈清渣不干净等原因造成的。夹渣的存在会降低焊缝的强度，通常在保证焊缝强度和致密性的前提下，允许有一定程度的夹渣。预防措施主要有：认真清除锈皮，多层多道焊时做好层间清理工作；正确选择焊接电流，掌握好焊接速度和运条方法，使熔渣能顺利浮出。

4）咬边。咬边是指焊缝两侧与基本金属交界处形成凹槽。咬边是由于焊接电流太大、焊条角度不当，或运条方法不对、在焊缝两侧停留时间过长等原因造成的。

咬边是一种较危险的缺陷，它不但减少了基本金属的有效截面积，而且在咬边处还会造成应力集中。特别是焊接低合金结构钢时，咬边的边缘被淬硬，常常是焊接裂纹的发源地。因此，重要结构的焊接接头不允许存在咬边，或者规定咬边深度在一定数值之下（如0.5mm），否则就应进行焊补修磨。防止咬边的措施：选择正确的焊接电流及焊接速度，电弧不能拉得过长，掌握正确的运条方法和角度。

5）未熔和与未焊透。未熔和是指熔焊时，焊道与母材之间或焊道与焊道之间，未完全熔化结合的部分。未焊透是指焊接时接头根部未完全熔透的现象，对于对接接头也指焊缝深度未达到设计要求的现象，根据未焊透产生的部位，可分为根部未焊透、边缘未焊透、中间未焊透和层间未焊透。

未熔和与未焊透是一种比较严重的焊接缺陷，它使焊缝强度降低，引起应力集中，因此大部分结构中是不允许存在的。预防措施主要有：正确选用坡口形式并保证装配间隙；认真清理坡口及两侧污物；正确选择焊接电流和焊接速度；认真操作、防止焊偏，注意调整焊条角度，使熔化金属和基本金属充分熔合；不使用偏心焊条，直流焊接时减小磁偏吹。

6）烧穿。烧穿是指部分熔化金属从焊缝背面漏出形成通洞。烧穿是由于焊接电流太大，焊速过慢，电弧在焊缝某处停留时间过长，或间隙过大、钝边过小等原因造成的。预防措施主要有：正确选择焊接电流，掌握合适的焊接速度，运条均匀，坡口尺寸应合理。

7）焊瘤。焊瘤是指正常焊缝以外的多余焊着金属。焊瘤是由于熔池温度过高使液态金属凝固较慢，在其自重作用下而下淌形成。熔池温度过高的原因是焊接电流偏大及焊接速度太慢。在立焊、平焊、仰焊时如果运条动作慢，就会明显地产生熔敷金属下坠而形成焊瘤。预防措施主要有：选择较小的焊接电流、焊接速度不能过慢，运条均匀控制好熔池，坡口间隙处停留时间不宜过长等。

8）焊缝尺寸不符合要求。主要是指焊缝余高和余高差、焊缝宽度和宽度差、错边量、焊后变形量等不符合标准规定的尺寸。

产生焊缝尺寸不符合要求的原因，主要有工件坡口角度不当，装配间隙不均匀，焊接电流过大或过小，焊工操作不熟练，运条方法不当，焊接角度不当等。预防措施主要有：正确选用坡口角度和装配间隙，正确选择焊接电流，提高焊工操作技能，角焊缝时随时注意保持正确的焊条角度和焊接速度等。

9.2　焊　接　作　业　安　全

（1）焊接操作人员必须持有焊工考试合格证方可上岗。工作时，严格遵守和执行安全操作规程。

（2）焊接工作开始前，应先检查电焊设备和工具等是否安全可靠。一切符合要求后，方可开始焊接操作。不允许未经检查就开始工作。

（3）焊工的手和身体不得接触二次回路的导电体。要求焊工使用状态良好的、足够干燥的手套。使用的焊钳必须具备良好的绝缘性能和隔热性能，并且维修正常。焊钳不得在水中浸透冷却。焊工不得将焊接电缆缠绕在身上。

在狭小空间、容器、管道内的焊接作业，更需注意避免触电。对于焊机空载电压较高的焊接操作，以及在潮湿工作地点的操作，应在操作点附近地面上铺设橡胶绝缘垫。

当焊接工作中止时，必须关闭设备或焊机的输出端或者切断电源。金属焊条和碳极在不用时必须从焊钳上取下以消除触电危险。焊钳在不使用时必须置于与人员、导电体、易燃物体或压缩气体瓶接触不到的地方。

（4）下列操作应该切断电源开关才能进行：

1）转移工作地点搬动焊机。

2）更换熔丝。

3）焊机发生故障的检修。

4）改变焊机接头。

5）更换焊件而需改装二次回路的布设等。

接通或断开刀开关时，必须戴绝缘手套。同时焊工头部需偏斜，以防电弧火花灼伤脸部。

（5）在触电危险性大的环境下的安全措施。在金属容器内（如油槽、气柜、锅炉、管道等）、金属结构上以及其他狭小工作场所焊接时，触电的危险性最大，必须采取专门的防护措施。

（6）电焊操作者必须注意，在任何情况下都不得使自身、机器设备的传动部分或动物等接触焊接电路，以防焊接电流造成人身伤害或设备事故等。

（7）焊接与切割操作中，应注意防止由于热传导作用，使工程结构和设备的可燃保温材料发生着火事故。

（8）焊接工作点周围 10m 内的，必须清除一切可燃易爆物品。

（9）加强个人防护。包括完好的工作服、绝缘手套、绝缘鞋及垫板等。

（10）电焊设备的安装、修理和检查必须由电工进行，焊工不得擅自拆修设备和更换熔丝。临时施工点应由电工接通电源，焊工不得自行处理。

9.3　电焊机使用常识及安全要点

（1）交流电焊机是一个结构特殊的降压变压器，空载电压为 60～80V，工作电压为 30V，功率为 20～30kW，二次线电流为 50～450A，电源电压为 380V 或 220V。

（2）直流电焊机是用一台三相电动机带动一台结构特殊的直流发电机；硅整流式直流电焊机是利用硅整流元件将交流电变为直流电；焊机二次线空载电压为 50～80V，工作电压为 30V，焊接电流为 45～320A；焊机功率为 12～30kW，电源电压为 380V 或 220V。

（3）交、直流电焊机应空载合闸启动，直流发电机式电焊机应按规定的方向旋转，带有风机的要注意风机旋转方向是否正确。

（4）电焊机在接入电网时须注意电压应相符，多台电焊机同时使用应分别接在三相电网上，尽量使三相负载平衡。

（5）电焊机需要并联使用时，应将一次线并联接入同一相位电路；二次侧也需同相相连，对二次侧空载电压不等的焊机，应经调整相等后才可使用，否则不能并联使用。

（6）焊机二次侧把线、地线要有良好的绝缘特性，柔性好，导电能力要与焊接电流相匹配，宜使用 YHS 型橡胶皮护套铜芯多股软电缆，长度不大于 30m，操作时电缆不宜成盘状，否则将影响焊接电流。

（7）多台焊机同时使用时，当需拆除某台时，应先断电后在其一侧验电，在确认无电后方可进行拆除工作。

（8）所有交、直流电焊机的金属外壳，都必须采取保护接地或接零。接地、接零电阻应小于 4Ω。

（9）焊接的金属设备、容器本身有接地、接零保护时，焊机的二次绕组禁止没有接地或接零。

（10）多台焊机的接地、接零线不得串接接入接地体，每台焊机应设独立的接地、接零线，其接点应用螺栓压紧。

（11）每台电焊机须设专用断路开关，并有电焊机相匹配的过流保护装置；一次线与电源接点不宜用插销连接，其长度不得大于 5m，且须双层绝缘。

（12）电焊机二次侧把、地线需接长使用时，应保证搭接面积，接点处用绝缘胶带包裹好，接点不宜超过两处；严禁使用管道、轨道及建筑物的金属结构或其他金属物体串接起来作为地线使用。

（13）电焊机的一次、二次接线端应有防护罩，且一次接线端需用绝缘带包裹严密；二次接线端必须使用线卡子压接牢固。

（14）电焊机应放置在干燥和通风的地方（水冷式除外），露天使用时其下方应防潮且高于周围地面；上方应设防雨棚和有防砸措施。

9.4 气焊与气割

9.4.1 气焊与气割原理和应用

1. 气焊原理与应用

（1）气焊原理

气焊是利用可燃气体与氧气混合燃烧的火焰来加热金属的一种熔化焊。

1）可燃气体有乙炔、丙烷、丙烯、氢气和炼焦煤气等，其中以乙炔燃烧的温度最高达 3100～3 300℃，其他几种气体的焊接效果均不如乙炔，所以乙炔在气焊中一直占主导地位。

2）氧气是强氧化剂，气焊、气割使用的是压缩纯氧（氧气瓶的最高工作压力为 14.7MPa，纯度为 99.2％或 98.5％）。

3）焊剂

气焊有色金属、铸铁和不锈钢时，还需要使用焊剂。焊剂是气焊时的助熔剂，其作用是排除熔池里的高熔点金属氧化物，并以熔渣覆盖在焊缝表面，使熔池与空气隔绝，防止熔化金属被氧化，从而改善焊缝质量。焊剂可分为化学作用气焊剂和物理作用气焊剂两类。

（2）应用

目前由于焊条电弧焊、CO_2气体保护焊、氩弧焊等焊接工艺的迅速发展和广泛应用，气焊的应用范围有所缩小，但在铜、铝等有色金属及铸铁的焊接和修复，碳钢薄板的焊接及小直径管道的制造和安装还有着大量的应用。由于气焊火焰调节灵活方便。因此在弯曲、矫直、预热、后热、堆焊、淬火及火焰钎焊等各种工艺操作中得到应用。此外，建筑、安装、维修及野外施工等没有电源的场所，无法进行电焊时常使用气焊。

2. 气割原理与应用

（1）气割原理

气割过程是，金属被预热到着火点后，即从切割嘴的中心孔喷出切割氧，使金属遇氧开始燃烧，产生大量的热。这些热量与预热火焰一起使下一层的金属被加热，燃烧就迅速扩展到整个金属的深处。金属燃烧时形成的氧化物，在熔化状态下被切割氧流从反应区吹走，使金属被切割开来。如果将割炬沿着直线或曲线以一定的速度移动，则金属的燃烧也将沿着该线进行。

（2）气割常用的可燃气体

气割用燃气最早使用的是乙炔，至今仍然广泛应用。随着工业的发展，人们探索了多种乙炔代用气体，如丙烷、丙烯、天然气、液化石油气（以丙烷、丁烷为主要成分），以及乙炔与丙烷、乙炔与丙烯混合气等。目前代用气体中丙烷的用量最大。

（3）应用

气割技术广泛用于生产中的备料，切割材料的厚度可以从薄板（小于10mm）到极厚板（800mm以上），被切割材料包括板材、钢锭、铸件冒口、钢管、型钢、多层板等。随着机械化、半机械化气割技术的发展，特别是数控火焰切割技术的发展使得气割可以代替部分机械加工，有些焊件的坡口可一次直接用气割方法切割出来，切割后直接进行焊接。气割还广泛用于因更新换代的旧流水线设备的拆除、重型废旧设备和设施的解体等。气割技术的应用领域几乎覆盖了建筑、机械、造船、石油化工、矿山冶金、交通能源等许多工业部门。

9.4.2 气焊与气割安全

1. 气焊与气割材料和设备使用安全

（1）氧气与氧气瓶

1）氧气

在常温和大气压下，氧气是一种无色、无味、无臭的活泼助燃气体，是强氧化剂。空气中含氧20.9%，气焊与气割用一级纯氧纯度为99.2%，二级为98.5%，满灌氧气瓶的压力为14.7MPa。

使用安全要求：

① 严禁用以通风换气。

② 严禁作为气动工具动力源。

③ 严禁接触油脂和有机物。

④ 禁止用来吹扫工作服。

2）氧气瓶

氧气瓶是用来储存和运输氧气的高压容器。最高工作压力为 14.7MPa，搬运装卸时还要承受振动、滚动和碰撞冲击等外界作用力。瓶装压缩纯氧是强烈氧化剂，由于氧气中通常含有水分，瓶内壁会受到腐蚀损伤，因此对氧气瓶的制造质量要求十分严格，出厂前必须经过严格技术检验，以确保质量完好。

氧气瓶安全措施：

① 为了保证安全，氧气瓶在出厂前必须按照《气瓶安全监察规程》的规定，严格进行技术检验。检验合格后，应在气瓶肩部的球面部分作明显的标志，标明瓶号、工作压力和检验压力、下次试压日期等。

② 充灌氧气瓶时，必须首先进行外部检查，同时还要化验鉴别瓶内气体成分，不得随意充灌。气瓶充灌时，气体流速不能过快，否则易使气瓶过热，压力剧增，造成危险。

③ 气瓶与电焊机在同一工地使用时，瓶底应垫以绝缘物，以防气瓶带电。与气瓶接触的管道和设备要有接地装置，防止由于静电造成燃烧或爆炸。

冬季使用气瓶时由于气温比较低，加之高压气体从钢瓶排出时，吸收瓶体周围空气中的热量，所以瓶阀或减压器可能出现结霜现象。可用热水或蒸汽解冻，严禁使用火焰烘烤或用铁器敲击瓶阀，也不能猛拧减压器的调节螺栓，以防气体大量冲出造成事故。

④ 运输与防振。在储运和使用过程中，应避免剧烈振动和撞击，搬运气瓶必须用专门的抬架或小推车，禁止直接使用钢绳、链条、电磁吸盘等吊运氧气瓶。车辆运输时，应用波浪形瓶架将气瓶妥善固定，并应戴好瓶帽，防止损坏瓶阀。轻装轻卸，严禁从高处滑下或在地面滚动气瓶。使用和储存时，应用栏杆或支架加以固定、扎牢，防止突然倾倒。不能把氧气瓶放在地上滚动。不能与可燃气瓶、油料及其他可燃物放在一起运输。

⑤ 防热。氧气瓶应远离高温、明火和熔融金属飞溅物，操作中氧气瓶应距离乙炔瓶应相距 5 m 以上。夏季在室外使用时应加以覆盖，不得在烈日下暴晒。

⑥ 开气应缓慢，防静电火花和绝热压缩。

⑦ 留有余气。氧气瓶不能全部用尽，应留有余气 0.2～0.3MPa，使氧气瓶保持正压，并关紧阀门防止漏气。目的是预防可燃气体倒流进入瓶内，而且在充气时便于化验瓶内气体成分。

⑧ 不得使用超过应检期限的气瓶。氧气瓶在使用过程中，必须按照安全规则的规定，每 3 年进行一次技术检验。每次检验合格后，要在气瓶肩部的标志上标明下次检验日期。满灌的氧气瓶启用前，首先要查看应检期限，如发现逾期未作检验的气瓶，不得使用。

⑨ 防油。氧气瓶阀不得粘附油脂，不得用粘有油脂的工具、手套或油污工作服等接触瓶阀和减压器。

⑩ 使用氧气瓶前，应稍打开瓶阀，吹掉瓶阀上粘附的细屑或脏物后立即关闭，然后接上减压器使用。

⑪ 开启瓶阀时，应站在瓶阀气体喷出方向的侧面并缓慢开启，避免气流朝向人体。

⑫ 要消除带压力的氧气瓶泄漏，禁止采用拧紧瓶阀或垫圈螺母的方法。禁止手托瓶帽移动氧气瓶。

⑬ 禁止使用氧气代替压缩空气吹净工作服、乙炔管道。禁止将氧气用作试压和气动工具的气源。禁止用氧气对局部焊接部位通风换气。

（2）乙炔和乙炔瓶

1）乙炔

乙炔化学性质非常活泼，容易发生加成、聚合和取代等各种反应。在常温常压下，乙炔是一种高热值的容易燃烧和爆炸的气体，相对密度为0.91。

2）乙炔瓶

乙炔瓶的安全措施：

① 与氧气瓶安全措施的①～⑥条相同，其中有关气瓶的出厂检验，应参照《溶解乙炔瓶安全监察规程》的规定。

② 使用乙炔瓶时，必须配用合格的乙炔专用减压器和回火防止器。乙炔瓶阀必须与乙炔减压器连接可靠。严禁在漏气的情况下使用，否则一旦触及明火将可能发生爆炸事故。

③ 瓶体表面温度不得超过40℃。瓶温过高会降低丙酮对乙炔的溶解度，导致瓶内乙炔压力急剧增高。在普通大气压下，温度15℃时，1L丙酮可溶解23L乙炔，30℃为16L，40℃时为13L。因此，在使用过程中要经常用手触摸瓶壁，如局部温度升高超过40℃（有些烫手），应立即停止使用，在采取水浇降温并妥善处理后，送充气单位检查。

④ 乙炔瓶存放和使用时只能直立，不能横躺卧放，以防丙酮流出引起燃烧爆炸（丙酮与空气混合气的爆炸极限为2.9%～13%）。乙炔瓶直立牢靠后，应静候15min左右，才能装上减压器使用。开启乙炔瓶的瓶阀时，焊工应站在阀口侧后方，动作要轻缓，不要超过一圈半，一般情况只开启3/4圈。

⑤ 存放乙炔瓶的室内应注意通风换气，防止泄漏的乙炔气滞留。

⑥ 乙炔瓶不得遭受剧烈振动或撞击，以免填料下沉，形成净空间。

⑦ 乙炔瓶的充灌应分两次进行。第一次充气后的静置时间不少于8h，然后再进行第二次充灌。

⑧ 瓶内气体严禁用尽，必须留有不低于表9-1规定的剩余乙炔。

乙炔瓶内剩余压力与环境温度的关系　　　　　　　　　　　　　　表9-1

环境温度（℃）	<0	0～15	15～25	25～40
剩余压力（MPa）	0.05	0.1	0.2	0.3

⑨ 禁止在乙炔瓶上放置物件、工具，或缠绕、悬挂橡胶软管和焊炬、割炬等。

⑩ 瓶阀冻结时，可用40℃热水解冻，严禁火烤。

（3）液化石油气与气瓶

1）液化石油气

石油气是炼油工业的副产品。在常温、常压下组成石油气的碳氢化合物以气体状态存在，但只要加上不大的压力即变成液体，因此便于装入瓶中储存和运输。使用安全要求如下：

① 使用和储存石油气瓶的车间和库房的下水道排出口，应设置安全水封；电缆沟进出口应填装砂土，暖气沟进出口应砌砖抹灰，防止石油气窜入其中发生火灾爆炸。室内通风孔除设在高处外，低处亦设有通风孔，以利空气对流。

② 不得擅自倒出石油气残液，以防遇火成灾。

③ 必须采用耐油性强的橡胶，不得随意更换衬垫和胶管，以防腐蚀漏气。

④ 点火时应先点燃引火物，燃后打开气阀。

2）液化石油气瓶

液化石油气瓶最大工作压力为 1.56MPa，水压试验压力为 3MPa。气瓶试验鉴定后，应在固定于瓶体上的金属牌上注明：制造厂名、编号、重量、容量、制造日期、试验日期、工作压力、试验压力等，并标有制造厂检查部门的钢印。

液化石油气瓶安全措施：

① 与氧气瓶安全措施的①～⑥相关。

② 气瓶充灌必须按规定留出气化空间，不能充灌过满。

③ 衬垫、胶管等必须采用耐油性强的橡胶，不得随意更换衬垫和胶管，以防因受腐蚀而发生漏气。

④ 冬季使用液化石油气瓶，可在用气过程中以低于 40℃ 的温水加热或用蛇管式（列管式）热水汽化器。禁止把液化石油气瓶直接放在加热炉旁或用明火烘烤或沸水加热。

⑤ 使用和储存液化石油气瓶的车间和库房下水道的排出口，应设置安全水封，电缆沟进出口应填装砂土，暖气沟进出口应砌砖抹灰，防止气体窜入其中发生火灾爆炸。室内通风孔除设在高处外，低处亦应设有通风孔，以利空气对流。

⑥ 不得自行倒出石油气残液，以防遇火成灾。

⑦ 液化石油气瓶出口连接的减压器，应经常检查其性能是否正常。

⑧ 要经常注意检查气瓶阀门及连接管接头等处的密封情况，防止漏气。气瓶用完后要关闭全部阀门，严防漏气。

⑨ 液化石油气瓶内的气体禁止用尽。瓶内应留有一定量的余气，便于充装前检查气样。

（4）减压器

1）减压器的作用

减压器是将高压气体降为低压气体的调节装置。减压器的作用是将气瓶内的高压气体降为使用压力气体（减压），且能调节所需要的使用压力（调压），并能保持使用压力不变（稳压）。此外，减压器还有止逆作用，防止氧气倒流进入可燃气瓶。

气焊气割用的减压器按用途分为氧气减压器、乙炔减压器和液化石油气减压器等。

2）减压器安全要求

① 减压器应选用符合国家标准的产品。如果减压器存在表针指示失灵、阀门泄漏、表体含有油污未处理等缺陷，禁止使用。

② 氧气瓶、溶解乙炔瓶、液化石油气瓶等都应使用各自专用的减压器，不得自行换用。

③ 安装减压器前，应稍许打开气瓶阀吹除瓶口上的污物。瓶阀应慢慢打开，不得用力过猛，以防止高压气体冲击损坏减压器。焊工应站立在瓶口的一侧。

④ 减压器在专用气瓶上应安装牢固。采用螺纹连接时，应拧足 5 个螺纹以上；采用专门夹具夹紧时，装卡应平整牢靠。

⑤ 当发现减压器发生自流现象和减压器漏气时，应迅速关闭气瓶阀，卸下减压器，并送专业修理点检修，不准自行修理后使用。新修好的减压器应有检修合格证明。

⑥ 同时使用两种不同气体进行焊接、气割时，不同气瓶减压器的出口端都应各自装有单向阀，防止相互倒灌。

⑦ 禁止用棉、麻绳或一般橡胶等易燃物料作为氧气减压器的密封垫圈。禁止油脂接触氧气减压器。

⑧ 必须保证用于液化石油气、熔解乙炔或二氧化碳等用的减压器位于瓶体的最高部位，防止瓶内液体流入减压器。

⑨ 冬季使用减压器应采取防冻措施。如果发生冻结，应用热水或水蒸气解冻，严禁火烤、锤击和摔打。

⑩ 减压器卸压的顺序是：首先关闭高压气瓶的瓶阀；然后放出减压器内的全部余气；最后放松压力调节螺栓使表针降至零位。

⑪ 不准在减压器上挂放任何物件。

（5）气瓶定期检验

气瓶在使用过程中必须根据国家《气瓶安全监察规程》和《溶解乙炔瓶安全监察规程》的要求，进行定期技术检验。充装无腐蚀性气体的气瓶，每3年检验一次；充装有腐蚀性气体的气瓶，每两年检验一次。气瓶在使用过程中如发现有严重腐蚀、损伤或怀疑有问题时，可提前进行检验。

（6）回火现象与回火防止器

1）回火现象

气焊气割发生的回火是气体火焰进入喷嘴逆向燃烧的现象。在正常情况下，喷嘴里混合气流出速度与混合气燃烧速度相等，气体火焰在喷嘴口稳定燃烧。如果混合气流出速度比燃烧速度快，则火焰离开喷嘴一段距离再燃烧。如果喷嘴里混合气流出速度比燃烧速度慢，则气体火焰就进入喷嘴逆向燃烧。这是发生回火的根本原因。

2）回火防止器

也叫回火保险器，是装在燃气管路上防止气源回烧的保险装置。简而言之，回火防止器的作用就是阻止回火。

（7）焊炬、割炬

焊炬、割炬的安全技术要求：

① 焊炬和割炬应符合规范的要求。

② 焊炬、割炬的内腔要光滑，气路通畅，阀门严密，调节灵敏，连接部位紧密而不泄漏。

③ 先安全检验后点火。使用前必须先检查其射吸性能。射吸性能检查正常后，应检查是否漏气。

④ 点火。经以上检查合格后，才能给焊炬点火。点火时有先开乙炔和先开氧气两种方法。先开氧气点火时应先把氧气阀稍微打开，然后打开乙炔阀。点火后立即调整火焰，使火焰达到正常情况。先开乙炔点火是在点火时先开乙炔阀点火，使乙炔燃烧并冒烟灰，此时立即开氧气阀调节火焰。

⑤ 关火。关火时，应先关乙炔后关氧气，防止火焰倒袭和产生烟灰。使用大号焊嘴的焊炬在关火时，可先把氧气开大一点，然后关乙炔，最后再关氧气。先开大氧气是为了保持较高流速，有利于避免回火。

⑥ 回火。发生回火时应急速关乙炔，随即关氧气，尽可能缩短操作时间，动作连贯。如果动作熟练，可以同时完成操作。倒袭的火焰在焊炬内会很快熄灭。等枪管体不烫手后，再开氧气，吹出残留在焊炬里的烟灰。此外，在紧急情况下可拔去乙炔胶管，为此，一般要求乙炔胶管与焊炬接头的连接，应掌握避免太紧或太松，以不漏气并能插上和拔下为原则。

⑦ 防油。焊炬的各连接部位、气体通道及调节阀等处，均不得粘附油脂，以防遇氧气产生燃烧和爆炸。

⑧ 禁止在使用中把焊炬、割炬的嘴在平面上摩擦来清除嘴上的堵塞物。不准把点燃的割炬放在工件或地面上。

⑨ 焊嘴和割嘴温度过高时，应暂停使用或放入水中冷却。

⑩ 焊炬、割炬暂不使用时，不可将其放在坑道、地沟或空气不流通的工件以及容器内。防止因气阀不严密而漏出乙炔，使这些空间内存积易爆炸混合气，易造成遇明火而发生爆炸。

⑪ 焊炬、割炬的保存。焊炬、割炬停止使用后，应拧紧调节手轮并挂在适当的场所，也可卸下胶管，将焊炬、割炬存放在工具箱内。必须强调指出，禁止为使用方便而不卸下胶管，将焊炬、胶管和气源作永久性连接，并将焊炬随意放在容器里或锁在工具箱内。这种做法容易造成容器或工具箱的爆炸或在点火时常发生回火，并容易引起氧气胶管爆炸。

除上述焊炬和割炬使用的安全要求外，割炬还应注意以下两点：

① 在开始切割前，工件表面的漆皮、铁屑和油水污物等应加以清理。在水泥地路面上切割时应垫高工件，防止锈皮和水泥地面爆溅伤人。

② 在正常工作停止时，应先关闭氧气调节阀，再关闭乙炔和预热氧阀。

（8）胶管

胶管的作用是向焊割炬输送氧气和乙炔气。用于气焊与气割的胶管由优质橡胶内、外胶层和中间棉织纤维层组成，整个胶管需经过特别的化学加工处理，以防止其燃烧。

9.4.3 气焊与气割安全操作

1. 气焊、气割操作中的安全事故原因及防护措施

由于气焊、气割使用的是易燃、易爆气体及各种气瓶，而且又是明火操作，因此在气焊、气割过程中存在很多不安全的因素，如果不小心就会造成安全事故。因此必须在操作中遵守安全规程并予以防护。

（1）爆炸事故原因及其防护措施

1）气瓶温度过高引起爆炸。气瓶内的压力与温度有密切关系，随着温度的上升，气瓶内的压力也将上升。当压力超过气瓶耐压极限时就将发生爆炸。因此，应严禁暴晒气瓶，气瓶的放置应远离热源，以避免温度升高引起爆炸。

2）气瓶受到剧烈振动也会引起爆炸，要防止磕碰和剧烈颠簸。

3）可燃气体与空气或氧气混合比例不当，会形成具有爆炸性的混合气体，所以要按照规定控制气体混合比例。

4）氧气与油脂类物质接触也会引起爆炸，要隔绝油脂类物质与氧气的接触。

（2）火灾原因及其防护措施

由于气焊、气割是明火操作，特别是气割中会产生大量飞溅的氧化物熔渣。如果火星和高温熔渣遇到可燃、易燃物质时，就会引起火灾。

（3）烧伤、烫伤原因及其防护措施

1）因焊炬、割炬漏气而造成烧伤。

2）因焊炬、割炬无射吸能力发生回火而造成烧伤。

3）气焊、气割中产生的火花和各种金属及熔渣飞溅，尤其是全位置焊接与切割还会出现熔滴下落现象，更易造成烫伤。

因此，焊工要穿戴好防护器具，控制好焊接、气割的速度，减少飞溅和熔滴下落。

（4）有害气体中毒原因及其防护措施

气焊、气割中会遇到各类不同的有害气体和烟尘，例如铅的蒸发引起铅中毒。某些焊剂中的有毒元素，如有色金属焊剂中含有的氯化物和氟化物，在焊接中会产生氯盐和氟盐的燃烧产物，会引起焊工急性中毒。另外，乙炔和液化石油气中均含有一定的硫化氢、磷化氢，也都能引起中毒。所以，气焊、气割中必须加强通风。

总之，气焊、气割中的安全事故会造成严重危害。因此，焊工必须掌握安全使用技术，严格遵守安全操作规程，确保生产的安全。

2. 气焊、气割的主要安全操作规程

（1）所有独立从事气焊、气割作业的人员必须经劳动安全部门或指定部门培训，经考试合格后持证上岗。

（2）气焊、气割作业人员在作业中应严格按各种设备及工具的安全使用规程操作设备和使用工具。

（3）所有气路、容器和接头的检漏应使用肥皂水，严禁明火检漏。

（4）工作前应将工作服、手套及工作鞋、护目镜等穿戴整齐。各种防护用品均应符合国家有关标准的规定。

（5）各种气瓶均应竖立稳固或装在专用的胶轮车上使用。

（6）气焊、气割作业人员应备有开启各种气瓶的专用扳手。

（7）禁止使用各种气瓶做登高支架或支撑重物的衬垫。

（8）焊接与切割前应检查工作场地周围的环境，不要靠近易燃、易爆物品。如果有易燃、易爆物品，应将其移至 10m 以外。要注意氧化渣在喷射方向上是否有他人在工作，要安排他人避开后再进行切割。

（9）焊接切割盛装过易燃及易爆物料（如油、漆料、有机溶剂、脂等）、强氧化物或有毒物料的各种容器（桶、罐、箱等）、管段、设备，必须遵守《焊接与切割安全》GB 9448 的规定，采取安全措施，并且应获得本企业和消防管理部门的动火证明后才能进行作业。

（10）在狭窄和通风不良的地沟、坑道、检查井、管段等半封闭场所进行气焊、气割作业时，应在地面调节好焊割炬混合气，并点好火焰，再进入焊接场所。焊炬、割炬应随人进出，严禁放在工作地点。

（11）在密闭容器、桶、罐、舱室中进行气焊气割作业时，应先打开施工处的孔、洞、窗，使内部空气流通，防止焊工中毒烫伤。必要时要有专人监护。工作完毕或暂停时，焊割炬及胶管必须随人进出，严禁放在工作地点。

（12）禁止在带压力或带电的容器、罐、柜、管道、设备上进行焊接和切割作业。在特殊情况下需从事上述工作时，应向上级主管安全部门申请，经批准并做好安全防护措施后操作方可进行。

（13）焊接切割现场禁止将气体胶管与焊接电缆、钢绳绞在一起。

（14）焊接切割胶管应妥善固定，禁止缠绕在身上作业。

（15）在已停止运转的机器中进行焊接与切割作业时，必须彻底切断机器的电源（包括主机、辅助机械、运转机构）和气源，锁住启动开关，并设置明确安全标志，由专人看管。

（16）禁止直接在水泥地上进行切割，防止水泥爆炸。

（17）切割工件应垫高 100mm 以上并支架稳固，对可能造成烫伤的火花飞溅进行有效防护。

（18）对悬挂在起重机吊钩或其他位置的工件及设备，禁止进行焊接与切割。如必须进行焊接切割作业，应经企业安全部门批准，采取有效安全措施后方准作业。

（19）气焊、气割所有设备上禁止搭架各种电线、电缆。

（20）露天作业时遇有六级以上大风或下雨时应停止焊接或切割作业。

9.5　登高焊割作业安全技术

焊工在离地面 2m 或 2m 以上的地点进行焊接与切割操作时，即称为登高焊割作业。登高焊割作业必须采取防止触电、火灾、高处坠落及物体打击等方面的安全措施。

（1）在登高接近高压线或裸导线排时，或距离低压线小于 2.5m 时，必须停电并经检查确无触电危险后，方准操作。电源切断后，应在开关上挂上"有人工作，严禁合闸"的警告牌。

（2）登高焊割作业应设有监护人，密切注意焊工的动态。采用电焊时，电源开关应设在监护人近旁，遇有危险征兆时立即拉闸，并进行处理。

（3）登高作业时不得使用带有高频振荡器的焊机，以防万一触电，失足跌落。严禁将焊接电缆缠绕在身上，以防绝缘损坏的电缆造成触电。

（4）凡登高进行焊割作业和进入登高作业区域，必须戴好安全帽，使用标准的防火安全带、穿胶底鞋，禁止穿硬底鞋和带钉易滑的鞋。安全带应坚固牢靠，安全绳长度不可超过 2m，不得使用耐热性差的材料，如尼龙安全带。

（5）焊工登高作业时，应使用符合安全要求的梯子。梯脚需包橡胶防滑，与地面夹角不大于 60°，上下端放置牢靠。人字梯要使用限跨钩挂好，夹角为 40°±5°。不准两人在同一梯子上工作，不得在梯子顶档工作。禁止使用盛装过易燃易爆物质的容器（如油桶等）作为登高的垫脚物。

（6）脚手板应事先经过检查，不得使用有腐蚀或损伤的脚手板。脚手板单程人行道宽度不得小于 0.6m，双程人行道宽度不得小于 1.2m，上下坡度不得大于 1：3，板面要钉防滑条并装扶手。使用安全网时要张挺，不得留缺口，而且层层翻高。应经常检查安全网的质量，不得使用尼龙安全网，发现损坏时，必须废弃并重新张挺新的安全网。

（7）登高作业的焊条、工具和小零件必须装在牢固无孔的工具袋里，工作过程及结束后，应将作业点周围的所有物件清理干净，防止落下伤人。可以使用绳子或起重工具吊运工件和材料，不得在空中投掷抛递物品。焊条头不得随意下扔，否则会砸伤、烫伤地面人员或引燃地面可燃品。

（8）登高焊割作业点周围及下方地面上火星所及的范围内，应彻底清除可燃易爆物品。对确实无法移动的可燃物品要采取可靠的防护措施，例如用阻燃材料覆盖遮严，在允许的情况下，还可将可燃物喷水淋湿，增强耐火性能。高处焊接作业，火星飞得远，散落面大，应注意风向风力，对下风方向的安全距离应根据实际情况增大，以确保安全。一般在作业点下方 10m 之内应用栏杆围挡。作业现场必须备有消防器材。工作过程中要有专人看火，要铺设接火盘接火。焊割结束后必须检查是否留下火种，确认安全后，才能离开现场。

（9）登高焊割人员必须经过健康检查合格。患有高血压、心脏病、精神病和癫痫病等，以及医生证明不能登高作业者一律不准登高作业。酒后不得登高焊割作业。

（10）在 6 级以上大风、雨天、雪天和雾天等条件下无措施时禁止登高焊割作业。

10　施工现场消防管理

　　本章要点：消防管理的责任制，火灾的类型、燃烧的条件和产物，爆炸的分类等防火的基本知识，施工现场平面布置的基本要求和内容，施工现场消防给水系统、消火栓和灭火器等消防设施以及施工现场防火安全管理的要求等相关内容。

10.1 消防管理责任制

10.1.1 项目经理责任

（1）对项目工程生产经营过程中的消防工作负全面领导责任。

（2）贯彻落实消防保卫方针、政策、法规和各项规章制度，结合项目工程特点及施工全过程的情况，制定本项目各消防保卫管理办法或提出要求，并监督实施。

（3）根据工程特点确定消防工作的管理体制和人员，并明确各业务承包人的消防保卫责任和考核指标，支持、指导消防人员的工作。

（4）组织落实施工组织设计中消防措施，组织并监督项目施工中消防技术交底制度和设备、设施验收制度的实施。

（5）领导、组织施工现场定期的消防检查，发现消防工作中的问题，制定措施，及时解决。对上级提出的消防与管理方面的问题，要定时、定人、定措施予以整改。

（6）发生事故，要做好现场保护与抢救工作，及时上报，组织、配合事故的调查，认真落实制定的整改措施，吸取事故教训。

（7）对外包队伍加强消防安全管理，并对其进行评定。

（8）参加消防检查，对施工中存在的不安全因素，从技术方面提出整改意见和方法予以消除。

（9）参加、配合火灾及重大未遂事故的调查，从技术上分析事故原因，提出防范措施、意见。

10.1.2 施工员（工长）责任

（1）认真执行上级有关消防安全生产规定，对所管辖班组的消防安全生产负直接领导责任。

（2）认真执行消防安全技术措施及安全操作规程，针对生产任务的特点，向班组进行书面消防保卫安全技术交底，履行签字手续，并对规程、措施、交底的执行情况实施经常检查，随时纠正现场及作业中违章、违规行为。

（3）经常检查所辖班组作业环境及各种设备、实施的消防安全状况，发现问题及时纠正、解决。对重点、特殊部位施工，必须检查作业人员及设备、设施技术状况是否符合消防保卫安全要求，严格执行消防保卫安全技术交底，落实安全技术措施，并监督其认真执行，做到不违章指挥。

（4）定期组织所辖班组学习消防规章制度，开展消防安全教育活动，接受安全部门或人员的消防安全监督检查，及时解决提出的安全问题。

（5）对分管工程项目应用的符合审批手续的新材料、新工艺、新技术，要组织作业工人进行消防安全技术培训。若在施工中发现问题，必须立即停止使用，并上报有关部门或领导。

（6）发生火灾或未遂事故要保护现场，立即上报。

10.1.3　班组长责任

（1）认真执行消防保卫规章制度及安全操作规程，合理安排班组人员工作。

（2）经常组织班组人员学习消防知识，监督班组人员正确使用个人劳动保护用品。

（3）认真落实消防安全技术交底。

（4）定期检查班组作业现场消防状况，发现问题及时解决。

（5）发现火灾苗头，保护好现场，立即上报有关领导。

10.1.4　班组工人责任

（1）认真学习，严格执行消防保卫制度。

（2）认真执行消防保卫安全交底，不违章作业，服从指导管理。

（3）发扬团结友爱精神，在消防保卫安全生产方面做到相互帮助、互相监督。对新工人要积极传授消防保卫知识，维护一切消防设施和防护用具，做到正确使用，不私自拆改、挪用。

（4）对不利于消防安全的作业要积极提出意见，并有权拒绝违章指令。

（5）发生火灾、失窃和未遂事故，保护现场并立即上报。

（6）有权拒绝违章指挥。

10.2　防 火 基 本 知 识

10.2.1　火灾的类型

按照国家标准《火灾分类》GB/T 4968—2008，根据可燃物的类型和燃烧特性将火灾分为六种不同的类别。

A类火灾：指固体物质火灾，如木材、棉、毛、麻、纸张火灾等。

B类火灾：指液体火灾和可熔化的固体物质火灾，如汽油、煤油、原油、甲醇、乙醇、沥青、石蜡火灾等。

C类火灾：指气体火灾，如煤气、天然气、甲烷、乙烷、丙烷、氢气火灾等。

D类火灾：指金属火灾，如钾、钠、镁、钛、锆、锂、铝镁合金火灾为等。

E类火灾：带电火灾，即物体带电燃烧的火灾。

F类火灾：烹饪器具内的烹饪物火灾。

建筑施工现场所发生的火灾事故大部分是A类火灾，其次是B、C类火灾和E类火灾，所以我们要有针对性的预防措施。

10.2.2　燃烧和爆炸

燃烧和爆炸是火灾事故的表现形式，会带来财产损失和人员伤亡。了解燃烧和爆炸的特性，针对性地采取安全预防措施，可达到减少损失的目的。

1. 燃烧

（1）燃烧的条件

物质燃烧过程的发生和发展，必须具备三个必要条件，即：可燃物、氧化剂和温度（引火源）。只有这三个条件同时发生，才可能发生燃烧现象。但并不是上述三个条件同时存在，就一定会发生燃烧现象。

1）可燃物：凡是能与空气中的氧或其他氧化剂起燃烧化学反应的物质称为可燃物。可燃物按其物理状态分为气体可燃物、液体可燃物和固体可燃物三种类别。可燃烧物质大多是含碳和氢的化合物，某些金属如镁、铝、钙等在某些条件下也可以燃烧，还有许多物质（如臭氧）在高温下可以通过自身分解而放出光和热。

2）氧化剂：帮助和支持可燃物燃烧的物质，即能与可燃物发生氧化反应的物质称为氧化剂。燃烧过程中的氧化剂主要是空气中游离的氧，另有氟、氯等也可以作为燃烧反应的氧化剂。

3）温度（引火源）：是指供给可燃物与氧或助燃剂发生燃烧反应的能量来源。常见的是热能，其他还有化学能、电能、机械能等转变的热能。

（2）相关概念

1）闪燃：在液体（固体）表面上能产生足够的可燃蒸气，遇火能发生一闪即灭的火焰的燃烧现象。

2）阴燃：没有火焰的缓慢燃烧现象。

3）爆燃：以亚音速传播的爆炸。

4）自燃：可燃物在没有外部明火等火源的作用下，因受热或自身发热并蓄热所产生的自行燃烧现象。

5）闪点：在规定的实验条件下，液体（固体）表面能产生闪燃的最低温度。

6）燃点：在规定的实验条件下，液体或固体能发生持续燃烧的最低温度。

7）自燃点：在规定的实验条件下，可燃物质产生自燃的最低温度。

2. 燃烧产物及其毒性

燃烧产物是指由于燃烧或热解作用产生的全部物质。燃烧的产物包括：燃烧生成的气体、能量、可见烟等。燃烧生成的气体一般是指：一氧化碳、氰化氢、二氧化碳、丙烯醛、氯化氢、二氧化硫等。

火灾统计表明，火灾中死亡人数中大约80％是由于吸入有毒烟气致死的。火灾产生的烟气含有大量的有毒成分，如一氧化碳、二氧化碳、氰化氢、二氧化硫、二氧化氢等，二氧化碳是主要产物之一，而一氧化碳是火灾中致死的主要产物之一，其毒性在于对血液中血红蛋白的高亲和性，其亲和力比氧气高出250倍，最容易引起供氧不足而危及生命。

3. 爆炸

爆炸是指由于物质急剧氧化或分解反应，使温度、压力急剧增加或使两者同时急剧增加的现象，爆炸可分为物理爆炸、化学爆炸和核爆炸。物理爆炸如蒸汽锅炉、液化气钢瓶等的爆炸。化学爆炸如炸药的爆炸，可燃气体、液体蒸汽和粉尘与空气混合物的爆炸等。

10.3 施工现场平面布置

10.3.1 塔式起重机的布置

（1）塔轨路基必须坚实可靠，两旁应设排水沟。

（2）采用两台塔式起重机或一台塔式起重机另配一台井架施工时，每台塔式起重机的回转半径及服务范围应能保证交叉作业的安全。

（3）塔式起重机临近高压线，应搭设防护架，并限制旋转角度。

（4）塔式起重机一侧必须按规定挂安全网。

10.3.2 道路的布置

1. 运输道路

（1）运输道路的最小宽度和转弯半径见表 10-1 及表 10-2。架空线及管道下面的道路，其通行空间宽度应比道路宽度大 0.5m，空间高度应大于 4.5m。

施工现场道路最小宽度   表 10-1

序号	车辆类别及要求	道路宽度（m）
1	汽车单行道	≥3.0（考虑防火，应≥4.0m）
2	汽车双行道	≥6.0
3	平板拖车单行道	≥4.0
4	平板拖车双行道	≥8.0

施工现场道路最小转弯半径   表 10-2

车辆类型	路面内侧的最小曲线半径（m）		
	无拖车	有一辆拖车	有二辆拖车
小客车、三轮汽车	6	—	—
一般二轴载重汽车	单车道9	12	15
	双车道7	12	15
三轴载重汽车	12	15	18
重型载重汽车	12	15	18
起重型载重汽车	15	18	21

（2）路面应压实平整，并高出自然地面 0.1～0.2m。雨量较大时，一般沟深和底宽应不小于 0.4m。

（3）道路应靠近建筑物、木料场等易发生火灾的地方，以便车辆能直接开到消火栓处。

（4）尽量将道路布置成环路，否则应设置倒车场地。

2. 消防车道

施工现场内应设置临时消防车道，临时消防车道与在建工程、临时用房、可燃材料堆场及其加工场的距离，不宜小于 5m，且不宜大于 40m。施工现场周边道路满足消防车通行及灭火救援要求时，施工现场内可不设置临时消防车道。

临时消防车道的设置应符合下列规定：

（1）临时消防车道宜为环形，如设置环形车道确有困难，应在消防车道尽端设置尺寸不小于 12m×12m 的回车场。

（2）临时消防车道的净宽度和净空高度均不应小于 4m。

（3）临时消防车道的右侧应设置消防车行进路线指示标识。

（4）临时消防车道路基、路面及其下部设施应能承受消防车通行压力及工作荷载。

建筑高度大于 24m 的在建工程，建筑工程单体占地面积大于 3000m² 的在建工程，成组布置的数量超过 10 栋的临时用房应设置环形临时消防车道。如果设置环形临时消防车道确有困难，除应设置回车场外，还应按以下要求设置临时消防救援场地：

（1）临时消防救援场地应在在建工程装饰装修阶段设置。

（2）临时消防救援场地应设置在成组布置的临时用房场地的长边一侧及在建工程的长边一侧。

（3）场地宽度应满足消防车正常操作要求且不应小于 6m，与在建工程外脚手架的净距不宜小于 2m，且不宜超过 6m。

10.3.3 临时设施的布置

施工现场出入口的设置应满足消防车通行的要求，并宜布置在不同方向，其数量不宜少于 2 个。当确有困难只能设置 1 个出入口时，应在施工现场内设置满足消防车通行的环形道路。

施工现场要明确划分用火作业区，易燃易爆、可燃材料堆放场，易燃废品集中点和生活区等。易燃易爆危险品库房应远离明火作业区、人员密集区和建筑物相对集中区。可燃材料堆场及其加工场、易燃易爆危险品库房不应布置在架空电力线下。

固定动火作业场应布置在可燃材料堆场及其加工场、易燃易爆危险品库房等全年最小频率风向的上风侧，并宜布置在临时办公用房、宿舍、可燃材料库房、在建工程等全年最小频率风向的上风侧。

各主要临时用房、临时设施的防火间距不应小于表 10-3 的规定，当办公用房、宿舍成组布置时，其防火间距可适当减小，但应符合以下要求：

（1）每组临时用房的栋数不应超过 10 栋，组与组之间的防火间距不应小于 8m。

（2）组内临时用房之间的防火间距不应小于 3.5m；当建筑构件燃烧性能等级为 A 级时，其防火间距可减少到 3m。

易燃易爆危险品库房与在建工程的防火间距不应小于 15m，可燃材料堆场及其加工场、固定动火作业场与在建工程的防火间距不应小于 10m，其他临时用房、临时设施与在建工程的防火间距不应小于 6m。临时宿舍尽可能建在离建筑物 20m 以外，并不得建在高压架空线路下方，应和高压架空线路保持安全距离。工棚净空不低于 2.5m。

各类建筑设施、材料的防火间距（m）   表 10-3

名称间距	办公用房、宿舍	发电机房、变配电房	可燃材料库房	厨房操作间、锅炉房	可燃材料堆场及其加工场	固定动火作业场	易燃易爆危险品库房
办公用房、宿舍	4	4	5	5	7	7	10
发电机房、变配电房	4	4	5	5	7	7	10
可燃材料库房	5	5	5	5	7	7	10
厨房操作间、锅炉房	5	5	5	5	7	7	10
可燃材料堆场及其加工场	7	7	7	7	7	10	10
固定动火作业场	7	7	7	7	10	10	12
易燃易爆危险品库房	10	10	10	10	10	12	12

10.4　施工现场消防设施

施工现场应设置灭火器、临时消防给水系统和临时消防应急照明等设施。临时消防设施应与在建工程的施工同步设置。房屋建筑工程中，临时消防设施的设置与主体结构施工进度的差距不应超过 3 层。

在建工程可利用已具备使用条件的永久性消防设施作为临时消防设施。当永久性消防设施无法满足使用要求时，应增设临时消防设施。

10.4.1　临时消防给水系统

施工现场或其附近应设置稳定、可靠的水源，并应能满足施工现场临时消防用水的需要。消防水源可采用市政给水管网或天然水源。其进水口一般不应少于两处。当采用天然水源时，应采取措施确保冰冻季节、枯水期最低水位时顺利取水。

临时消防用水量应为临时室外消防用水量与临时室内消防用水量之和。

1. 临时室外消防给水系统

临时室外消防用水量应按临时用房和在建工程的临时室外消防用水量的较大者确定，施工现场火灾次数可按同时发生 1 次确定。临时用房建筑面积之和大于 $1000m^2$ 或在建工程单体体积大于 $10000m^3$ 时，应设置临时室外消防给水系统。当施工现场处于市政消火栓 150m 保护范围内且市政消火栓的数量满足室外消防用水量要求时，可不设置临时室外消防给水系统。

临时用房的临时室外消防用水量不应小于表 10-4 的规定。

临时用房的临时室外消防用水量   表 10-4

临时用房建筑面积之和	火灾延续时间（h）	消火栓用水量（L/s）	每支水枪最小流量（L/s）
$1000m^2 < $ 面积 $\leq 5000m^2$	1	10	5
面积 $> 5000m^2$		15	5

在建工程的临时室外消防用水量不应小于表 10-5 的规定。

在建工程的临时室外消防用水量 表 10-5

在建工程（单体）体积	火灾延续时间 （h）	消火栓用水量 （L/s）	每支水枪最小流量 （L/s）
10000m³＜体积≤30000m³	1	15	5
体积＞30000m³	2	20	5

施工现场临时室外消防给水系统的设置应符合下列要求：

（1）给水管网宜布置成环状。

（2）临时室外消防给水干管的管径应依据施工现场临时消防用水量和干管内水流计算速度进行计算确定，且不应小于 DN100。

（3）室外消火栓应沿在建工程、临时用房及可燃材料堆场及其加工场均匀布置，距在建工程、临时用房及可燃材料堆场及其加工场的外边线不应小于 5m。

（4）消火栓的间距不应大于 120m。

（5）消火栓的最大保护半径不应大于 150m。

2. 临时室内消防给水系统

建筑高度大于 24m 或单体体积超过 30000m³ 的在建工程，重要的及施工面积较大（超过施工现场内临时消火栓保护范围）的工程，均应设置临时室内消防给水系统。在建工程的临时室内消防用水量不应小于表 10-6 的规定。

在建工程的临时室内消防用水量 表 10-6

建筑高度、在建工程体积（单体）	火灾延续时间 （h）	消火栓用水量 （L/s）	每支水枪最小流量 （L/s）
24m＜建筑高度≤50m 或 30000m³＜体积≤50000m³	1	10	5
建筑高度＞50m 或体积＞50000m³	1	15	5

在建工程临时室内消防给水系统的设置应符合下列要求：

（1）消防竖管的设置位置应便于消防人员操作，其数量不应少于 2 根，随施工层延伸，当结构封顶时，应将消防竖管设置成环状。

（2）消防竖管的管径应根据在建工程临时消防用水量、竖管内水流计算速度进行计算确定，且不应小于 DN100。

（3）在建工程各结构层均应在位置明显且易于操作的部位设置室内消火栓接口及消防软管接口。间距为多层建筑不大于 50m，高层建筑不大于 30m。消火栓接口的前端应设置截止阀。

（4）设置室内消防给水系统的在建工程，应设消防水泵接合器。消防水泵接合器应设置在室外便于消防车取水的部位，与室外消火栓或消防水池取水口的距离宜为 15～40m。

（5）在建工程结构施工完毕的每层楼梯处，应设置消防水枪、水带及软管，且每个设置点不少于 2 套。

施工现场临时消防给水系统应与施工现场生产、生活给水系统合并设置，但应设置将生产、生活用水转为消防用水的应急阀门。应急阀门不应超过 2 个，且应设置在易于操作的场所，并设置明显标识。

高度超过 100m 的在建工程，应在适当楼层增设临时中转水池及加压水泵。中转水池的有效容积不应少于 10m³，上下两个中转水池的高差不宜超过 100m。

临时消防给水系统的给水压力应满足消防水枪充实水柱长度不小于 10m 的要求；给水压力不能满足要求时，应设置消火栓泵，消火栓泵不应少于 2 台，且应互为备用；消火栓泵宜设置自动启动装置。

当外部消防水源不能满足施工现场的临时消防用水量要求时，应在施工现场设置临时储水池。临时储水池宜设置在便于消防车取水的部位，其有效容积不应小于施工现场火灾延续时间内一次灭火的全部消防用水量。

临时消防给水系统的储水池、消火栓泵、室内消防竖管及水泵接合器等，应设有醒目标识。

施工现场的消火栓泵应采用专用消防配电线路。专用消防配电线路应自施工现场总配电箱的总断路器上端接入，且应保持不间断供电。

10.4.2　临时消火栓布置

（1）工程内临时消火栓应分设于各层明显且便于使用的地点，并保证消火栓的充实水柱能到达工程内任何部位。使用时栓口离地面 1.2m，出水方向宜与墙壁成 90°角。

（2）消火栓口径应为 65mm，配备的水带每节长度不宜超过 20m，水枪喷嘴口径不小于 19mm。每个消火栓处宜设启动消防水泵的按钮。

（3）室外消火栓应沿消防车道或堆料场内交通道路的边缘设置，消火栓之间的距离不应大于 120m。周围 3m 之内，禁止堆物。

10.4.3　灭火器

施工现场临时设施，应配置足够的灭火器。

（1）下列场所应配置灭火器：

1）易燃易爆危险品存放及使用场所。

2）动火作业场所。

3）可燃材料存放、加工及使用场所。

4）厨房操作间、锅炉房、发电机房、变配电房、设备用房、办公用房、宿舍等临时用房。

5）其他具有火灾危险的场所。

（2）施工现场灭火器配置应符合下列规定：

1）灭火器的类型应与配备场所可能发生的火灾类型相匹配。

2）灭火器的最低配置标准应符合表 10-7 的规定。

3）灭火器的配置数量应按照《建筑灭火器配置设计规范》GB 50140 的规定经计算确定，且每个场所的灭火器数量不应少于 2 具。

4）灭火器的最大保护距离应符合表 10-8 的规定。

灭火器最低配置标准 表 10-7

项目	固体物质火灾		液体或可熔化固体物质火灾、气体火灾	
	单具灭火器最小灭火级别	单位灭火级别最大保护面积（m²）	单具灭火器最小灭火级别	单位灭火级别最大保护面积（m²）
易燃易爆危险品存放及使用场所	3A	50	89B	0.5
固定动火作业场	3A	50	89B	0.5
临时动火作业点	2A	50	55B	0.5
可燃材料存放、加工及使用场所	2A	75	55B	1.0
厨房操作间、锅炉房	2A	75	55B	1.0
自备发电机房	2A	75	55B	1.0
变、配电房	2A	75	55B	1.0
办公用房、宿舍	1A	100	—	

灭火器的最大保护距离（m） 表 10-8

灭火器配置场所	固体物质火灾	液体或可熔化固体物质火灾、气体类火灾
易燃易爆危险品存放及使用场所	15	9
固定动火作业场	15	9
临时动火作业点	10	6
可燃材料存放、加工及使用场所	20	12
厨房操作间、锅炉房	20	12
发电机房、变配电房	20	12
办公用房、宿舍等	25	—

（3）灭火器的设置要求：

1）灭火器应设置在明显的地点，如房间出入口、通道、走廊、门厅及楼梯等部位。

2）灭火器的铭牌必须朝外，以方便人们直接看到灭火器的主要性能指标。

3）手提式灭火器设置在挂钩、托架上或灭火器箱内，其顶部离地面高度应小于1.5m，底部离地面高度不宜小于0.15m。这样便于人们对灭火器进行保管和维护，让扑救人能安全方便取用，防止潮湿的地面对灭火器的影响且便于平时打扫卫生。

4）设置在挂钩、托架上或灭火器箱内的手提式灭火器要竖直向上设置。

5）对于那些环境条件较好的场所，手提式灭火器可直接放在地面上。

6）对于设置在灭火器箱内的手提式灭火器，可直接放在灭火器箱的底面上，但灭火器箱离地面高度不宜小于0.15m。

10.5 施工现场防火安全管理

10.5.1 施工现场防火基本要求

（1）施工现场的消防工作，应遵照国家有关法律、法规开展消防安全工作。

（2）施工单位的负责人应全面负责施工现场的防火安全工作，履行《中华人民共和国消防条例实施细则》中规定的职责。实行施工总承包的，由总承包单位负责。分包单位应向总承包单位负责，并应服从总承包单位的管理，同时应承担国家法律、法规规定的消防责任和义务。

（3）施工现场都要建立、健全防火检查制度，发现火险隐患，必须立即消除；一时难以消除的隐患，要定人员、定项目、定措施限期整改。

（4）施工现场要有明显的防火宣传标志。施工现场的义务消防人员，要定期组织教育培训，并将培训资料存入内业档案中。

（5）施工现场发生火警或火灾，应立即报告公安消防部门，并组织力量扑救。

（6）根据"四不放过"的原则，在火灾事故发生后，施工单位和建设单位应共同做好现场保护和会同消防部门进行现场勘察的工作。对火灾事故的处理提出建议，并积极落实防范措施。

（7）施工单位在承建工程项目签订的"工程合同"中，必须有防火安全的内容，会同建设单位做好防火工作。

（8）各单位在编制施工组织设计时，施工总平面图、施工方法和施工技术均要符合消防安全要求。

（9）施工现场必须配备足够的消防器材，做到布局合理。要害部位应配备不少于4具的灭火器，要有明显的防火标志，指定专人经常检查、维护、保养、定期更新，保证灭火器材灵敏有效。

（10）施工现场夜间应有照明设备，并要安排力量加强值班巡逻。

（11）施工现场必须设置临时消防车道。其宽度不得小于4m，并保证临时消防车道的畅通，禁止在临时消防车道上堆物、堆料或挤占临时消防车道。

（12）施工现场的重点防火部位或区域，应设置防火警示标识。

（13）临时消防车道、临时疏散通道、安全出口应保持畅通，不得遮挡、挪动疏散指示标识，不得挪用消防设施。

（14）施工单位应做好施工现场临时消防设施的日常维护工作，对已失效、损坏或丢失的消防设施，应及时更换、修复或补充。

（15）施工材料的存放、使用应符合防火要求。库房应采用非燃材料支搭。易燃易爆物品必须有严格的防火措施，应专库储存，分类单独存放，保持通风，配备灭火器材，指定防火负责人，确保施工安全。不准在工程内、库房内调配油漆、稀料。

（16）不准在高压架空线下面搭设临时性建筑物或堆放可燃物品。

（17）在建工程内不准作为仓库使用，不准存放易燃、可燃材料，不得设置宿舍。

（18）因施工需要进入工程内的可燃材料，要根据工程计划限量进入并采取可靠的防火措施。废弃材料应及时清除。

（19）从事油漆粉刷或防水等危险作业时，要有具体的防火要求，必要时派专人看护。

（20）施工现场严禁吸烟。

（21）施工现场和生活区，未经保卫部门批准不得使用电热器具。严禁工程中用明火进行保温施工及在宿舍内用明火取暖。

（22）生活区的设置必须符合消防管理规定。严禁使用可燃材料搭设。

（23）生活区的用电要符合防火规定。用火要经保卫部门审批，食堂使用的燃料必须符合使用规定，用火点和燃料不能在同一房间内，使用时要有专人管理，停火时要将总开关关闭，经常检查有无泄漏。

（24）施工现场应明确划分用火作业，易燃可燃材料堆场、仓库、易燃废品集中站和生活区等区域。

10.5.2 重点部位的防火要求

1. 易燃仓库的防火要求

（1）易着火的仓库应设在水源充足、消防车能驶到的地方，并应设在下风向。

（2）可燃材料及易燃易爆危险品应按计划限量进场。进场后，可燃材料宜存放于库房内，如露天存放时，应分类成垛堆放，垛高不应超过 2m，单垛体积不应超过 50m³，垛与垛之间的最小间距不应小于 2m，且采用不燃或难燃材料覆盖。

易燃露天仓库四周内，应有宽度不小于 6m 的平坦空地作为消防通道，通道上禁止堆放障碍物。

（3）易燃仓库堆料场与其他建筑物、铁路、道路、架高电线的防火间距，应按现行国家标准《建筑设计防火规范》GB 50016 的有关规定执行。

（4）易燃易爆危险品应分类专库储存，库房内应保持通风良好，并设置严禁明火标志。还应经常进行防火安全检查。

（5）储量大的易燃仓库，应设两个以上的大门，并应将生活区、生活辅助区和堆场分开布置。

（6）仓库或堆料场内一般应使用地下电缆，若有困难需设置架空电力线时，架空电力线与露天易燃物堆垛的最小水平距离，不应小于电杆高度的 1.5 倍。

（7）仓库或堆料场所使用的照明灯与易燃堆垛间至少应保持 1m 的距离。

（8）安装的开关箱、接线盒，应距离堆垛外缘不小于 1.5m，不准乱拉临时电气线路。

（9）仓库或堆料场严禁使用碘钨灯，以防电气设备起火。

（10）对仓库或堆料场内的电气设备，应经常检查维修和管理，储存大量易燃品的仓库场地应设置独立的避雷装置。

2. 电焊、气割场所的防火要求

（1）一般要求

1）焊、割作业点与氧气瓶、电石桶和乙炔发生器等危险物品的距离不得少于 10m，与易燃易爆物品的距离不得少于 30m。

2）气瓶应保持直立状态，并采取防倾倒措施，乙炔瓶严禁横躺卧放。严禁碰撞、敲打、抛掷、滚动气瓶。乙炔发生器和氧气瓶之间的存放距离不得少于 2m，使用时两者的距离不得少于 5m。

3）氧气瓶、乙炔发生器等焊割设备上的安全附件应完整而有效，否则严禁使用。

4）施工现场的焊、割作业，必须符合防火要求，严格执行"十不烧"规定。

（2）乙炔站的防火要求

1）乙炔属于甲类易燃易爆物品，乙炔站的建筑物应采用一、二级耐火等级，一般应为单层建筑，与有明火的操作场所应保持 30～50m 间距。

2）乙炔站泄压面积与乙炔站容积的比值应采用 0.05～0.22m²/m³。房间和乙炔发生器操作平台应有安全出口，应安装百叶窗和出气口，门应向外开启。

3）乙炔房与其他建筑物和临时设施的防火间距，应符合现行国家标准《建筑设计防火规范》GB 50016 的要求。

4）乙炔房宜采用不发生火花的地面，金属平台应铺设橡皮垫层。

5）有乙炔爆炸危险的房间与无爆炸危险的房间（更衣室、值班室），不能直通。

6）乙炔生产厂房应采用防爆型的电气设备，并在顶部开自然通风窗口。

7）操作人员不应穿着带铁钉的鞋及易产生静电的服装。

（3）电石库的防火要求

1）电石库属于甲类物品储存仓库。电石库的建筑应采用一、二级耐火等级。

2）电石库应建在长年风向的下风方向，与其他建筑及临时设施的防火间距，应符合现行国家标准《建筑设计防火规范》GB 50016 的要求。

3）电石库不应建在低洼处，库内地面应高于库外地面 220cm，同时不能采用易发火花的地面，可用木板或橡胶等铺垫。

4）电石库应保持干燥、通风，不漏雨水。

5）电石库的照明设备应采用防爆型，应使用不发火花型的开启工具。

6）电石渣及粉末应随时进行清扫。

3. 油漆料库与调料间的防火要求

（1）油漆料库与调料间应分开设置，油漆料库和调料间应与散发火花的场所保持一定的防火间距。

（2）性质相抵触、灭火方法不同的品种，应分库存放。

（3）涂料和稀释剂的存放和管理，应符合《仓库防火安全管理规则》的要求。

（4）调料间应有良好的通风，并应采用防爆电气设备，室内禁止一切火源。调料间不能兼做更衣室和休息室。

（5）调料人员应穿不易产生静电的工作服、无钉子的鞋。使用开启涂料和稀释剂包装的工具，应采用不易产生火花型的工具。

（6）调料人员应严格遵守操作规程，调料间内不应存放超过当日加工所用的原料。

4. 木工操作间的防火要求

（1）操作间建筑应采用阻燃材料搭建。

（2）操作间冬季宜采用暖气（水暖）供暖。如用火炉取暖时，必须在四周采取挡火措施；不应用燃烧劈柴、刨花代煤取暖。每个火炉都要有专人负责，下班时要将余火彻底熄灭。

（3）电气设备的安装要符合要求。抛光、电锯等部位的电气设备应采用密封式或防爆式刨花、锯末较多部位的电动机，应安装防尘罩。

（4）操作间内严禁吸烟和用明火作业。

（5）操作间只能存放当班的用料，成品及半成品要及时运走。木工应做到活完场地清，刨花、锯末每班都打扫干净，倒在指定地点。

（6）严格遵守操作规程，对旧木料一定要经过检查，起出铁钉等金属后，方可上锯锯料。

（7）配电盘、刀闸下方不能堆放成品、半成品及废料。

（8）工作完毕应拉闸断电，并经检查确无火险后方可离开。

5. 地下工程施工的防火要求

地下工程施工中除了遵守正常施工中的各项防火安全管理制度和要求，还应遵守以下防火安全要求：

（1）施工现场的临时电源线不宜直接敷设在墙壁或土墙上，应用绝缘材料架空安装。配电箱应采取防水措施，潮湿地段或渗水部位照明灯具应采取相应措施或安装防潮灯具。

（2）施工现场应有不少于两个出入口或坡道，施工距离长应适当增加出入口的数量。施工区面积不超过 $50m^2$，且施工人员不超过 20 人时，可只设一个直通地上的安全出口。

（3）安全出入口、疏散走道和楼梯的宽度应按其通过人数每 100 人不小于 1m 的净宽计算。每个出入口的疏散人数不宜超过 250 人。安全出入口、疏散走道、楼梯的最小净宽不应小于 1m。

（4）疏散走道、楼梯及坡道内，不宜设置突出物或堆放施工材料和机具。

（5）疏散走道、安全出入口、疏散马道（楼梯）、操作区域等部位，应设置火灾事故照明灯。火灾事故照明灯在上述部位的最低照度应不低于 5lx。

（6）疏散走道及其交叉口、拐弯处、安全出口处应设置疏散指示标志灯。疏散指示标志灯的间距不易过大，距地面高度应为 $1 \sim 1.2m$，标志灯正前方 0.5m 处的地面照度不应低于 1lx。

（7）火灾事故照明灯和疏散指示灯工作电源断电后，应能自动投合。

（8）地下工程施工区域应设置消防给水管道和消火栓，消防给水管道可以与施工用水管道合用。特殊地下工程不能设置消防用水时，应配备足够数量的轻便消防器材。

（9）地下工程的施工作业场所宜配备防毒面具。

（10）大面积油漆粉刷和喷漆应在地面施工，局部的粉刷可在地下工程内部进行，但一次粉刷的量不宜过多，同时在粉刷区域内禁止一切火源，加强通风。

（11）禁止中压式乙炔发生器在地下工程内部使用及存放。

（12）应备有通信报警装置，便于及时报告险情。

（13）制定应急的疏散计划。

11 季节性施工

本章要点：季节性施工的一般知识，季节性施工应注意的安全问题。包括冬期施工、雨期施工的概念，相应的安全技术措施和气象知识。重点要掌握季节性施工的安全技术措施。同时，需了解雨雪、严寒、酷暑、雷暴、大风对安全工作的影响。

11.1　季节性施工概述

一般来讲，季节性施工主要指雨期施工和冬期施工。

雨期施工，应当采取措施防雨、防雷击，组织好排水。同时注意做好防止触电和坑槽坍塌，沿河流域的工地做好防洪准备，傍山的施工现场做好防滑坡塌方措施，脚手架、塔机等应做好防强风措施。

冬期施工，气温低，宜结露结冰、天气干燥，作业人员操作不灵活，作业场所应采取措施防滑、防冻，生活办公场所应当采取措施防火和防煤气中毒。

另外，春秋季天气干燥，风大，应注意做好防火、防风措施；还应注意季节性饮食卫生，如夏秋季节防止腹泻等流行疾病。任何季节遇6级以上（含6级）强风、大雪、浓雾等恶劣气候，严禁露天起重吊装和高处作业。

11.2　雨　期　施　工

11.2.1　雨期施工的气象知识

1. 雨量

它是用积水的高度来表示的，即假定所下的雨既不流到别处，又不蒸发，也不渗到土里，其所积累的高度。一天雨量的多少称为降水强度。降水强度的划分按照降水强度的大小划分为小雨、中雨、大雨、暴雨等若干等级。

2. 风级

风通常用风向和风速（风力和风级）来表示。风速是指气流在单位时间内移动的距离，用 m/s 表示。

3. 雷击

雷是一种大气放电现象。如果雷云较低，周围又没有带异性电荷的雷云，就会在地面凸出物上感应异性电荷，两者空隙间产生了巨大电场，当电场达到一定强度，间隙内空气剧烈游离，造成雷云与地面凸出物之间放电，这就是通常所说的雷击。雷击可产生数百万伏的冲击电压，主放电时间极短，约为 50~100ms，其电流极大可达数十万安培，能对施工现场的建（构）筑物、机械设备、电气和脚手架等高架设施以及人身造成严重的伤害，造成大规模的停电、短路及火灾等事故。

雷电可分为直击雷、感应雷、雷电波入侵以及球形雷等形式，雷电的危害可以分为直接在建筑物或其他物体上发生的热效应和电动力作用以及雷云产生的静电感应作用、雷电流产生的电磁感应作用等。

雷暴日数，就是在一年内该地区发生雷暴的天数，用以表示雷电活动频繁程度。

11.2.2　雨期施工的准备工作

由于雨期（汛期）施工持续时间较长，而且大雨、大风等恶劣天气具有突然性，因此应认真编制好雨期（汛期）施工的安全技术措施，做好雨期（汛期）施工的各项准备工作。

1. 合理组织施工

根据雨期施工的特点，将不宜在雨期施工的工程提早或延后安排，对必须在雨期施工的工程制定有效的措施。晴天抓紧室外作业，雨天安排室内工作。注意天气预报，做好防汛准备。遇到大雨、大雾、雷击和 6 级以上大风等恶劣天气，应当停止进行露天高处、起重吊装和打桩等作业。暑期作业应当调整作息时间，从事高温作业的场所应当采取通风和降温措施。

2. 做好施工现场的排水

（1）施工现场应按标准进行现场硬化处理。

（2）根据施工总平面图、排水总平面图，利用自然地形确定排水方向，按规定坡度挖好排水沟，确保施工工地排水畅通。

（3）应严格按防汛要求，设置连续、通畅的排水设施和其他应急设施，防止泥浆、污水、废水外流或堵塞下水道和排水河沟。

（4）若施工现场临近高地，应在高地的边缘（现场的上侧）挖好截水沟，防止洪水冲入现场。

（5）雨期前应做好傍山的施工现场边缘的危石处理，防止滑坡、塌方威胁工地。

（6）雨期应设专人负责，及时疏竣排水系统，确保施工现场排水畅通。

3. 运输道路

（1）临时道路应起拱 5‰，两侧做宽 300mm、深 200mm 的排水沟。

（2）对路基易受冲刷部分，应铺石块、焦渣、砾石等渗水防滑材料，或者设涵管排泄，保证路基的稳固。

（3）雨期应指定专人负责维修路面，对路面不平或积水处应及时修好。

（4）场区内主要道路应当硬化。

4. 临时设施

施工现场的大型临时设施，在雨期前应整修加固完毕，应保证不漏、不塌、不倒，周围不积水，严防水冲入设施内。选址要合理，避开滑坡、泥石流、山洪、坍塌等灾害地段。

11.2.3 分部分项工程雨期施工

1. 土方与地基基础工程的雨期施工

雨期（汛期）土方与地基基础工程的施工应采取措施重点预防各种坍塌事故。

（1）坑、沟边上部，不得堆积过多的材料，雨期前应清除沟边多余的弃土，减轻坡顶压力。

（2）雨期开挖基坑（槽、沟）时，应注意边坡稳定，在建筑物四周做好截水沟或挡水堤，严防场内雨水倒灌，防止塌方。

（3）雨期雨水不断向土壤内部渗透，土壤因含水量增大，黏聚力急剧下降，土壤抗剪强度降低，易造成土方塌方。所以，凡雨水量大、持续时间长、地面土壤已饱和的情况下，要及早加强对边坡坡角、支撑等的处理。

（4）土方应集中堆放，并堆置于坑边 3m 以外；堆放高度不得过高，不得靠近围墙、临时建筑；严禁使用围墙、临时建筑作为挡土墙堆放；若坑外有机械行驶，应距槽边 5m 以外，手推车应距槽边 1m 以外。

（5）雨后应及时对坑槽沟边坡和固壁支撑结构进行检查，深基坑应当派专人进行认真测量、观察边坡情况，如果发现边坡有裂缝、疏松、支撑结构折断、走动等危险征兆，应当立即采取措施。

（6）雨期施工中遇到气候突变，发生暴雨、水位暴涨、山洪暴发或因雨发生坡道打滑等情况时应当停止土石方机械作业施工。

（7）雷雨天气不得露天进行电力爆破土石方，如中途遇到雷电时，应当迅速将雷管的脚线、电线主线两端连成短路。

2. 砌体工程的雨期施工

（1）雨天不宜在露天砌筑墙体，对下雨当日砌筑的墙体应进行遮盖。继续施工时，应复核墙体的垂直度，如果垂直度超过允许偏差，应拆除重新砌筑。

（2）砌体结构工程使用的湿拌砂浆，除直接使用外，必须储存在不吸水的专用容器内，并根据气候条件采取遮阳、保温、防雨雪等措施，砂浆在储存过程中严禁随意加水。

（3）对砖堆加以保护，确保块体湿润度不超过规定，淋雨过湿的砖不得使用，雨天及小砌块表面有浮水时，不得施工。块体湿润程度宜符合下列规定：

1）烧结类块体的相对含水率为 60%～70%。

2）吸水率较大的轻骨料混凝土小型空心砌块、蒸压加气混凝土砌块的相对含水率为 40%～50%。

（4）每天砌筑高度不得超过 1.2m。

（5）砌筑砂浆应通过适配确定配合比，要根据砂的含水量变化随时调整水灰比。适当减少稠度，过湿的砂浆不宜上墙，避免砂浆流淌。

3. 钢筋工程的雨期施工

（1）雨天施焊应采取遮蔽措施，焊接后未冷却的接头应避免遇雨急速降温。

（2）为保护后浇带处的钢筋，在后浇带两边各砌一道 120mm 宽、200mm 高的砖墙，上用彩条布及预制板封口，预制板上做防水层及砂浆保护层。雨后要检查基础底板后浇带，对于后浇带内的积水必须及时清理干净，避免钢筋锈蚀。

（3）钢筋机械必须设置在平整、坚实的场地上，设置机棚和排水沟，焊机必须接地，焊工必须穿戴防护衣具，以保证操作人员安全。

4. 混凝土工程的雨期施工

（1）雨期施工期间，对水泥和掺合料应采取防水和防潮措施，并应对粗、细骨料含水率实时监测，及时调整混凝土配合比。

（2）应选用具有防雨水冲刷性能的模板隔离剂。

（3）雨期施工期间，对混凝土搅拌、运输设备和浇筑作业面应采取防雨措施，并应加强施工机械检查维修及接地接零检测工作。

（4）除采用防护措施外，小雨、中雨天气不宜进行混凝土露天浇筑，且不应开始大面积作业面的混凝土露天浇筑；大雨、暴雨天气不应进行混凝土露天浇筑。

（5）雨后应检查地基面的沉降，并应对模板及支架进行检查。

（6）应采取防止基槽或模板内积水的措施。基槽或模板内和混凝土浇筑分层面出现积水时，应在排水后再浇筑混凝土。

（7）混凝土浇筑过程中，对因雨水冲刷致使水泥浆流失严重的部位，应采取补救措施后再继续施工。

（8）浇筑板、墙、柱混凝土时，可适当减小坍落度。梁板同时浇筑时应沿次梁方向浇筑，此时如遇雨而停止施工，可将施工缝留在弯矩剪力较少处的次梁和板上，从而保证主梁的整体性。

（9）混凝土浇筑完毕后，应及时采取覆盖塑料薄膜等防雨措施。

5. 钢结构工程的雨期施工

（1）现场应设置专门的构件堆场，满足运输车辆通行要求；场地平整；有电源、水源，排水通畅；堆场的面积满足工程进度需要，若现场不能满足要求时可设置中转场地。露天设置的堆场应对构件采取适当的覆盖措施。

（2）高强螺栓、焊条、焊丝、涂料等材料应在干燥、封闭环境下储存。

（3）雨期由于空气比较潮湿，焊条储存应防潮并进行烘烤，同一焊条重复烘烤次数不宜超过两次，并由管理人员及时作好烘烤记录。

（4）焊接作业区的相对湿度不大于 90%；如焊缝部位比较潮湿，必须用干布擦净并在焊接前用氧炔焰烤干，保持接缝干燥，没有残留水分。

（5）雨天构件不能进行涂刷工作，涂装后 4h 内不得雨淋；风力超过 5 级不宜使用无气喷涂。

（6）雨天及五级以上大风不能进行屋面保温的施工。

（7）吊装时，构件上如有积水，安装前应清除干净，但不得损伤涂层，高强螺栓接头安装时，构件摩擦面应干净，不能有水珠，更不能雨淋和接触泥土及油污等脏物。

（8）如遇大风天气，柱、主梁、支撑等大构件应立即进行校正，位置校正正确后，立即进行永久固定，以防止发生单侧失稳。当天安装的构件，应形成空间稳定体系。

6. 起重吊装工程的雨期施工

（1）堆放构件的地基要平整坚实，周围应做好排水。

（2）轨道塔式起重机的新垫路基，必须用压路机逐层压实，石子路基要高出周围地面 150mm。

（3）应采取措施防止雨水浸泡塔式起重机路基和垂直运输设备基础，并装好防雷设施。

（4）履带式起重机在雨期吊装时，严禁在未经夯实的虚土或低洼处作业；在雨后吊装时，应先进行试吊。

（5）遇到大雨、大雾、高温、雷击和 6 级以上大风等恶劣天气，应当停止起重吊装作业。

（6）大风大雨后作业，应当检查起重机械设备的基础、塔身的垂直度、缆风绳和附着结构，以及安全保险装置并先试吊，确认无异常方可作业。轨道式塔机，还应对轨道基础进行全面检查，检查轨距偏差、轨顶倾斜度、轨道基础沉降、钢轨不垂直度和轨道通过性能等。

7. 脚手架工程的雨期施工

（1）落地式钢管脚手架底应当高于自然地坪 50mm，并夯实整平，留一定的散水坡度，在周围设置排水措施，防止雨水浸泡脚手架。

（2）施工层应当满铺脚手板，有可靠的防滑措施，应当设置踢脚板和防护栏杆。

（3）应当设置上人马道，马道上必须钉好防滑条。

（4）应当挂好安全网并保证有效可靠。

（5）架体应当与结构有可靠的连接。

（6）遇到大雨、大雾、高温、雷击和6级以上大风等恶劣天气，应当停止脚手架的搭设和拆除作业。

（7）大风、大雨后，要组织人员检查脚手架是否牢固，如有倾斜、下沉、松扣、崩扣和安全网脱落、开绳等现象，要及时进行处理。

（8）在雷暴季节，还要根据施工现场情况给脚手架安装避雷针。

（9）搭设钢管扣件式脚手架时，应当注意扣件开口的朝向，防止雨水进入钢管使其锈蚀。

（10）悬挑架和附着式升降脚手架在汛期来临前要有加固措施，将架体与建筑物按照架体的高度设置连接件或拉结措施。

（11）吊篮脚手架在汛期来临前，应予拆除。

8. 建筑装饰装修工程雨期施工

（1）中雨、大雨或五级以上大风天气，不得进行室外装饰装修工程的施工；空气相对湿度过高时应考虑合理的工序技术间歇时间。

（2）高层建筑幕墙施工必须做好防雷保护装置。

（3）抹灰、粘贴饰面砖、打密封胶等粘接工艺施工，尤其应保证基底或基层的含水率符合施工要求。

（4）混凝土或抹灰基层涂刷溶剂型涂料时，含水率不得大于8%；涂刷水性涂料时，含水率不得大于10%；木质基层含水率不得大于12%。

（5）裱糊工程不宜在相对湿度过高时施工。

（6）雨天应停止在外脚手架上施工，大雨后要对脚手架进行全面检查，并认真清扫，确认无沉降或松动后方可施工。

11.2.4 雨期施工的机械设备使用、用电与防雷

1. 雨期施工的机械设备使用

（1）机电设备应采取防雨、防淹措施，安装接地装置。

（2）在大雨后，要认真检查起重机械等高大设备的地基，如发现问题要及时采取加固措施。

（3）雨期施工的塔式起重机的使用：

1）自升式塔式起重机有附着装置的，在最上一道以上自由高度超过说明书设计高度的，应朝建筑物方向设置两根钢丝绳拉结。

2）自升式塔式起重机未附着，但已达到设计说明书最大独立高度的，应设置四根钢丝绳对角拉结。

3）拉结应用 $\phi15$ 以上的钢丝绳，拉结点应设在转盘以下第一个标准节的根部；拉结点处标准节内侧应采用大于标准节角钢宽度的方木作支撑，以防拉伤塔身钢结构；四根拉结绳与塔身之间的角度应一致，控制在 $45°\sim60°$ 之间；钢丝绳应采用地锚固定或与建筑物已达到设计强度的混凝土结构连接等形式进行锚固；钢丝绳应有调整松紧度的措施，以确

保塔身处于垂直状态。

4）塔身螺栓必须全部紧固，塔身附着装置应全面检查，确保无松动、无开焊、无变形。

5）严禁对塔式起重机前后臂进行固定，确保自由旋转。塔机的避雷设施必须确保完好有效，塔式起重机电源线路必须切断。

（4）雨期施工的龙门架（井字架）和施工用电梯的使用。

1）有附墙装置的龙门架（井字架）物料提升机和施工用电梯，要采取措施强化附墙拉结装置。

2）无附墙装置的物料提升机，应加大缆风绳及地锚的强度，或设置临时附墙设施等作加固处理。

（5）雨天不宜进行现场的露天焊接作业。

2. 雨期施工的用电

严格按照《施工现场临时用电安全技术规范》JGJ 46落实临时用电的各项安全措施。

（1）各种露天使用的电气设备应选择较高的干燥处放置。

（2）机电设备（配电盘、闸箱、电焊机、水泵等）应有可靠的防雨措施，电焊机应加防护雨罩。

（3）雨期前应检查照明和动力线有无混线、漏电，电杆有无腐蚀，埋设是否牢靠等，防止触电事故发生。

（4）雨期要检查现场电气设备的接零、接地保护措施是否牢靠，漏电保护装置是否灵敏，电线绝缘接头是否良好。

（5）暴雨等危险性来临之前，施工现场临时用电除照明、排水和抢险用电外，其他电源应全部切断。

3. 雨期施工的防雷

（1）防雷装置的设置范围。施工现场高出建筑物的塔式起重机、外用电梯、井字架、龙门架以及较高金属脚手架等设施，如果在相邻建筑物、构筑物的防雷装置保护范围以外，在表11-1规定的范围内，则应当按照规定设防雷装置，并经常进行检查。

施工现场内机械设备需要安装防雷装置的规定 表11-1

地区平均雷暴日（d）	机械设备高度（m）
≤15	>50
>15，≤40	>32
>40，≤90	>20
>90，及雷灾特别严重的地区	>12

如果最高机械设备上的避雷针保护范围按照60°计算能覆盖其他设备，且最后退出现场，其他设备可以不设避雷装置。

（2）防雷装置的构成及制作要求。施工现场的防雷装置一般由避雷针、接地线和接地体三部分组成。

避雷针，装在高出建筑物的塔式起重机、人货电梯、钢脚手架等的顶端。机械设备上的避雷针（接闪器）长度应当为1～2m。

接地线，可用截面积不小于 16mm² 的铝导线，或用截面积不小于 12mm² 的铜导线，或者用直径不小于 φ8 的圆钢，也可以利用该设备的金属结构体，但应当保证电气连接。

接地体，有棒形和带形两种。棒形接地体一般采用长度 1.5m、壁厚不小于 2.5mm 的钢管或 L5×50 的角钢。将其一端垂直打入地下，其顶端离地平面不小于 50cm，带形接地体可采用截面积不小于 50mm²，长度不小于 3m 的扁钢，平卧于地下 500mm 处。

防雷装置的避雷针、接地线和接地体必须焊接（双面焊），焊缝长度应为圆钢直径的 6 倍或扁钢厚度的 2 倍以上。

施工现场所有防雷装置的冲击接地电阻值不得大于 30Ω。

（3）闪电打雷的时候，禁止连接导线，停止露天焊接作业。

11.2.5 雨期施工的宿舍、办公室等临时设施

（1）工地宿舍设专人负责昼夜值班，每个宿舍配备不少于 2 个手电筒。

（2）加强安全教育，发现险情时，要清楚记得避险路线、避险地点和避险方法。

（3）采用彩钢板房应有产品合格证，用作宿舍和办公室的，必须根据设置的地址及当地常年风压值等，对彩钢板房的地基进行加固，并使彩板房与地基牢固连接，确保房屋稳固。

（4）当地气象部门发布强对流（台风）天气预报后，所有在砖砌临建宿舍住宿的人员必须全部撤出到达安全地点；临近海边、基坑、砖砌围挡墙及广告牌的临建住宿人员必须全部撤出；在以塔机高度为半径的地面范围内临建设施内的人员也必须全部撤出。

（5）大风和大雨后，应当检查临时设施地基和主体结构情况，发现问题及时处理。

11.2.6 夏季施工的卫生保健

（1）宿舍应保持通风、干燥，有防蚊蝇措施，统一使用安全电压。生活办公设施要有专人管理，定期清扫、消毒，保持室内整齐清洁卫生。

（2）炎热地区夏期施工应有防暑降温措施，防止中暑。

1）中暑可分为热射病、热痉挛和日射病，在临床上往往难以严格区别，而且常以混合式出现，统称为中暑。

①先兆中暑。在高温作业一定时间后，如大量出汗、口渴、头昏、耳鸣、胸闷、心悸、恶心、软弱无力等症状，体温正常或略有升高（不超过 37.5℃），这就有发生中暑的可能性。此时如能及时离开高温环境，经短时间的休息后，症状可以消失。

②轻度中暑。除先兆中暑症状外，如有下列症候群之一，称为轻度中暑：人的体温在38℃以上，有面色潮红、皮肤灼热等现象；有呼吸、循环衰竭的症状，如面色苍白、恶心、呕吐、大量出汗、皮肤湿冷、血压下降、脉搏快而微弱等。轻度中暑经治疗，4～5h 内可恢复。

③重度中暑。除有轻度中暑症状外，还出现昏倒或痉挛、皮肤干燥无汗，体温在40℃以上。

2）防暑降温应采取综合性措施

①组织措施：合理安排作息时间，实行工间休息制度，早晚干活，中午延长休息时间等。

228

②技术措施：改革工艺，减少与热源接触的机会，疏散、隔离热源。

③通风降温：可采用自然通风、机械通风和挡阳措施等。

④卫生保健措施：供给含盐饮料，补偿高温作业工人因大量出汗而损失的水分和盐分。

（3）施工现场应供符合卫生标准的饮用水，不得多人共用一个饮水器皿。

11.3　冬　期　施　工

11.3.1　冬期施工概念

在我国北方及寒冷地区的冬期施工中，由于长时间持续低温、大的温差、强风、降雪和冰冻，施工条件较其他季节艰难得多，加之在严寒环境中作业人员穿戴较多，手脚亦皆不灵活，对工程进度、工程质量和施工安全产生严重不良影响，必须采取附加或特殊的措施组织施工，才能保证工程建设顺利进行。

冬期施工期限划分原则是：根据当地多年气象资料统计，当室外日平均气温连续 5d 稳定低于 5℃ 即进入冬期施工，当室外日平均气温连续 5d 高于 5℃ 即解除冬期施工。

凡进行冬期施工的工程项目，应编制冬期施工专项方案。

11.3.2　冬期施工特点

（1）冬期施工由于施工条件及环境不利，是各种安全事故多发季节。

（2）隐蔽性、滞后性。即工程是冬天干的，大多数在春季开始才暴露出来问题，因而给事故处理带来很大的难度，不仅给工种带来损失，而且影响工程使用寿命。

（3）冬期施工的计划性和准备工作时间性强。这是由于准备工作时间短，技术要求复杂。往往有一些安全事故的发生，都是由于这一环节跟不上，仓促施工造成的。

11.3.3　冬期施工基本要求

（1）提前两个月即应进行冬期施工战略性安排。

（2）提前一个月即应编制好冬期施工技术措施。

（3）提前一个月做好冬期施工材料、专用设备、能源、暂设工种等施工准备工作。

（4）做好相关人员技术培训和技术交底工作。

11.3.4　冬期施工的准备

1. 编制冬期施工组织设计

冬期施工组织设计，一般应在入冬前编审完毕。冬期施工组织设计，应包括下列内容：确定冬期施工的方法、工程进度计划、技术供应计划、施工劳动力供应计划、能源供应计划；冬期施工的总平面布置图（包括临建、交通、管线布置等）、防火安全措施、劳动用品；冬期施工安全措施；冬期施工各项安全技术经济指标和节能措施。

2. 组织好冬期施工安全教育培训

应根据冬期施工的特点，重新调整好机构和人员，并制定好岗位责任制，加强安全生产管理。主要应当加强保温、测温、冬期施工技术检验机构、热源管理等机构，并充实相应的人员。安排气象预报人员，了解近期、中长期天气，防止寒流突袭。对测温人员、保温人员、能源工（锅炉和电热运行人员）、管理人员组织专门的技术业务培训，学习相关知识，明确岗位责任，经考核合格方可上岗。

3. 物资准备

物资准备的内容如下：外加剂、保温材料，测温表计及工器具、劳保用品，现场管理和技术管理的表格、记录本，燃料及防冻油料，电热物资等。

4. 施工现场的准备

（1）场地要在土方冻结前平整完工，道路应畅通，并有防止路面结冰的具体措施。

（2）提前组织有关机具、外加剂、保温材料等实物进场。

（3）生产上水系统应采取防冻措施，并设专人管理，生产排水系统应畅通。

（4）搭设加热用的锅炉房、搅拌站，敷设管道，对锅炉房进行试压，对各种加热材料、设备进行检查，确保安全可靠；蒸汽管道应保温良好，保证管路系统不被冻坏。

（5）按照规划落实职工宿舍、办公室等临时设施的取暖措施。

11.3.5 分部分项工程的冬期施工

1. 土方与地基基础工程冬期施工

土在冬期由于遭受冻结变得坚硬，挖掘困难；春季化冻时，由于处理不当，很容易发生坍塌，造成质量安全事故，所以土方在冬期施工，必须在技术上予以保障。

（1）爆破法破碎冻土应当注意的安全事项。

1）爆破施工要离建筑物 50m 以外，距高压电线 200m 以外。

2）爆破工作应在专业人员指挥下，由受过爆破知识和安全知识教育的人员担任。

3）爆破之前应有安全技术措施，经主管部门批准。

4）现场应设立警告标志、信号、警戒哨和指挥站等防卫危险区的设施。

5）放炮后要经过 20min 才可以前往检查。

6）遇有瞎炮，严禁掏挖或在原炮眼内重装炸药，应该在距离原炮眼 60cm 以外的地方另行打眼放炮。

7）硝化甘油类炸药在低温环境下凝固成固体，当受到振动时，极易发生爆炸，造成严重事故。因此，冬期施工不得使用硝化甘油类炸药。

（2）人工破碎冻土应当注意的安全事项。

1）注意去掉楔头打出的飞刺，以免飞出伤人。

2）掌铁楔的人与掌锤的人不能脸对着脸，应当互成 90°。

（3）机械挖掘时应当采取防滑措施，在坡道和冰雪路面应当缓慢行驶，上坡时不得换挡，下坡时不得空挡滑行，冰雪路面行驶不得急刹车。发动机应当做好防冻，防止水箱冻裂。在边坡附近使用、移动机械应注意边坡可承受的荷载，防止边坡坍塌。

（4）针热法融解冻土应防止管道和外溢的蒸汽、热水烫伤作业人员。

（5）电热法融解冻土时应注意的安全事项。

1）此法进行前，必须有周密的安全措施。

2）应由电气专业人员担任通电工作。

3）电源要通过有计量器、电流、电压表、保险开关的配电盘。

4）工作地点要设置危险标志，通电时严禁靠近。

5）进入警戒区内工作时，必须先切断电源。

6）通电前工作人员应退出警戒区，再行通电。

7）夜间应有足够的照明设备。

8）当含有金属夹杂物或金属矿石时，禁止采用电热法。

（6）采用烘烤法融解冻土时，会出现明火，由于冬天风大、干燥，易引起火灾。因此，应注意安全。

1）施工作业现场周围不得有可燃物。

2）制定严格的责任制，在施工地点安排专人值班，务必做到有火就有人，不能离岗。

3）现场要准备一些砂子或其他灭火物品，以备不时之需。

（7）春融期间在冻土地基上施工。

春融期间开工前必须进行工程地质勘察，以取得地形、地貌、地物、水文及工程地质资料，确定地基的冻结深度和土的融沉类别。对有坑洼、沟槽、地物等特殊地貌的建筑场地应加点测定。开工后，对坑槽沟边坡和固壁支撑结构应当随时进行检查，深基坑应当派专人进行测量、观察边坡情况，如果发现边坡有裂缝、疏松、支撑结构折断、移动等危险征兆，应当立即采取措施。

土方回填时，每层铺土厚度应比常温施工时减少 20%～25%，预留沉陷量应比常温施工时增加。对于大面积回填土和有路面的路基及其人行道范围内的平整场地填方，可采用含有冻土块的土回填，但冻土块的粒径不得大于 150mm，其含量不得超过 30%。铺填时冻土块应分散开，并应逐层夯实。室外的基槽（坑）或管沟可采用含有冻土块的土回填，冻土块粒径不得大于 150mm，含量不得超过 15%，且应均匀分布。

填方上层部位应采用未冻的或透水性好的土方回填。填方边坡的表层 1m 以内，不得采用含有冻土块的土填筑。室外管沟底以上 500mm 的范围内不得含有冻土块的土回填。

室内的基槽（坑）或管沟不得采用含有冻土块的土回填，室内地面垫层下回填的土方，填料中不得含有冻土块。

桩基施工时，当冻土层厚度超过 500mm，冻土层宜采用钻孔机引孔，钻孔直径不宜大于桩径 20mm。振动沉管成孔施工有间歇时，宜将桩管埋入桩孔中进行保温。

桩基静荷载试验前，应将试桩周围的冻土融化或挖除。试验期间，应对试桩周围地表土和锚桩横梁支座进行保温。

2. 砌体工程的冬期施工

（1）冬期施工所用材料应符合下列规定：

1）砖、砌块在砌筑前，应清除表面污物、冰雪等，不得使用遭水浸和受冻后表面结冰、污染的砖或砌块。

2）砌筑砂浆宜采用普通硅酸盐水泥配制，不得使用无水泥拌制的砂浆。

3）现场拌制砂浆所用砂中不得含有直径大于 10mm 的冻结块或冰块。

4）石灰膏、电石渣膏等材料应有保温措施，遭冻结时应经融化后方可使用。

5）砂浆拌合水温不宜超过 80℃，砂加热温度不宜超过 40℃，且水泥不得与 80℃ 以上热水直接接触；砂浆稠度宜较常温适当增大，且不得二次加水调整砂浆和易性。

（2）施工日记中应记录大气温度、暖棚内温度、砌筑时砂浆温度、外加剂掺量等有关资料。

（3）砌筑施工时，砂浆温度不应低于 5℃。当设计无要求，且最低气温等于或低于-15℃时。砌体砂浆强度等级应较常温施工提高一级。

（4）砌体采用氯盐砂浆施工，每日砌筑高度不宜超过 1.2m，墙体留置的洞口，距交接墙处不应小于 500mm。

（5）下列情况不得采用掺氯盐的砂浆砌筑砌体：

1）对装饰工程有特殊要求的建筑物。

2）配筋、钢埋件无可靠防腐处理措施的砌体。

3）接近高压电线的建筑物（如变电所、发电站等）。

4）经常处于地下水位变化范围内，以及在地下未设防水层的结构。

（6）暖棚法施工时，暖棚内的最低温度不应低于 5℃。砌体在暖棚内的养护时间应根据暖棚内的温度确定，并应符合表 11-2 的规定。

暖棚法施工时的砌体养护时间表　　　　　　表 11-2

暖棚内的温度（℃）	5	10	15	20
养护时间（d）	≥6	≥5	≥4	≥3

（7）砌体工程冬期施工应注意的安全事项。

1）脚手架、马道要有防滑措施，及时清理积雪，外脚手架要经常检查加固。

2）施工时接触汽源、热水，要防止烫伤。

3）现场使用的锅炉、火炕等用焦炭时，应有通风条件，防止煤气中毒。

4）现场应当建立防火组织机构，设置消防器材。

5）防止亚硝酸钠中毒。

亚硝酸钠是冬期施工常用的防冻剂、阻锈剂，人体摄入 10mg 亚硝酸钠，即可导致死亡。由于外观、味道、溶解性等许多特征与食盐极为相似，很容易误作为食盐食用，导致中毒事故。要采取措施，加强使用管理，以防误食。

①在施工现场尽量不单独使用亚硝酸钠作为防冻剂。

②使用前应当召开培训会，让有关人员学会辨认亚硝酸钠（亚硝酸钠为微黄或无色，盐为纯白）。

③工地应当挂牌，明示亚硝酸钠为有毒物质。

④设专人保管和配制，建立严格的出入库手续和配制实用程序。

3. 钢筋工程的冬期施工

（1）钢筋调直冷拉温度不宜低于 −20℃。预应力钢筋张拉温度不宜低于 −15℃。当环境温度低于 −20℃ 时，不宜进行施焊。当环境温度低于 −20℃ 时，不得对 HRB335、HRB400 钢筋进行冷弯加工。

（2）雪天或施焊现场风速超过三级风焊接时，应采取遮蔽措施，焊接后未冷却的接头应避免碰到冰雪。

（3）钢筋负温闪光对焊工艺应控制热影响区长度；钢筋负温电弧焊宜采取分层控温施焊；帮条接头或搭接接头的焊缝厚度不应小于钢筋直径的 30%，焊缝宽度不应小于钢筋直径的 70%。

（4）电渣压力焊焊接前，应进行现场负温条件下的焊接工艺试验，经检验满足要求后方可正式作业；焊接完毕，应停歇 20s 以上方可卸下夹具回收焊剂，回收的焊剂内不得混入冰雪，接头渣壳应待冷却后清理。

（5）钢筋工程冬期施工应注意的安全事项。

1）冷拔、冷拉钢筋时，防止钢筋断裂伤人。

2）检查预应力夹具有无裂纹，由于负温下有裂纹的预应力夹具，很容易出现碎裂飞出伤人。

3）防止预制构件中钢筋吊环发生脆断，造成安全事故。

4. 混凝土工程的冬期施工

（1）冬期施工配制混凝土宜选用硅酸盐水泥或普通硅酸盐水泥。采用蒸汽养护时，宜选用矿渣硅酸盐水泥。

（2）冬期施工混凝土配合比应根据施工期间环境气温、原材料、养护方法、混凝土性能要求等经试验确定，并宜选择较小的水胶比和坍落度。

（3）冬期施工混凝土搅拌前，原材料的预热应符合下列规定：

1）宜加热拌合水。当仅加热拌合水不能满足热工计算要求时，可加热骨料。拌合水与骨料的加热温度可通过热工计算确定，加热温度不应超过表 11-3 的规定。

拌合水及骨料最高加热温度表（℃）　　　　　　　　表 11-3

水泥强度等级	拌合水	骨料
42.5 以下	80	60
42.5、42.5R 及以上	60	40

2）水泥、外加剂、矿物掺合料不得直接加热，应事先储存于暖棚内预热。

（4）混凝土拌合物的出机温度不宜低于 10℃，入模温度不应低于 5℃；对预拌混凝土或需远距离输送的混凝土，混凝土拌合物的出机温度可根据运输和输送距离经热工计算确定，但不宜低于 15℃。大体积混凝土的入模温度可根据实际情况适当降低。

（5）混凝土浇筑后，对裸露表面应采取防风、保湿、保温措施，对边、棱角及易受冻部位应加强保温。在混凝土养护和越冬期间，不得直接对负温混凝土表面浇水养护。

（6）施工期间的测温项目与频次应符合表 11-4 规定。

施工期间的测温项目与频次表　　　　　　　　表 11-4

测温项目	频次
室外气温	测量最高、最低气温
环境温度	每昼夜不少于 4 次
搅拌机棚温度	每一工作班不少于 4 次
水、水泥、矿物掺合料、砂、石及外加剂溶液温度	每一工作班不少于 4 次
混凝土出机、浇筑、入模温度	每一工作班不少于 4 次

（7）混凝土养护期间的温度测量应符合下列规定：

1）采用蓄热法或综合蓄热法时，在达到受冻临界强度之前应每隔 4～6h 测量一次。

2）采用负温养护法时，在达到受冻临界强度之前应每隔 2h 测量一次。

3）采用加热法时，升温和降温阶段应每隔 1h 测量一次，恒温阶段每隔 2h 测量一次。

4）混凝土在达到受冻临界强度后，可停止测温。

（8）拆模时混凝土表面与环境温差大于 20℃时，混凝土表面应及时覆盖，缓慢冷却。

（9）冬期施工混凝土强度试件的留置应增设与结构同条件养护试件，养护试件不应少于 2 组。同条件养护试件应在解冻后进行试验。

（10）冬期混凝土施工应注意的安全事项。

1）当温度低于 -20℃时，严禁对低合金钢筋进行冷弯，以避免在钢筋弯点处发生强化，造成钢筋脆断。

2）蓄热法加热砂石时，若采用炉灶焙烤，操作人员应穿隔热鞋，若采用锯末生石灰蓄热，则应选择安全配合比，经试验证明无误后，方可使用。

3）电热法养护混凝土时，应注意用电安全。

4）采用暖棚法以火炉为热源时，应注意加强消防并防止煤气中毒。

5）调拌化学附加剂时，应配戴口罩、手套，防止吸入有害气体和刺激皮肤。

6）蒸汽养护的临时采暖锅炉应有出厂证明。安装时，必须按标准图进行，三大安全附件应灵敏可靠，安装完毕后，应按各项规定进行检验，经验收合格后方允许正式使用；同时，锅炉的值班人员应建立严格的交接班制度，遵守安全操作要求操作；司炉人员应经专门训练，考试合格后方可上岗；值班期间严禁饮酒、打牌、睡觉和擅离职守。

7）各种有毒的物品、油料、氧气、乙炔（电石）等应设专库存放、专人管理，并建立严格的领发料制度，特别是亚硝酸钠等有毒物品，要加强保管，以防误食中毒。

8）混凝土必须满足强度要求方准拆模。

5. 钢结构工程的冬期施工

（1）冬期施工宜采用 Q345 钢、Q390 钢、Q42O 钢，负温下施工用钢材，应进行负温冲击韧性试验，合格后方可使用。

（2）钢结构在负温下放样时，切割、铣刨的尺寸，应考虑负温对钢材收缩的影响。

（3）普通碳素结构钢工作地点温度低于 -20℃、低合金钢工作地点温度低于 -15℃时不得剪切、冲孔，普通碳素结构钢工作地点温度低于 -16℃、低合金结构钢工作地点温度低于 -12℃时不得进行冷矫正和冷弯曲。当工作地点温度低于 -30℃时，不宜进行现场火焰切割作业。

（4）焊接作业区环境温度低于 0℃时，应将构件焊接区各方向大于或等于 2 倍钢板厚度且不小于 100mm 范围内的母材，加热到 20℃以上时方可施焊，且在焊接过程中均不得低于 20℃。

（5）当焊接场地环境温度低于 -15℃时，应适当提高焊机的电流强度。每降低 3℃，焊接电流应提高 2%。

（6）低于 0℃的钢构件上涂刷防腐或防火涂层前，应进行涂刷工艺试验。可用热风或红外线照射干燥，干燥温度和时间应由试验确定。雨雪天气或构件上有薄冰时不得进行涂刷工作。

（7）钢结构焊接加固时，应由对应类别的焊工施焊；施焊镇静钢板的厚度不大于 30mm 时，环境空气温度不应低于 -15℃，当厚度超过 30mm 时，温度不应低于 0℃；当施焊沸腾钢板时，环境空气温度应高于5℃。

（8）栓钉施焊环境温度低于0℃时、打弯试验的数量应增加1%；当栓钉采用手工电弧焊或其他保护性电弧焊焊接时，其预热温度应符合相应工艺的要求。

6. 建筑装饰装修工程的冬期施工

（1）室内抹灰，块料装饰工程施工与养护期间的温度不应低于5℃。

（2）油漆、刷浆、裱糊、玻璃工程应在采暖条件下进行施工。当需要在室外施工时，其最低环境温度不应低于5℃。

（3）室外喷、涂、刷油漆、高级涂料时应保持施工均衡。粉浆类料浆宜采用热水配制，随用随配并应将料浆保温，料浆使用温度宜保持15℃左右。

（4）塑料门窗当在不大于0℃的环境中存放时，与热源的距离不应小于1m。安装前应在室温下放置24h。

11.3.6　冬期施工起重机械设备的安全使用

（1）大雪、轨道电缆结冰和6级以上大风等恶劣天气，应当停止垂直运输作业，并将吊笼降到底层（或地面），切断电源。

（2）遇到大风天气应将俯仰变幅塔机的臂杆降到安全位置并与塔身锁紧，对于轨道式塔机，应当卡紧夹轨钳。

（3）暴风天气塔机要做加固措施，风后经全面检查，方可继续使用。

（4）风雪过后作业，应当检查安全保险装置并先试吊，确认无异常方可作业。

（5）井字架、龙门架、塔机等缆风绳地锚应当埋置在冻土层以下，防止春季冻土融化，地锚锚固作用降低，地锚拔出，造成架体倒塌事故。

（6）塔机路轨不得铺设在冻胀性土层上，防止土壤冻胀或春季融化，造成路基起伏不平，影响塔机的使用，甚至发生安全事故。

（7）春季冻土融化，应当随时观察塔机等起重机械设备的基础是否发生沉降。

11.3.7　冬期施工防火要求

冬期施工现场使用明火处较多，管理不善很容易发生火灾，必须加强用火管理。

（1）施工现场临时用火，要建立用火证制度，由工地安全负责人审批。

（2）明火操作地点要有专人看管，明火看管人的主要职责是：

1）注意清除火源附近的易燃、易爆物，不易清除时，可用水浇湿或用阻燃物覆盖。

2）检查高处用火，焊接作业要有石棉防护或用接火盘接住火花。

3）检查消防器材的配置和工作状态情况。

4）检查木工棚、库房、喷漆车间、油器配料车间等场所，此类场所不得用火炉取暖，周围15m内不得有明火作业。

5）施工作业完毕后，对用火地点详细检查，确保无死灰复燃，方可撤离岗位。

（3）供暖锅炉房及操作人员的防火要求。

1）锅炉房宜建造在施工现场的下风方向，远离在建工程以及易燃、可燃材料堆场、料库等。

2）锅炉房应不低于二级耐火等级。

3）锅炉房的门应向外开启。

4）锅炉正面与墙的距离应不小于 3m，锅炉与锅炉之间应保持不小于 1m 的距离。

5）锅炉房应有适当通风和采光，锅炉上的安全设备应保持良好状态并有照明。

6）锅炉烟道和烟囱与可燃构件应保持一定的距离，金属烟囱距可燃结构不小于 100cm，距已做防火保护层的可燃结构不小于 70cm；未采取消烟除尘措施的锅炉，其烟囱应设防火星帽。

7）司炉工应当经培训合格持证上岗。

8）应当制定严格的司炉值班制度，锅炉开火以后，司炉人员不准离开工作岗位，值班时间不允许睡觉或做无关的事。

9）司炉人员下班时，须向下班做好交接班，并记录锅炉运行情况。

10）禁止使用易燃、可燃液体点火。

11）炉灰倒在指定地点。

（4）炉火安装与使用的防火要求。

1）油漆、喷漆场所，油漆调料间以及木工房、料库等处，禁止使用火炉采暖。

2）金属与砖砌火炉，必须完整良好，不得有裂缝；砖砌火炉壁厚不得小于 30cm。

3）金属火炉与可燃、易燃材料的距离不得小于 100cm，已做保护层的火炉距可燃物的距离不得小于 70cm。

4）没有烟囱的火炉上方不得有可燃物，必要时须架设铁板等非燃材料隔热，其隔热板应比炉顶外围的每一边都多出 15cm 以上。

5）火炉应根据需要设置高出炉身的围挡，在木地板上安装火炉，必须设置炉盘。

6）金属烟囱一节插入另一节的尺寸不得小子烟囱的半径，衔接地方要牢固。

7）金属烟囱与可燃物的距离不得小于 30cm，穿过板壁、窗户、挡风墙、暖棚等必须设铁板；从烟囱周边到铁板外边缘尺寸，不得小于 5cm。

8）火炉的炉身、烟囱和烟囱出口等部分与电源线和电气设备应保持 50cm 以上的距离。

9）炉火必须由受过安全消防常识教育的专人看守。

10）移动各种加热火炉时，必须先将火熄灭后方准移动。

11）掏出的炉灰必须随时用水浇灭后倒在指定地点。

12）禁止用易燃、可燃液体点火。

13）不准在火炉上熬炼油料、烘烤易燃物品。

（5）冬期消防器材的保温防冻

1）室外消火栓。冬期施工现场，应尽量安装地下消火栓，在入冬前应进行一次试水，加少量润滑油，消火栓用草帘、锯末等覆盖，做好保温工作，以防冻结。冬天下雪时，应及时扫除消火栓上的积雪，以免雪化后将消火栓井盖冻住。高层临时消防水管应进行保温或将水放空，消防水泵内应考虑采暖措施，以免冻结。

2）消防水池。入冬前，应做好消防水池的保温工作，随时进行检查，发现冻结时应进行破冻处理。

3）轻便消防器材。入冬前应将泡沫灭火器、清水灭火器等放入有采暖的地方，并套上保温套。

参 考 文 献

［1］ 卜一德．建筑安全工程师实用手册［M］．北京：中国建筑工业出版社，2006.

［2］ 张晓艳．安全员岗位实务知识［M］．北京：中国建筑工业出版社，2012.

［3］ 北京市建设教育协会．建筑施工现场安全生产管理手册［M］．北京：中国建材工业出版社，2012.

［4］ 罗凯．建筑工程施工项目专职安全员指导手册［M］．北京：中国建筑工业出版社，2008.

［5］ 全国一级建造师考试用书编写委员会．建筑工程管理与实务［M］．北京：中国建筑工业出版社，2015.

［6］ 住房和城乡建设部工程质量安全监管司．建设工程安全生产技术［M］．北京：中国建筑工业出版社，2008.

［7］ 中国安全生产协会注册安全工程师工作委员会，中国安全生产科学研究院．安全生产技术［M］．北京：中国大百科全书出版，2015.

［8］ 李波．施工员岗位实务知识［M］．北京：中国建筑工业出版社，2012.